落实"中央城市工作会议"系列丛书
中国城市规划设计研究院学术研究成果

U0383360

催化与转型：
"城市修补、生态修复"
的理论与实践（第二版）

City Betterment and Ecological Restoration:
Catalysts in Transitional Development of China (2nd Edition)

张兵　主编

Edited by Zhang Bing

中国建筑工业出版社

图书在版编目（CIP）数据

催化与转型："城市修补、生态修复"的理论与实践 / 张兵主编 . —2 版 . —北京：中国建筑工业出版社，2019.2
（落实"中央城市工作会议"系列丛书）
ISBN 978-7-112-23161-4

Ⅰ.①催…　Ⅱ.①张…　Ⅲ.①城市规划—研究—中国
Ⅳ.①TU984.2

中国版本图书馆CIP数据核字（2019）第005375号

责任编辑：李　东　陈海娇
责任校对：芦欣甜

落实"中央城市工作会议"系列丛书
中国城市规划设计研究院学术研究成果
催化与转型："城市修补、生态修复"的理论与实践（第二版）
张兵　主编
*
中国建筑工业出版社出版、发行（北京海淀三里河路9号）
各地新华书店、建筑书店经销
北京点击世代文化传媒有限公司制版
北京缤索印刷有限公司印刷
*
开本：787×1092 毫米　1/16　印张：18¾　字数：343 千字
2019 年 3 月第二版　2019 年 3 月第四次印刷
定价：**178.00 元**
ISBN 978-7-112-23161-4
　　（33244）

落实"中央城市工作会议"系列丛书

编委会：

邹德慈　王瑞珠　杨保军　邵益生　李　迅

王　凯　张　兵　崔寿民　沈元勤　唐　凯

石　楠

中国城市规划设计研究院学术研究成果

《催化与转型："城市修补、生态修复"的理论与实践》

主　　编：张　兵

编　　委：王静霞　李晓江　陈　锋　刘仁根　戴　月

官大雨　杨明松　朱荣远　朱子瑜　孔令斌

张　菁　尹　强　朱　波　赵中枢　郑德高

詹雪红　耿　健　范嗣斌　王忠杰　周　勇

张　全　梁　峥　戴继锋　胡耀文　白　杨

工作人员：王金秋　王　娅　菅泓博　缪杨兵　姜欣辰

丛书总序

第四次中央城市工作会议的重大意义，很多领导和专家都做了精彩的评论，在此不再赘述。但我有一个强烈的预感，或许要再过几十年，我们才能真正意识到这次会议的历史价值！

因为这次会议精神的核心，就是指明城市工作的正确方向。正如吴良镛先生所说："就怕方向错了，决心还很大，行动还很快。只要方向正确，速度慢一点不要紧，总能趋近目标。"我们改革开放以来城市的飞速发展，固然取得了巨大成就，但也付出了沉重代价，埋下了种种隐患，已经越来越步履维艰、难以为继。

要想"革弊鼎新"，就须"正本清源"。事实上，过去这种完全服务于经济增长至上理念的发展，背离了城市的本质，必然导致城市的异化，成为缺乏人文关怀的"增长机器"。因此，中央要求城市发展必须回归本源。城市工作的价值导向，应该是使城市成为市民生活的幸福家园，成为人类文明的恒久载体，成为创新驱动的强大引擎。要把创造优良人居环境，作为今后城市工作的中心目标。这不仅事关城市发展，更事关中华民族的复兴和文明传承，无疑是利在当代、功在千秋的长远大计！

当然，要贯彻落实会议精神，把会议精神从文件条文转化为社会共识和行动，还有很多工作需要做。编撰这套系列丛书，就是我院响应住房和城乡建设部号召，积极承担的一项基础性工作。作为建院60余年的规划界"国家大院"，作为新中国成立以来全程参与城市发展建设、引领中国规划潮流的生力军，作为辅助住房和城乡建设部筹备这次中央城市工作会议的主要技术支撑，我们责无旁贷。

同时，住房和城乡建设部领导对我院还提出了更高的要求，就是不能仅仅满足于规划设计行业的领军队伍，还要建设成为具有国际影响力的国家智库。这就要求我院不仅要结合规划设计对城市个体和单项问题有针对性的研究，还要从理论上对城市发展趋势和问题有前瞻性、系统性的研究，形成具有中规院特色的规划理论和方法。这套丛书，也是我院在新目标要求下的一次崭新尝试。

对于丛书中的每一本书，我们都将抱着战战兢兢、如履薄冰的心态，力求选题契合创新前沿，力求内容汇聚全院乃至全行业智慧，力求行文兼顾科学严谨和通俗易懂，希望能够不负时代所需，不负领导所托，不负读者所盼。对于贯彻落实中央精神、引导中国城市健康发展，对于中规院建设国家智库的新目标，任重而道远。俗话说，"行百里者半九十"，而这套丛书还仅仅是个开端，但我们将不忘初心、矢志不渝！

中国城市规划设计研究院院长   杨保军

摘　要

　　本书以中国城市规划设计研究院在三亚"城市修补、生态修复"工作中开展的系列实践为基础，结合城市转型相关理论思考整理而出，旨在落实中央城市工作会议相关指示，探索转型发展阶段我国"城市修补、生态修复"的实施路径。

　　本书共分为五大篇章，分别从价值、规划、实践、治理等方面展开论述。首先，明确提出"城市修补、生态修复"的基本价值，在于重整自然生境、重振经济活力、重理社会善治、重铸文化认同、重塑空间场所和重建优质设施；第二，提出"城市修补、生态修复"规划的基本方法和策略，并通过城市设计的方法开展规划设计工作，明确不仅局限于城市空间环境的修补与修复，还注重城市功能的完善、城市活力的重塑和生态环境的提升；第三，结合三亚"城市修补、生态修复"实践中的 8 个典型案例，理论结合实际，探讨三亚所折射出的现阶段我国城市所存在的普遍问题，并立足于多个学科的综合统筹，提出解决方案；第四，指出"城市修补、生态修复"不仅是建设工程，更是构建社会治理的过程，并根据三亚实践提出规划引领、设计支撑、政府统筹、社会动员、市民参与、依法依规、共修共享等具体实施路径建议；最后的总结篇进一步强调了城市转型发展，推动实现城市整体性治理，才是"城市修补、生态修复"政策的应有之意，城市规划应充分发挥自身的综合作用，做好引领、统筹和整合的工作。

　　本书既可供城市规划、城市建设等相关专业人员使用，也可为城市管理及政府决策人士提供参考。

Abstract

This book, a collection of theories regarding urban development transition, is based on a series of practical works concerning city betterment and ecological restoration (CBER) in Sanya. The goal of the book is to carry out the instructions of the central government and explore a path to implement the work of city betterment and ecological restoration in this stage of development in transition.

The book is divided into five chapters: values, planning, practice and governance. Firstly, it defines the basic value of city betterment and ecological restoration, which is to reform natural habitat, revive economic vitality, rebuild good governance, regain cultural identity, reshape the spirit of place and reconsolidate services and facilities. Secondly, it proposes methods and strategies for city betterment and ecological restoration that includes upgrading urban environment, improvement of urban function, restoration of urban energy and enhancement of urban ecology through the work of urban design. Thirdly, the book investigates the common problems present in many Chinese cities that Sanya reflects in its current stage; then, it puts forward solutions based on an integrated multi-disciplinary approach through eight typical practical cases in Sanya. Fourth, it states that the work of city betterment and ecological restoration is not only an engineering undertaking, but also a process to reframe social governance. It also proposes implementation suggestions regarding how the work is led by planning, supported by design, integrated by government, participated by citizens, carried out according to the laws and regulations, and mobilized with the whole society and so on. Fifth, in the conclusions, it is argued that holistic urban governance be the essence of the Policy CBER, and urban planners play the conprehensive roles of leading and coordinating the implementation of the Policy.

This book is not only for urban planning, urban construction and other related professionals, but also for urban management and government personnel reference.

序 一

　　十八大以来，中央城镇化工作会议和中央城市工作会议的召开，为新时期我们城市发展在规划建设管理方面指明了战略方向。我国正处在发展转型的关键时期，推动城市转型发展是各级政府及各部门的重要责任和任务。中国在经历了改革开放以来几十年的快速发展建设之后，城市化率从2000年的36%快速提高到2015年的55.6%，许多城市现在已经跨越了高速发展期，城市开始转向内涵式的更新发展阶段。几十年的城市高速发展取得了巨大成绩，但也伴随着不少问题，欠下不少生态账、配套账、民生账。针对这些问题，陈政高部长在考察三亚城市规划建设时，首次提出了"城市修补、生态修复"概念，并选择三亚进行实践试点。中央城市工作会议后的中央文件中提出了这方面要求。通过"城市修补、生态修复"，可以在发展中逐步解决城市问题，最终实现城市的长远和健康发展。这也是当前城市发展方式转型的要求。

　　"城市修补、生态修复"是新时期城市转型发展的重要方法，有别于过去的更新改造，不是单一的、表面的、片段的，而是一个全面的、综合性、持续性的过程，内涵更丰富。推进"城市修补、生态修复"，需要深入思考、着力把握好七个方面：一是城市生态环境修复是全面综合的系统工程，既有生态性又有亲民性；二是城市修补不仅是城市环境的修补，更是城市功能的修补；三是既要注重城市物质环境的改善提高，还要推动社会治理方式的改革，用社区共治的方式推动城市修补和生态修复工作；四是在城市修补和生态修复中，要致力于城市文化的传承和发展；五是注重塑造城市公共场所，把更多的城市公共空间留给市民，保持适宜的街道尺度，适应步行出行需要；六是注重基础设施的建设与城市发展相同步，补齐城市建设中市政设施的短板；七是要注意遵循"规划、建设、管理"的系统性。

　　目前，三亚的试点工作正在紧张推进，在住房和城乡建设部指导下，中国城市规划设计研究院等规划设计机构作为技术服务单位，全程参与了三亚的工作。这项工作是依据城市总体规划，应用城市设计的方法，结合城市建设和城市治理来开展，同时借鉴了国内外综合环境建设的一些方法，体现了规划引领、设计支撑、强化治理等各方面的内容。中规院从城市全局出发参与策划、选择和规划设计的示范工程，体现了规划的整体性和系统性，反映了对民生改善的重视，也对过去城市建设工作发挥了弥补和纠错作用，这些都对形成可推广、可复制的经验具有重要意义。三亚通过过去一年半的努力，取得了显著的成效，城市环境、空间品质得到了全面的提升和改善，也得到了社会公众的高度肯定。

本书是中规院多专业协作、全程服务于三亚"城市修补、生态修复"工作经验的初步总结，他们在理论和技术层面也做了许多思考，体现了城市规划师们对我国城市转型发展的认识，是城市规划设计工作者转换思路、语境和工作方式的一次有益探索。

中国的城市发展已经全面进入转型期，众多城市积极动员、着力提高城市的持续性和宜居性，"城市修补、生态修复"将是一个长久的话题。因此，理论和实践的总结只是一个开端，希望广大城市规划、城市研究、建设和管理工作者都参与进来，全力投入到这项工作中去，为中国特色城镇化和城市转型发展贡献自己的力量。

是为序。

住房和城乡建设部副部长　萧艳

序 二

多年来，三亚在实现快速发展的同时，同全国其他城市一样积累了"城市病"。如何改变城市发展方式、治理困扰人民群众的"城市病"，成为当前阶段三亚城市建设管理的重要任务。基于此，三亚市委市政府在2015年初开展了"一湾两河三路"、"拆违打违"等为代表的环境整治行动。2015年4月，住房和城乡建设部部长陈政高到三亚调研时，针对三亚城市转型的特点和城市发展建设中存在的问题，首次提出在三亚开展"城市修补、生态修复"工作。2015年6月，住房和城乡建设部下发文件，原则同意将三亚列为"城市修补、生态修复"、"海绵城市、综合管廊城市"的综合试点，先行先试要求为全国推广探索出一条路，总结提炼出可供全国城市复制、学习和借鉴的经验。

在海南省委省政府的大力支持下，三亚市委市政府进行了广泛的动员和部署，开展了一系列"城市修补、生态修复"工作，积极探索内涵式发展道路，着力解决"城市病"等突出问题，不断提升城市环境质量、人民生活质量、城市竞争力。这不仅是对过去城市欠账进行的深刻反思，也体现出城市发展建设理念的转型升级。

在住房和城乡建设部大力支持下，在中国城市规划设计研究院、北京土人城市规划设计有限公司等一批规划设计单位的配合下，政府各个相关部门积极行动，试点的十大战役都取得了显著的成效。经过一年多的规划建设管理实践，三亚的城市面貌发生了变化，破坏的山体覆绿了、城市水体变清了、海岸线植被修复了、市民健身的绿道修通了、商业街道越来越舒适、回归城市的白鹭越来越多、市民幸福感有所提升。三亚市民对"城市修补、生态修复"有了新认识，并积极为"城市修补、生态修复"献计献策，参与其中，三亚正向"望得见山、看得见水、记得住乡愁"的国际化热带滨海旅游精品城市快步迈进。目前，正以最大力量做好筹备工作，以崭新的面貌迎接全国"城市修补、生态修复"现场会在三亚召开。

中国城市规划设计研究院受住房和城乡建设部委派，协助三亚市开展"城市修补、生态修复"工作，在李晓江院长和杨保军院长的支持下，组织由张兵总规划师牵头，6个专业院所组成的项目团队60余人赴三亚开展工作，从2015年5月至今对规划建设进行全程技术支持，系统开展规划设计实践，并在项目实施过程中安排大量设计人员驻场贴身工作，将好的设计意图落实到位，确保各项工作任务按时保质完成。

中国城市规划设计研究院在全力完成规划设计实践、配合指导现场施工工作的同时，协助三亚开展了全国现场会筹备等一系列工作，并在总结可推广、可复制的经验方面积极开动脑筋，形成这部《催化与转型："城市修补、生态修复"的理论与实践》的著作。本书有理论作为指引，还有实践作为支撑，既是对三亚探索城市转型发展实践的总结，也是对我国城市转型发展路径的初步探索。相信对贯彻落实中央城市工作会议精神、推动城市转型发展以及我国城市规划与设计实践都有一定的价值。

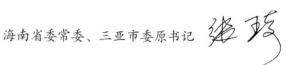

海南省委常委、三亚市委原书记　　张琦

前 言

　　改革开放 30 多年来，随着经济的高速增长，中国开启了人类历史上规模最大的快速城镇化过程。从 1978 年到 2014 年，城镇常住人口由 1.7 亿人增加到 7.5 亿人，城市数量从 193 个增加到 653 个，城镇化水平由 17.92% 提高到 54.77%，城市建成区面积由 1981 年的 0.7 万平方公里增加到 2014 年的 4.9 万平方公里。根据 2015 年中国 1% 人口抽样调查公报，全国居住在城镇的人口为 76750 万人，城镇化水平达到 55.88%，城镇在社会经济活动中已明显居于主导地位，中国进入了城市时代。

　　回顾我国过去 30 多年来的城市发展历程，城市规划建设管理工作成就显著，城市规划法律法规和实施机制基本形成，基础设施明显改善，公共服务和管理水平持续提升，在促进经济社会发展、优化城乡布局、完善城市功能、增进民生福祉等方面发挥了重要作用 ❶。但同时应该清醒地看到快速城镇化的过程中，城市发展面临了种种问题：城市建设用地规模快速扩张，2014 年城市建成区面积是 1978 年的 7 倍，长期以来形成的城市人工环境与自然环境间的平衡关系被彻底改变；产业发展的技术创新不足，城市经济的增长往往靠的是发展资源消耗大、高排放、重污染的工业，由此造成自然资源的过度消耗、环境恶化和生态系统自我修复能力的破坏；人们在城市发展的价值取向上迷失了方向，面对正在快速城市化的社会，公共服务供给的规模、层次和品质都显得不足，市政基础设施建设也相对滞后，交通拥堵、空气污染等"城市病"不断加重，大大降低了城市的品质；城市的历史文化和地域特色在大建设中严重丧失，而新的特色又远未形成，不少城市急于求成，不惜在城市建筑上贪大、媚洋、求怪；人们重视城市形象的树立，但是重建设、轻管理的问题仍旧困扰着我们，批准公布的城市规划会被肆意更改，规划管理失去了严肃性和权威性，违法建设屡禁不止，城市的街道广场这些公共空间有时会被侵占，在色彩声音、灯光照明、广告牌匾、铺装家具等方面缺少精细的管理维护，使城市空间环境品质得不到应有的保持……种种问题表明，我们虽步入城市社会，但是从个体的行为到社会的规制，"城市"意识还远没有到位，我们需要采取有力的措施，在城市建设发

---

❶ 《中共中央 国务院关于进一步加强城市规划建设管理工作的若干意见》（2016 年 2 月 6 日）。

展的各个领域找问题、还欠账、补短板，逐步使城市系统进入良性循环的状态之中。

2015 年底召开的中央城市工作会议，明确了"做好城市工作，要顺应城市工作新形势、改革发展新要求、人民群众新期待，坚持以人民为中心的发展思想，坚持人民城市为人民"，"尊重自然、顺应自然、保护自然，改善城市生态环境，在统筹上下功夫，在重点上求突破，着力提高城市发展持续性、宜居性"。而"城市修补、生态修复"，正是提高城市发展持续性和宜居性的关键一步，更是实现我国城市转型发展的催化剂和助推力。

城市修补，就是围绕着"让人民群众在城市生活得更方便、更舒心、更美好"的目标，采用好的城市规划与设计理念方法，以系统的、渐进的、有针对性的方式，不断改善城市公共服务质量，改进市政基础设施条件，发掘和保护城市历史文化和社会网络，使城市功能体系及其承载的空间场所得到全面系统的修复、弥补和完善，使城市更加宜居，更具活力。其中针对改善物质环境的措施应因地制宜，可以包括拆除违法建设，以及控制和引导城市空间形态和天际线、城市及建筑的色彩、城市夜景照明、城市绿化景观、户外广告牌匾等诸多措施，逐步使城市与山水环境相和谐，不断提高城市物质环境的内在品质，彰显城市整体空间形态的特色。

生态修复，是"把创造优良人居环境作为中心目标"，旨在使受损城市生态系统的结构和功能恢复到受干扰前的自然状况[1]，一方面重点将城市开发活动给生态系统所带来的干扰降低到最小，另一方面通过一系列手段恢复城市生态系统的自我调节功能，使其逐步具备克服和消除外来干扰的能力，特别是在外部条件发生巨变时仍具有逐步建立新平衡的能力[2]，促进生态系统在动态过程中不断调整而趋向平衡。由于生态系统具有高度的自我调节能力和大量的反馈机制，生态修复的复杂性和长期性是显而易见的。面对掠夺式的经济增长模式给生态环境带来破坏的局面，我们首先应当制止对城市生态系统内山体、河流、海岸、湿地、植被、土壤的一切破坏行为，调整城市土地使用的模式，从局部的生态要素修复做起，有计划、有步骤地推进被占用的生态要素的"复垦"，逐步恢复、重建和提升城市生态系统的自我调节功能。

"城市修补、生态修复"，从字面上看是对城市物质环境系统的改进和完善，但论其本质，不是城市的美化和绿化，而是围绕"以人民为中心"的发展思想，促进城市规划建设理念的转变以及城市管理政策的进步。这项工作需要有系统观、整体

---

[1] Cairns J, Pratt J R, Pratt R. Ecological restoration through behavioral change[J]. Restoration Ecology，1995，3（1）：51-53.

[2] 倪晋仁，刘元元. 论河流生态修复[J]. 水利学报，2006，37（9）：1030-1031.

观，需要在认识、尊重、顺应城市发展规律的基础上开展，需要在正确的城市发展指导思想下行动，需要在"完善城市治理体系，提高城市治理能力"的层面上实践。

中国城市类型丰富，城市规模、城市发展阶段差异很大，各个城市面临的问题有一定共性，但又各不相同，因此"城市修补、生态修复"工作的具体开展，首先要做到因地制宜，设计针对当地发展问题、符合当地技术条件的规划来做整体性的指导；其次，"城市修补、生态修复"是城市存量发展阶段一项具有长期性、复杂性、系统性的工作，要从城市整体出发，着眼长远，增强城市规划、建设和管理的科学性、系统性和协调性，"头痛医头、脚痛医脚"或者以运动式的思维来突击，都难以对弥补和完善城市系统产生深层次的效应；再次，"城市修补、生态修复"是一项具有社会意义的工作，要研究长效机制，需要研究构建权责明晰、服务为先、管理优化、执法规范、安全有序的城市管理体制，推动城市管理走向城市治理，促进城市运行高效有序，最终使城市社会和文化的水平得到大幅度的提升。

从2015年4月开始，住房和城乡建设部将三亚确定为全国首个"城市修补、生态修复"试点城市。三亚市针对一个时期城市建设中积累的主要矛盾，找准问题，查找原因，上下动员，统筹部署，综合施治。经过一年多的紧张工作，三亚在生态修复、环境改善、品质提升、城市治理等诸多方面取得了一批阶段性的成果，并逐步使一项自上而下的政府行为转变为一场市民广泛参与、凝心聚力的社会行动。今昔对比，三亚不仅城市物质环境品质有了改观，市民精神面貌也悄然变化，这种转变证明了"城市修补、生态修复"助推了城市的全面发展，从一个方面体现出在新的历史时期，中央城市工作会议精神对指导我国城市规划建设管理工作、推进城镇化健康发展具有历史性的意义。

在住房和城乡建设部领导下，中国城市规划设计研究院抽调了6个院所、60多位多专业技术骨干，从总体层面规划和城市设计，到具体项目的施工图设计，再到施工现场的技术指导协调，全面配合三亚市开展"城市修补、生态修复"工作。在这一实践过程中，我院的规划技术人员在认真负责完成各项规划设计任务的同时，结合三亚实践和国内外城市的相关案例，较为系统地思考和研究了"城市修补、生态修复"的理论基础，对"城市修补、生态修复"的价值取向、规划设计方法、具体案例分析、城市管理制度完善做了初步的总结和提炼，希望能够把握住这项工作的基本规律，也希望能够针对中国城市转型发展积累具有普适性的经验，对我国规划理论和实践的发展有所贡献。

目　录

第一章　价值篇

第二章　规划篇

第三章　实践篇

第四章　治理篇

第五章 总结篇

Editor: Zhang Bing, Chief Planner of CAUPD, Team Leader of CBER

Contributors: Task Force for City Betterment and Ecological Restoration (CBER) in Sanya City, China Academy of Urban Planning and Design (CAUPD)

CONTENTS

Chapter 3   Actions of CBER: A Case of Sanya City, Hainan Province

Chapter 4   Institutionalization of CBER

Chapter 5   Conclusions

第一章　价值篇

第一节　城市转型发展的总体方向

党的十八大着眼于全面建成小康社会、实现社会主义现代化和中华民族伟大复兴，对推进中国特色社会主义事业做出经济建设、政治建设、文化建设、社会建设、生态文明建设"五位一体"的总体布局。党的十八届五中全会审议通过的《中共中央关于制定国民经济和社会发展第十三个五年规划的建议》，进一步提出了创新、协调、绿色、开放、共享的"五大发展"理念，具有划时代的意义。

城市是我国经济、政治、文化、社会等方面活动的中心。城市建设是我国现代化建设的重要引擎。"五位一体"的总体布局和"五大发展"理念明确了我国城市转型发展的战略方向。

"城市修补、生态修复"是"为了扭转城市建设粗放发展的旧模式，探索实践我国城市内涵发展建设的新模式"，是实现城市转型发展的催化剂。这种作用的发挥在于不仅系统地改善了城市的物质环境，而且助推了城市治理体系的完善，促进了城市治理能力的提高。从 2015 年 4 月开始，三亚的"城市修补、生态修复"行动确定了三亚山体、河流、海岸和近海的生态修复，以及拆除违法建设、控制和引导城市空间形态和天际线、整治城市及建筑的色彩、夜景照明、绿化景观和户外广告牌匾等一系列行动，其实质是根据城市自身情况，围绕解决城市病等突出问题，深入探索提升城市环境质量、人民生活质量、城市竞争力，建设和谐宜居、富有活力、各具特色的现代化城市的道路。

第二节　规划设计工作转型——发挥"四个平台"作用

彼得·霍尔在对人类文明中的城市做历史性总结时说道："我们理应进入一个真正的城市黄金时代！"

的确，当中国进入城市社会后，规划技术人员应当比以前更加深入地研究探讨如何能够改进我国城市的环境质量、提升人民生活的品质。在三亚"城市修补、生态修复"的实践过程中，我们认识到，从城市规划技术层面上我们面临诸多的挑战：城市规划和设计人员如何能够较为系统地认识判断城市所面临的问题和科学发展的路径，如何能够根据城市发展的实际筛选不同阶段解决问题的重点和确定解决问题的方案，如何能够充分发挥中介者、协调者的作用推进工作过程中利益相关者的沟通和协商，如何能够全面服务于城市治理的改革创新。毫无疑问，这是一项新的有挑战性的工作。

通过实践我们认识到，城市规划专业工作者有能力发挥"四个平台"的作用，即：

1. 有能力在"城市修补、生态修复"工作过程中为政府科学决策搭建了一个研究咨询平台。规划设计人员协助政府各个部门制订综合性的工作方案，确定项目包，协助政府做好项目在城市空间上的布局，并且在这个过程中协助政府有关部门将重大的、达成共识的管理内容上升成为地方法规和技术规范。

2. 有能力为"城市修补、生态修复"重点项目的规划设计提供一个技术支撑平台，通过城市总体规划、整体城市设计、交通规划和道路工程设计、市政工程规划与设计、风景园林、建筑设计等多领域的专业力量整合，针对"城市病"制订综合施治的方案。重点项目中几乎没有一件可以通过单一专业独立完成的工作，因此，规划设计多专业的协同是做好规划设计的基本保证。

3. 有能力为"城市修补、生态修复"重点项目的落地实施提供一个现场服务平台。重点项目承载着城市建设的新理念，具有重要的示范和引领价值。因此，从规划到工程设计，从扩初到施工图设计，最后再到施工现场的跟踪指导，需要在许多细节上改变过去粗放式的、非生态的建设方式，规划各专业的技术人员需要同业主和施工企业做充分的沟通和协调，这种工作组织的方式无疑对城市规划设计人员在现场服务的方式方法提出新的需求，规划设计工作在节奏和内容上需相应地做出调整。

4. 有能力在"城市修补、生态修复"过程中为城市决策者、政府部门管理人员、街道和居委社区工作人员、项目影响到的居民和企事业单位营造一个协商沟通平台。无论"城市修补"还是"生态修复"，弥补城市建设中历史欠账，会或多或少地对城市环境和资源、功能和空间的配置产生一系列的影响，因此，所有利益相关者的合理诉求和发展需要都应当纳入规划设计的考虑，并且在方案制订的各个环节中倾听各方面的意见建议，而在实施过程中，居民和企事业单位的配合协作是不可或缺的。总之，推进"城市修补、生态修复"，需要动员全社会，加强组织领导，形成政府主导、部门协同、上下联动的组织体系，而规划设计技术人员通过贯彻全过程的深入细致的工作，可以营造出一个有效协商和沟通的平台，使这个组织体系的运行更加顺畅、更加高效。

第三节 "城市修补、生态修复"的"六重原则"

在规划发挥"四个平台"作用的基础上，如果说"城市修补、生态修复"的实践有助于催化和助推我国城市的转型发展，那么"城市修补、生态修复"实践所持有的价值观和规划设计原则就必须符合我国城市转型发展的方向和要求，符合国家深化体制改革的大趋势，符合城市治理模式改革的大方向，充分体现出创新、协调、绿色、开放、共享的"五大发展"理念。

每座城市转型发展的涵义，都会因自然禀赋、社会基础、发展阶段、问题特征、机遇条件的不同而各异，但从整体而论，城市转型发展涉及六个大的维度，即自然、经济、社会、文化、空间、设施（图1-1）。因此，"城市修补、生态修复"实践的总体原则可以围绕这六个维度展开，分别是：重整自然环境、重振经济活力、重理社会善治，重铸文化认同、重塑空间场所、重建优质设施。我们将其概况总结为"六重原则"。

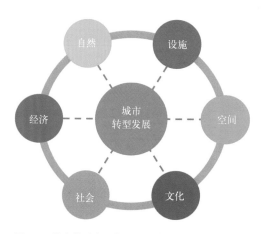

图 1-1 城市转型发展的 6 个维度   来源：自绘

下面就"六重原则"分别做出要点说明，共 36 条，姑且可以看作是当下我们这些中国的城市规划工作者对"城市修补、生态修复"实践乃至中国城市转型发展所持价值观的宣示。

一、重整自然环境

1. 城市空间的扩张和对经济增长的过度追求，往往以严重破坏自然环境为代价。生态修复旨在重建城市与自然之间的平衡，使人与自然重新达成和谐的关系。

2. 生态修复的重点是通过各种手段，将城市开发活动给生态系统带来的干扰降低到最小，并且使城市生态系统的自我调节功能得到最大的恢复。因此，建立对城市生态过程的科学认识是首要的任务。

3. 城市建设要以自然为美，生态修复需要超越单纯的工程技术思维，超越绿化美化的习惯思维，在创造性地构建城市山水格局基础上，精心营造城市的生态安全格局。

4. 生态修复的行动虽由山体、河湖、海岸、棕地等局部入手，但需全面统筹、系统修复，逐步恢复城市生态廊道和生物多样性，以实现城市生态系统的稳定和生态服务功能的提升。

5. 提高生态修复的实效，不仅应因地制宜，综合利用多种适用技术，采取经济可行的工程措施，而且需要从城市发展的战略着手，建立增长管理机制，控制城市蔓延，将空间增长引向有利于与自然平衡发展的方向。

6. 将生态修复的过程同城市开放空间和公共活动网络的建立融合起来，营造更多满足群众日常生活迫切需要的空间场所，使群众在城市生活得更方便、更舒心、更健康。

二、重振经济活力

7. 城市发展转型意味着要寻求经济成长的根本动力，即制度变革、结构优化和要素升级。"城市修补、生态修复"虽着力于建成环境的改善，但意在推动城市治理变革、空间结构转型和城市创新发展。

8. 经济过度依赖房地产业是当前许多城市的通病，降低了城市可持续发展的能力。"城市修补、生态修复"为城市培育新的增长动力，营造物质环境条件，持续的努力会催化城市产业结构、人口结构和区域结构的优化完善。

9. 经济增长为了经邦济民，而非单纯获取利润。城市修补促进城市结构的调整，倡导土地混合使用和功能多样化的发展，注意保护非正规经济的发展，促进经济发展的包容共生。

10. 转变规划设计和建设管理的理念和方法，矫正前一个发展阶段中出现的要素配置扭曲现象，实现城市土地使用和空间资源的优化配置，补短板、调结构，解决城市问题，提升发展的整体质量。

11. 在建成区的更新过程中，根据不同功能区的提升要求，采取相应措施，通过不断升级城市服务功能，为盘活存量提供催化剂，使建成区更具经济活力。

12. 在创造更多就业机会、平衡职住关系、提升基础设施和公共服务的同时，新区的发展应保持合理的开发规模、营造宜人的街道尺度和公共活动空间系统，吸取过去新区建设中的教训，做优增量，激发经济活力。

三、重理社会善治

13. 善治是城市治理的基本追求。根据城市发展的实际条件，研究治理主体多元化和治理机制弹性化的途径，积极探索转型发展中民主文明、共同富裕、群策群力的城市治理之道，体现出平等包容、共识导向、公众参与、共享成果的基本方向。

14. "城市修补、生态修复"不是一个单纯的土木工程意义上的建设活动，对违法建设、户外广告牌匾、城市夜景照明等方面的管理，意味着要依法治市，不断促进城市管理走向全面和精细。

15. 完善城市治理是重要的社会过程。在推进新型城镇化过程中，不断提高市民素质，改善群众的生活质量，不分城乡，不分地域，不分群体，为每一个成员创造平等参与、平等发展的机会。

16. "城市修补、生态修复"应以城市总体规划为纲，促进社会共识的形成，通过多种途径，落实城市性质和城市发展目标定位，在全社会维护城市规划权威性和严肃性，杜绝违法建设。

17. 公众参与无疑是现代城市社会善治的重要特征。"城市修补、生态修复"的决策过程中，必须深入广大群众，了解其疾苦，重视民生改善，并就关键项目的规划设计意图听取群众意见，使其体现对民意的积极响应。

18. 为了促进公共服务和基础设施服务水平的提升，"城市修补、生态修复"的关键工程势必会打破既有的利益格局，应兼顾利益相关者的各种合理诉求，使决策的落实能获得更加有利的社会基础。

四、重铸文化认同

19. 打造自己的城市精神，对外树立形象，对内凝聚人心，是"城市修补、生态修复"希望带来的文化成果。在全球化和现代化的背景条件下，重新铸就城市的文化认同、增强文化自信自尊是无法回避的历史使命。

20. 每一座城市都有自己的文化个性。要保护好城市拥有的自然和文化遗产，并深入挖掘、整理、表现城市内在的文化特色，加强自然和文化遗产保护，提升城市文化品质。

21. 对于城市的地域文化和传统文化，需充分尊重，从中吸取创造的灵感和营养，在建成环境的改善过程中将富有地域特色的形式、秩序、意义不断加以弘扬，在创造中继承，在继承中创造。

22. 城市建成环境的形成是一个历史过程。不同时期的建筑和空间环境因承载市民的集体记忆而拥有文化价值。城市更新发展过程中，应尽量利用好"存量"，避免大拆大建，这既是一种绿色发展的途径，也是一种城市保护的文化行动。

23. 重视社区文化的建设。在城市的新城区，通过组织丰富的社区文化活动，建设更多宜人的公共空间和服务设施，培育新城区社区文化的多样性和丰富性；对城中村的更新，应以包容发展的理念，认识其内在的历史文化和社会资本的价值，发挥其对城市发展的积极作用。

24. "城市修补、生态修复"是一个内外兼修的过程。无论本地的老市民，还是外来的新市民，都是城市文化的创造者和发展者。随着城镇化的深度发展，通过更加精细的管理和引导，提高市民的文明素质，共同缔造新时代的城市文化。

五、重塑空间场所

25. 公共空间场所对城市的重要性已成共识，但系统性不够、过度追求形式、尺度超大、只关注大空间而忽略小空间等是需要解决的问题。重塑公共空间场所，就是要让公共空间重新与城市居民生活紧密结合起来，改善城市的宜居性。

26. 控制和引导城市空间形态和天际线、城市及建筑的色彩、城市道路和开放空间的品质，有利于城市风貌特色的形成，提高市民对城市的认同感，满足群众不断增长的审美和精神需求。

27. 城市公共空间的开辟需要同城市的自然环境条件和历史文化资源的保护利用结合起来，同城市功能布局和道路交通系统结合起来，同市民日常生活的出行规律和多层次、多样化的需要结合起来，提高公共空间塑造的系统性。

28. 城市公共空间的形式，不是一种简单的构图游戏，而是应表现城市自身的历史文化和生活方式，赋予城市实体空间以丰富的意义，使之成为市民喜爱的"场所"。

29. 好的城市应该塑造出具有整体性的公共空间，在城市和分区层面提供高品质的公共空间同时，尤其应重视在社区层面，充分利用土地使用调整的机会，不拘一格，开辟多样的公共活动场所，丰富城市生活的体验，提升社区的归属感。

30. 重新找回街道空间对城市公共生活的重要价值。在历史城区，具有历史文化价值的街巷系统是城市的财富，应倍加珍惜，非万不得已绝不拓宽；在新城新区的重点地区，要通过地区交通的重新组织、街道人行和车行空间的合理分配、临街建筑和街道家具的重新整理等措施，营造人性化的街道空间。

六、重建优质设施

31. 完善的城市功能意味着优质的公共服务设施和基础设施。通过"城市修补、生态修复"提高城市发展的质量，根本在于以宜居为目标，规划和建设高品质的公共服务系统和基础设施系统，为城市长久持续发展奠定牢固基础。

32. 充分发挥公共服务设施和基础设施建设对城市空间结构调整、城市发展方向和规模的引导作用，扭转被动的、跟随型的设施供给模式，促进城市紧凑而合理的发展，提高城市内在的运行效率。

33. 在进一步推进新型城镇化的过程中，重点做好半城市化地区的公共服务和基础设施的建设，解决设施方面存在的城乡差距和社会公平问题，支持好农民工市民化的过程，确保生活在城市的人们都能分享到城市发展的成果，激发和促进"人的发展"。

34. 在完善城乡居民社会保障制度的基础上，重点加强教育、医疗、社区服务等城市基本公共服务设施的建设。结合产业转型升级、老旧厂区和老旧社区更新等机会，补充和丰富城市公共服务的类型和层次，并根据居住人口的分布状况和对公共服务的需求状况，改善设施的空间布局，使之更加均衡。

35. 加强基础设施中诸如生态环境、污水处理、防灾减灾等设施的建设，通过治理污染、增加绿化等方式对城市环境产生有利影响，但与此同时，要充分重视公共政策作用的发挥，通过促进产业结构、生活和生产方式的转型，从根本上综合施治，改善城市环境。

36. 在"修补"基础设施的过程中，把绿色市政、综合管廊、海绵城市等新理念融入规划设计建设之中，提高基础设施的韧性。重视城市历史保护地区和老城区的基础设施改造，改善市民的基本生活条件，并在老旧管线改造修缮时处理好与文化遗产保护的关系。

第二章　规划篇

第一节 怎样做好"城市修补、生态修复"规划工作

一、目标导向

对于城市规划常用的逻辑方法而言，基本上可以分为以目标为导向和以问题为导向两类，当然，大多数规划实践和类型都会灵活运用这两类方法，既有前者，也需要后者，只是侧重点不同。对于"城市修补、生态修复"来说，"修补"和"修复"虽然都是面对城市空间和城市生态环境存在的种种问题所进行的解决和改善，但是这些策略和手段的运用背后，究竟该达到什么样的效果，或者说如何来判断这些规划策略与空间干预的手段是否达到效用，这就需要一个明确的目标来衡量规划过程的实效。

因此，"城市修补、生态修复"工作的开展，应当围绕城市发展目标、城市原有定位，最大化地明确"城市修补、生态修复"对于实现未来城市目标的积极作用，明确"城市修补、生态修复"在提升城市品质、改善和恢复城市生态方面的重要价值。具体而言，"城市修补、生态修复"服务于原有城市目标，其重要作用和实效价值主要体现在城市综合品质的提升、城市生态的改善以及城市综合服务能力的增强三个方面，判断"城市修补、生态修复"的实施效果，也可以从这三方面来进行。

二、问题导向

"城市修补、生态修复"工作的开展是针对城市快速发展中所产生的各类"城市病"而提出的，因此"发现问题—研究问题—解决问题"是"城市修补、生态修复"工作的基本思路。城市问题多样，产生城市问题的根源也非常复杂，这就要求开展一系列针对性的工作。如果说立足于城市目标、以目标为导向开展"城市修补、生态修复"是为了明确工作的总体方向，那么，坚持以问题为导向则是要时刻把握规划实践中的各个环节，确保过程合理、方法得当、切中要害。

以问题为导向需要开展对于城市问题的综合分析，诊断城市的生态、空间、风貌、设施等方面的问题，研究各个层面、各个版块问题的起源、因素以及重点和难点，明确各个环节的迫切性，选取最为突出和民生关注度最高的问题，合理安排工作重点，以达到规划设计的可操作性。面向更广阔的地域和其他城市而言，操作中应结合每个城市的具体情况，解析现状，并进行针对性研究，再提出对应解决方案，这样可以做到有的放矢。

三、规划引导

"城市修补、生态修复"工作涉及面广，涵盖了城市设计、实施、建设、管理等诸多环节，各类工作之间相互关联性强，需要统筹协调，系统地开展工作。首先，系统统筹，形成"城市修补、生态修复"总体规划，然后分项、分类制订方案，针对不同项目分步骤、逐步落实，并建立相应的管理和监督负责等机制。

具体来说，在工作实践中，采取"城市修补、生态修复的总体规划+各专项规划"的方式进行规划编制，即建立"1+N"的规划方法。"城市修补、生态修复"总体规划应在原城市总体规划的基础上，针对城市存在的问题，系统梳理、总体统筹制订行动步骤和实施重点；专项规划分别制订更为详细和深入的实施细则，在"城市修补、生态修复"总规的基础上，结合以往专项规划成果，针对各类问题，深入剖析，制订措施和相应的实施方案。

四、行动渐进

"城市修补、生态修复"内容庞大，覆盖面广，其具备的系统化特征，以及"总体规划+分项规划"的成果编制，一定程度上说明了这项工作在规划研究和编制层面的长效性特征。由于"城市修补、生态修复"规划具有更加明确的目标导向和更为具体的实施要求与效用，所以，从规划的实施性来讲，它比一般规划具有更长的实施周期和更为周全的过程性要求。并且，作为我国城市化转型期的重要规划创新，它所具有的示范效应不仅仅体现于规划技术变革方面，更体现于规划工作方法上的创新，这种工作方法的执行则需要地方相关部门的长期配合与管理。

落实"城市修补、生态修复"，需要总体统筹，制订实施框架，分解步骤，持续做功，切忌短视，切忌冒进。应该意识到，我国当前正处于转型发展的新常态，

"城市修补、生态修复"作为重要的城市工作，也应当持续、渐进，不做大拆大建、大动干戈的剧烈运动，在和谐的环境中顺利推进应是工作的重要原则。正如诸葛孔明所言："譬如人染沉疴，当先用糜粥以饮之，和药以服之；待其腑脏调和，形体渐安，然后用肉食以补之，猛药以治之，则病根尽去，人得全生也。若不待气脉和缓，便以猛药厚味，欲求安保，诚为难矣。"

五、突出重点

城市具有系统性、开放性、复杂性等基本特征，每个城市又存在不同的情况与问题，由于认知能力有限，规划工作常常将工作重点聚焦于城市空间的研究与治理，空间问题复杂，头绪多，"城市修补、生态修复"工作应该抓住重点，集中突破。

当我们面对城市和城市问题时，为了简化问题的复杂性，提高工作效率，会采用"着眼全局，突出重点"的基本思路来应对，即使不能对城市空间和城市问题进行"全覆盖"，但通过系统化、整体化的方式，对城市重点问题和突出矛盾加以关注与解决，也能起到"以点带面，盘活全局"的良好效果，合理分配精力，长期坚持，逐步实施，保障规划的长久效力和实施效果，实现城市的健康运转。

六、贴近民生

2015年12月20～21日，中央城市工作会议在北京举行，李克强总理在讲话中提到，城市建设的目标是"让人民群众在城市生活得更方便、更舒心、更美好"；2015年12月24日，在《中共中央国务院关于深入推进城市执法体制改革　改进城市管理工作的指导意见》中指出，"促进以人为核心的新型城镇化发展，建设美丽中国"，并指出城市治理的基本原则之一为"坚持以人为本"。

这说明从国家层面对于城市规划、城市建设、城市管理等相关工作的总体要求之一即是：贴近民生，为民谋利。"城市修补、生态修复"作为一项综合改善城市功能的民生工程而言，应尊重民意，贴近民众心声，符合民众需求，以人民为中心，建设人民城市。在工作过程中，诸如选取人口密度大、长期欠账多的老城区作为重点地区开展工作；重点实施项目应以改善生活生产环境为目的，获得市民支持，使其乐于参与；在方案制订和实施时，坚持公共服务配套、城市基础设施、生态环境等方面优先。这些都属于贴近民生、为民谋利的基本举措,各地在开展"城市修补、生态修复"工作时,应当优先考虑。

七、因地制宜

我国幅员辽阔,地区差异大,空间因素和地域气候等多种资源禀赋差异明显,城市发展水平也各不相同、情况不等,这一总体特征造成了我国国土空间层面上的城市差异非常明显。因此,在城市自身特点各不相同、问题各异的情况下,开展"城市修补、生态修复"无疑需要结合各地特征,区别对待,坚持因地制宜开展工作,不套用既定模式。

这里所说的因地制宜,不仅包括结合自身地域条件和问题开展工作,具体事务具体分析实现有的放矢;还包括对处于不断变化的城市发展过程的动态分析和把握,一定程度上实现因时制宜,结合不同城市发展阶段所面临的不同问题开展工作,根据各地条件适时、灵活开展工作,调整规划手段。

八、经济适用

"城市修补、生态修复"是一项历时较长且面向实施的复杂工程。它囊括多个专项规划,需要多种专业和多个层面的工作人员集体配合,可以预见其是一项耗时耗力且成本不低的庞大项目。在开展"城市修补、生态修复"的过程中,应当且一定要遵循的基本原则就是经济适用,不铺张浪费。要让每一份力、每一次做功尽可能的收益最大,实现集约化利用资源、人力,避免"劳民伤财"的"面子工程",实事求是开展工作,使"城市修补、生态修复"成为一项物超所值的城市改善工作,而不是给城市带来"负担"的政绩工程,要讲求实效,禁止奢侈浪费。

第二节 城市修补规划的主要内容

一、利用城市设计手段实现城市空间的修补

（一）城市修补的本质

众所周知,城市化进程具有"S"型曲线的基本特征,而"城市病"则具有倒"U"型的发展规律。研究表明, 在这个倒"U"型的城市病发展过程中, 可将其划分为四个基本阶段（图 2-1）:"城市病"隐性阶段, 也是城市化的起步阶段;"城市病"显性阶段, 也是城市化的加速发展阶段;"城市病"的发作阶段, 也是城市化的基本实现阶段, 是城市化的一个革命性的阶段, 它标志着一个传统的农村社会开始转变为一个先进的城市社会;"城市病"康复阶段, 城乡发展开始融合进入一体化阶段, 可转移的农村剩余劳动力已基本被城市吸收, 第三产业成为城市主要后续动力, 城市化主要表现为内涵提高, 城镇的空间形态逐步形成相互交叉渗透的"网"状结构。

据国家统计局统计数据显示, 2014 年末, 我国城镇化率已达 54.77%, 与这一城镇化水平相对应的则是"城市病"的发作阶段, 我国城市将进入城市病高发期。更为严峻的是, 由于我国真正的城镇化进程历时短, 发展迅猛, 城镇化增速前所未有, 城市空间系统激增所带来的"时空压缩"效应裹挟着更为剧烈的空间矛盾和城市空间问题, 使我们不得不放慢脚步进行城市修补, 处理城市问题。

"城市病"是一种空间现象的演化, 是空间问题的交织与叠加,"城市病"的治理离不开空间管理和空间规划。纵观城市规划理论与实践的发展, 针对解决"城市病"问题的基本范式有三个: 一是调整城市空间结构, 实现人口分布均衡化的理论范式, 如霍华德的"田园城市"理论, 沙里宁的"有机疏散"理论; 二是倡导乡村生活的"城市化", 以此来避免城市无序蔓延和人口过量, 形成乡村"反磁力"模型, 以削弱大城市的"引力", 在区域范围内实现城市与乡村均衡协调的互动式发展模式; 三是运用城市设计, 进行空间改造与治理, 辅以相应的社会管理措施, 进而达到改善城市空间品质、合理引导城市空间发展的目的。

因此, 城市修补的本质就是对城市空间问题所做出的规划设计应对。

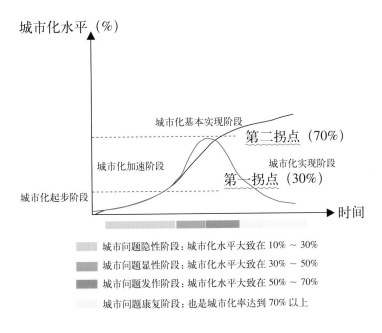

城市化水平（%）

城市化基本实现阶段

第二拐点（70%）

城市化加速阶段 城市化实现阶段

第一拐点（30%）

城市化起步阶段

时间

城市问题隐性阶段：城市化水平大致在 10% ～ 30%
城市问题显性阶段：城市化水平大致在 30% ～ 50%
城市问题发作阶段：城市化水平大致在 50% ～ 70%
城市问题康复阶段：也是城市化率达到 70% 以上

图 2-1 "城市病"倒"U"形曲线与城市化进程"S"形曲线特征叠加图 来源：自绘

（二）空间修补的基本手段——城市设计

城市设计是研究和处理城市空间问题的综合且有效的技术手段和方法。城市设计是强调以人为研究主体，以公共利益为第一原则，以满足城市空间中多样化的市民生活需要和公众活动需要为根本目标的系列设计活动和过程。城市设计研究的重点是城市空间，这与城市修补的空间对象属于同一概念，包括物质空间和社会空间、公共空间与私人空间等与城市社会相关的广义空间。城市设计不是设计城市，它作为一种设计活动，不仅以城市空间形态和城市形象的提升为目标，而且以城市社会空间的促进、城市经济的发展以及城市环境的维护等为任务，进而改善城市系统的运行。

在传统的城市设计中，视觉秩序分析得到了广泛采用，城市修补同样要借助此种方法进行城市空间结构的梳理和整体天际线的塑造；城市图底分析是另一种空间分析方法，这种方法适用于城市传统肌理的识别和以此为导向的平面空间塑造；环境行为互动方法中广泛存在的城市街道"高宽比"、"阴角空间"等街道美学原理也经常运用于城市设计的过程中。此外，还有关联耦合、视廊组织等空间组织法也是城市设计常用的技术手段，这些都应当被城市修补工作所重视和借鉴。

城市空间系统的多层次性决定了城市设计的多层级性（图 2-2）。纵向来看，无论城市设计研究对象的范围规模或大或小，它们均包含了城市设计宏观、中观和微观三个层次的内容，只是侧重方面各有不同。对于城市物质空间而言，对应这三层级的物质组成可排列为：城市整体形态、城市重要片区、重要街道及道路、核心节点及广场以及标志性建筑或构筑物等。横向来看，城市设计的维度被划分为：形态维度、感知维度、视觉维度、社会维度、功能维度以及时间维度六个方面。对于形态、感知、视觉三个维度城市设计目标的达成，可以借助传统城市设计的手法逐步推敲，借助物质空间的修复与营造来实现。而对于后三个维度的目标实现与相应属性的空间修复（诸如社会空间与生活网络、城市功能组织与运行环境、城市动态变化与相应时效的组织管理），则需要更多手段的综合运用。

除了传统城市设计的方法外，城市设计更需要长效的管理手段和相关制度的保障才能够将设计方法和空间方案有效落地，才能够营造出良好的城市环境。这些"非物质设计"的手段与传统城市设计方法相互倚重，同等重要，理应被纳入到城市设计的全过程中，用于全面解决城市空间的复杂问题，实现修复城市空间的目标。

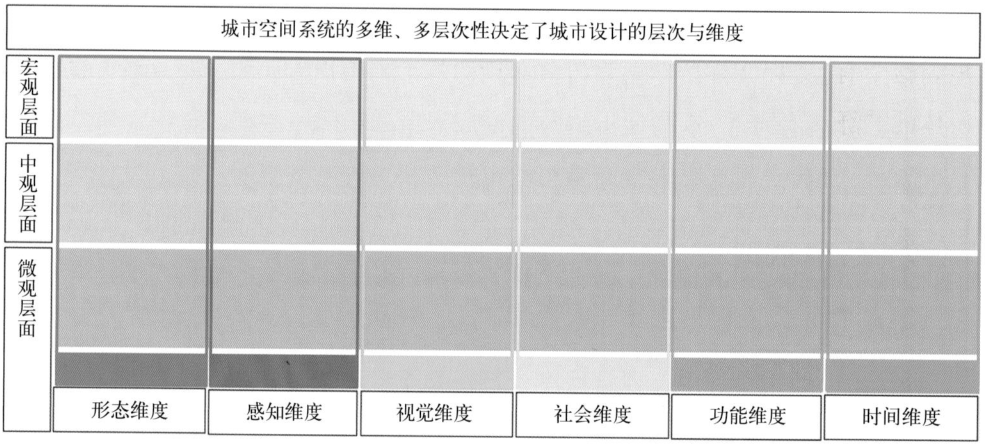

图 2-2　城市空间多维度、多层次的总体特征　来源：自绘

二、城市特色地区识别

（一）认识城市空间系统，选取城市特色地区

城市是由许多子系统（社会、经济、生态、资源、环境等）构成的有机、开放的复杂巨系统，城市与区域、城市与周围环境无时无刻不在进行着物质、能量和信息交流，它的发展与演化过程具有极大的复杂性。

为了简化和聚焦对于城市的研究与治理，城市规划及其相关领域的工作通常将其核心落脚于城市空间。城市空间作为承载这个复杂巨系统的基本载体，它拥有人、建筑单体、小区、社区、城市片区、城市区等多层次化的结构和要素。在这些层次结构和基本要素当中，外显于城市生活中并容易被感知的城市空间特征可以用"城市空间形态和城市空间结构"等基本概念囊括。

虽然我们已了解了城市空间的多层次化及复杂性特征，但在从事城市研究和相关治理工作时，需秉持"切中要害，突出重点"的基本原则，对城市空间系统进行从繁到简、抽丝剥茧的梳理和提取，利用各种方法，通过多种渠道对城市空间要素进行甄别和提炼，从而完成对于城市空间核心要素的"取样"，确定能够反映城市空间形态特征、城市空间结构典型性，以及城市问题突出且空间矛盾叠加严重的特色地区，进而对这些特色地区进行干预，实现城市空间的修复。

这种城市空间的修复，虽然不能够对于城市空间系统进行"全覆盖"，但是通过系统化、整体化的方式，对于城市空间特色地区进行的针对性修复，就好比为城市这个有机体进行"重要穴位"的"针灸"，通过激活城市触媒，以期实现城市机体的"舒筋活络"，实现城市机体的健康运行。

（二）选取城市特色地区的基本方法

选取城市特色地区，找到城市机体的"重要穴位"需要采用特定的方法和相应的方式。推荐使用的基本方法有以下几种：

1. 功能网络评价法

功能网络评价法是景观功能网络分析、生态敏感度评价、土地适宜性评价、生态承载力评价等多种生态学方法的基础，也是城市地理学的基本工具。网络是由线状要素相互联系组成的系统，可抽象表征复杂的相互关系及空间结构，网络的形态可以多种多样，这取决于分析对象的要素特征和所代表的实体信息特征。利用这种方式对城市空间要素进行抽象提取和赋值评价，并以网络图示、网格图

示等成果表达出来，结合网络评价结果和相应网格单元的划定，为选取重点地区提供可靠依据。

例如，在三亚市"城市修补、生态修复"实践中，项目组成员将三亚全市按照网格进行划分，并通过调研和测量，选取出人流和生态要素最为密集的区域，并通过进一步调研问询，最终确定"修补"、"修复"的重点区域。

2. 环境（空间）行为学调查及评价

环境行为学是研究人与周围各种尺度的物质环境之间相互关系的科学。它着眼于物质环境系统与人的系统之间的相互依存关系，同时对环境的因素和人的因素两方面进行研究。对于城市空间的研究而言，环境行为学方法可以说是一种极为细致的方法，它的应用是建立在对于城市全面而细致的调查工作基础上的。由于这种调查不仅仅是为确定城市特色地区、发现重点问题，更是为有效指导后期设计，提出规划设计方案而进行的必要准备，所以将其称为"设计调查"更为准确。首先，调查者需要对城市空间进行初步筛选，选择具有典型性的城市地区，缩小调研范围。其次，在这些特色地区中，进行深入调研，划分重点地段和关键节点。最终，根据调研人员的行为感知，结合城市居民的公众意见与空间诉求，对于这些空间要素进行评价和设计准备。

而在三亚市"城市修补、生态修复"实践中，工作人员首先选取了城市当中人流最为集中，且具有城市商业代表性的"解放路"地段，随后，以3～5人为一组进行长时间的步行体验，与商户、游客、市民分别交谈同时对其进行采访，并对街道建筑立面、广告牌匾、道路交通设施、景观绿化设施、城市家具、夜间活动特点及照明情况进行全面记录和感知，最终在综合评价的基础上得出"解放路地段需要通过有效整治，才能重塑场所精神，提供空间感知"的结论，进而，工作组便将"解放路综合改造"工程纳入到"修补"、"修复"的重点中。

3. 综合观察及调研法

正如凯文林奇所说，感知城市空间和形态的最重要途径即是视觉。对于具有专业知识和经验的规划师与城市管理者而言，用于确定城市重点片区最主要的感知途径同样是视觉。这种视觉感知不仅是"看物、看景"，而更接近于带着理性思考所进行的一种全方位的观察。

"全面观察"之法古已有之，智慧和理性的古哲先贤曾依靠登高远眺、相土尝水、象天法地，极目山水林田熟稔地道风物，从而经天纬地，营城造廓，为我们留下了一座座顺应山水环境、独具文化特色的历史名城。阳澄湖畔的伍子胥，得山水之利，建吴国都城于苏州；登上北邙的隋炀帝感叹"洛邑自古之都，王畿之内，天地之所合，阴阳之所和。控以三河，固以四塞，水陆通，贡赋等"，于是后世见识了洛阳的繁华便利；龙首山上的宇文恺，幸而得见六岗，才有了长安城的壮阔。

然而，城市空间的服务对象永远都是居于此地的市民，即使拥有专业人员的调研与全面观察，却忽视了广大市民的生活感受和空间诉求，同样难以实现城市空间的优化和发展。因此，需要借助公众参与和多元合作，综合各方意见共同确定城市特色地区。

案例：三亚"城市修补、生态修复"特色地区及重点项目划定

三亚市从市域范围来看，在城市空间特色上可归纳为"指状生长、山海相连"的整体空间结构模式，具体表现为"一城三湾、三脊五镇"，滨海地区和内陆腹地兼顾的"山海相连，指状生长"模式（图2-3）。因此，此次城市修补及更新建设应遵循和保障"指状生长、山海相连"的空间结构模式，强化对山、海等重大公共资源以及山、海之间各类廊道（生态廊道、河流廊道、景观道路廊道）的修复与管控，重点修复和修补被破坏的山地区域、滨海片区、山海通廊及标志性景观地区；更新和改善城乡建设用地与滨海、滨河、山地区域之间的可达性和通视条件，进一步完善山、海、河、田园和各类绿化廊道等生态景观要素与城乡建设用地有机融合的总体格局。

此次选取的"城市修补、生态修复"工作重点区域是三亚最具代表性和特色的地区。在充分尊重三亚市"指状生长、山海相连"整体空间格局的基础上，利用功能网格方法，综合分析现状中山、海、河等自然生态要素以及与之相邻的城市建设区域存在的主要问题，结合市民意见（图2-4），确定了三亚市城市"城市修补、生态修复"工作先期启动重点示范片区（图2-5），开展三亚市生态修复和城市修补现阶段需要的主要工作，并以此为示范在全市范围内进行推广和建设。选取该片区作为"城市修补、生态修复"工作重点区域的依据主要体现在以下几方面：

第一，该地区是山、海、河、湿地等自然生态要素相对集中的区域，现状自然生态问题较为突出，需要近期予以修复和改善。该片区山、海、河等自然资源丰富，包括金鸡岭、抱坡岭、林春岭等自然山体资源；在海岸资源方面有三亚市中心城区内是最重要的海湾——三亚湾；在河及湿地方面的自然资源则更加突显，该片区是三亚河两河流经的主要区域，同时也是河、海交界的重要区域，红树林资

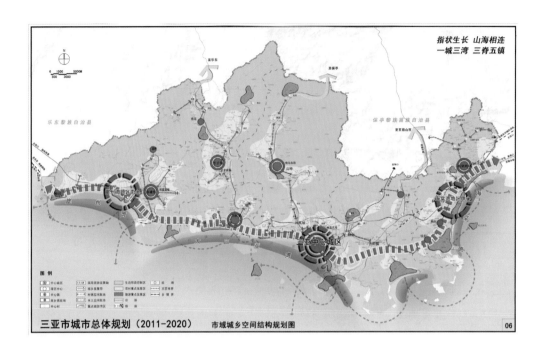

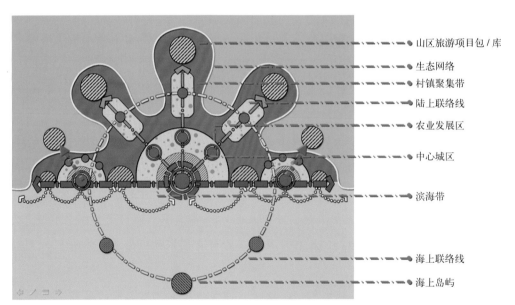

山区旅游项目包 / 库

生态网络

村镇聚集带

陆上联络线

农业发展区

中心城区

滨海带

海上联络线

海上岛屿

图 2-3 三亚市"一城三湾、三脊五镇，指状生长、山海相连"的空间结构模式
来源：自绘

图 2-4　规划工作人员就特色地区及重点项目的划定听取三亚当地居民的意见并进行广泛交流
来源：作者拍摄

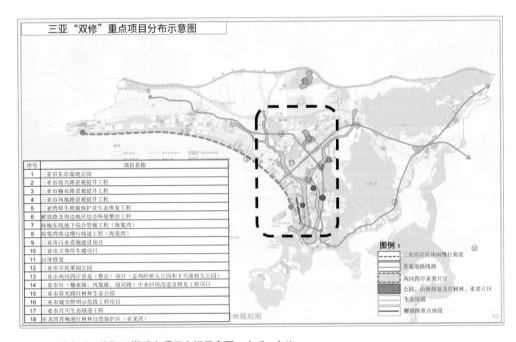

图 2-5　城市"双修"近期重点项目空间示意图　来源：自绘

源以及湿地资源都相当丰富，包括多处红树林公园以及月川湿地等。同时该地区也是现状自然生态问题比较突出的区域。

　　第二，该地区包括三亚市河东、河西、月川等主要片区，是三亚市历史最为悠久、发展最为成熟的城区，也是人口最为密集且城市建设活动最为集中的地区，因此该片区的城市现状问题也最为突出且具有代表性。具体包括：道路拥堵不畅，交通管理不到位；优质土地资源快速消耗，绿地及公共活动空间缺乏；城市风貌形象失控，缺乏空间品质和城市特色；各片区发展不均衡，滨海地区与腹地发展差距显著；城中村、棚户区等社会问题也日趋严峻等城市问题。因此，此次城市"城市修补、生态修复"工作需要在这片相对集中的区域内解决相互关联的一系列城市问题，具有很强的代表性和示范意义。此次城市修补会涉及方方面面的要素，既包括城市实体空间要素（如建筑形体、色彩风貌、广告牌匾附着物等），也包括虚体空间要素（如公共开敞空间）；既有日间景观改善，也有夜间景观重塑（夜景照明）；既涉及形象形体等内容，也涉及内涵功能（如公共服务设施、城市文脉、社会关系等）的内容。

第三，该地区是最能体现三亚城市格局和城市特色的区域，山、海、河、各类绿化廊道等自然生态要素与城乡建设要素高度地融合，体现了极强的综合性，对于该片区的更新改造需要统筹考虑和协调生态修复和城市修补两项重要工作，具有极强的综合性和示范意义。这种综合性体现在示范项目的选取上，不仅要体现生态修复的生态性，也要体现城市修补的民生性。通过"城市修补、生态修复"工作的开展，实现城市经济、社会、环境等综合效益的提升。例如，抱坡岭山体修复工程是从生态修复的角度入手，对抱坡岭被开采破坏的山体进行生态复绿，同时结合公共空间的设计和活动场所的营造，真正为居住在周边的市民提供一处可以休闲活动的绿色生态公园，做到还绿于民、还景于民，实现社会效益与生态效益的同步提升。此外，两河四岸景观提升工程是从以绿地景观修补为主的城市修补工程入手，为市民打造可以在三亚两河沿岸休闲散步的滨河绿化带以及慢行步道，但同时结合红树林公园、月川湿地公园、金鸡岭公园、丰兴隆桥头公园以及滨河绿道的整体打造，与周边生态环境融为一体，形成有机的生态系统网络，全面提升该片区的自然生态环境，提升环境效益。

三、城市修补的"六大战役"

　　物质空间是城市修补的重点。提升物质空间的品质是城市修补应当达到的基本目标。三亚的城市修补总体思路是运用总体城市设计的思路和方法,对涉及城市空间环境、品质特色的各要素进行系统的梳理和研究。以目标导向、特色营造作为"城市修补"工作的总指导,具体运用城市设计的方法,对"城市修补"涉及的各系统要素进行梳理和指引,并进一步找到实施抓手,选取重点斑块、重点地区等进行重点示范,围绕"一湾两河三路两线"来展开工作(图2-6)。

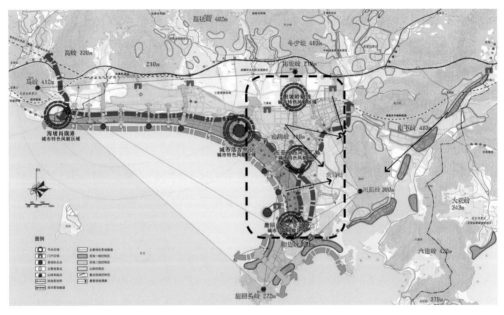

图 2-6　三亚市中心城区总体城市设计结构示意图　来源:自绘

　　三亚中心城区的城市设计总体结构延续"指状生长、山海相连"的城市空间结构,强化对山、海等重大公共资源以及山、海之间各类廊道的保护与管控,形成城市建设与山、海、河等自然环境有机融合的城市总体格局;保障山、海、河等环境资源的公共性和开放性,改善城市与滨海、滨河、沿山地区之间的可达性和通视条件,保持城市及城市活动与自然的良好融合和互动;城市建筑形态应尺度适宜、高低有序、疏密有致、色彩淡雅,整体体现山水园林城市和热带海滨风景旅游城市的风貌特色。总体城市设计的管控和引导主要体现在以下三个方面:第一,对于不同区域的建筑形体风貌，应因地制宜地进行管控和引导，尤其是加强对临山、临海、临河等重点区域的建筑风貌管控，以保证三亚良好的建筑风貌和城市天际轮廓线；第二，通过对绿地系统和城市公共活动空间的梳理，强化和保护"山海相连"的重要廊道区域，形成连续的、成系统的绿地公共空间体系；第三，要强调营造自然环境宜人、城市建设有序、文化特色鲜明的城市空间环境，通过严格管控各类公园绿地，规范各项城市建设、提升特色城市风貌、优化城市夜景照明，实现城市空间环境品质的整体提升。

通过总体城市设计的梳理可以发现，城市修补涉及的主要内容既包括建筑实体要素，如建筑形体、色彩风貌、广告牌匾附着物等，也包括建筑外部空间环境要素，如绿地公园等公共开敞空间等；既有日间景观风貌，也有夜景照明形象；既涉及外在形象方面的内容，也涉及内涵功能方面的内容。城市修补工作在总体城市设计框架指引下，对这些要素都会有所涉及。因此，物质空间修补的核心内容可以归纳为"六大战役"：城市空间形态和天际线；建筑及城市色彩修补；城市绿地的修补；广告牌匾修补与整治；城市照明的修补；违建拆除和清理。

（一）城市空间形态和天际线

通过总体城市设计的专业手法，明确城市的整体空间形态，包括城市的边界、节点、轴线、特色片区等。城市天际线也是体现城市空间形态的重要因素。

城市天际轮廓线，是由建筑高度以及其形态所决定的。设计勾勒重要景观面（如滨海、滨江、滨湖、山前）的天际线对城市空间形态的塑造具有重要作用。滨海、滨江等开阔地区景观面的天际线应突出城市特色、注重形成韵律感，并应尽量"透气"，形成高低有序、疏密有致的城市天际轮廓线，避免大体量连续的建筑群。山前地区应控制建筑高度，留有一定的观山景观视廊和通山绿化廊道，避免遮挡山体景观。特别重要的地标性景观面（如三亚的三亚湾滨海界面等）天际线如遭到个别建筑破坏，应在有条件的情况下进行适当的改造。

结合山、水等景观风貌本底布局城市景观节点，结合城市公共服务功能布局城市公共活动节点，提升节点的空间品质和景观风貌水准。对于在当前城市生活中等级已经开始降低或有降低趋势的城市公共活动节点，及时进行功能置换和空间重塑，以适应其新的功能定位。

对于城市空间轴线，规划设计时应尊重现状建设情况，避免不必要的大拆大建；对于已经形成的城市空间轴线，需要进一步控制轴线周边的建筑高度、开发强度，强化序列感；对于严重影响重要空间轴线（特别是具有重要意义的历史空间轴线）的建筑片区，进行逐步更新改造。

结合城市中的历史街区、历史建筑、重要的公共活动空间，布局城市特色片区，打造城市特色空间形态。城市特色一是来源于历史延续，二是来源于地域特点，三是来源于创意创新，应从这三个方面的特色挖掘入手，塑造城市特色空间，增强城市的识别性。

案例：三亚湾天际线修补

现状问题：高度敏感地区现状建筑过高、过密。多处天际线轮廓形成"一堵墙"效果（图2-7、图2-8），破坏整体景观；已批控规或项目依然突破敏感地区，给未来空间形态继续恶化留下隐患。

图 2-7　三亚湾局部天际轮廓线　来源：刘元拍摄

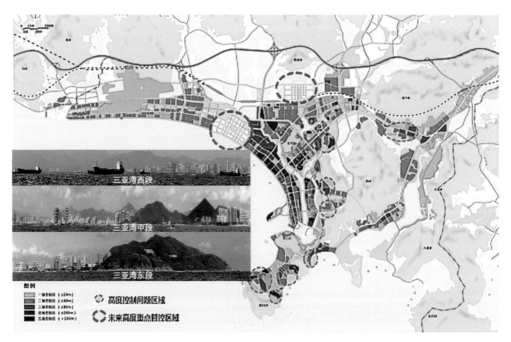

图 2-8　现状控规高度控制分析　来源：自绘

修补策略：

策略 1. 从总体上强化对建筑高度管控，形成高度控制区（图 2-9 ～图 2-11）。

·一级控制区：主要山体周边环境敏感地段，原则上禁止建设高层建筑。

·二级控制区：海坡沿海地带、现状城区、月川新区等，建筑高度原则上宜 ≤ 60 米。

·三级控制区：城市活力中心周边、阳光海岸北部、月川新区滨水中心等，建筑高度原则上宜 ≤ 80 米。

·四级控制区：建筑高度原则上宜 ≤ 100 米，主要位于城市活力中心、凤凰岛端头等需打造城市标志性形象区域。具有地标性质的标志性建筑高度可适当放宽，但必须经过严格论证。

策略 2. 从人的尺度上强化对重要区域建筑界面（图 2-12）形态的管控和指引（图 2-13）。

图 2-9　城市高度分区管控示意图　来源：自绘

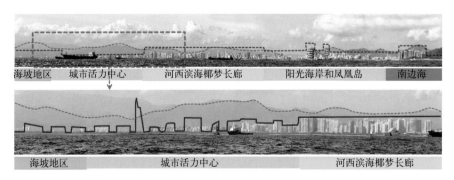

图 2-10　城市活力中心未来建设控制建筑高度　来源：自绘

图 2-11　城市修补项目落实城市高度控制要求，建立高度控制空间模型　来源：自绘

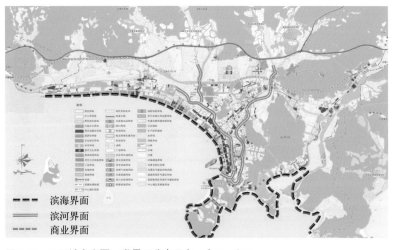

图 2-12　三亚城市主要三类界面分布示意　来源：自绘

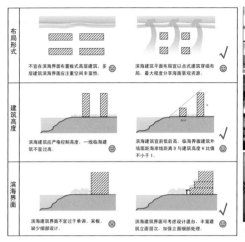

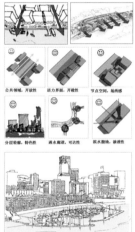

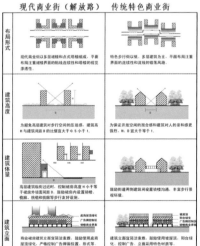

图2-13 主要界面示意图及修补措施示意（从上至下依次为：滨海界面、滨河界面、商业界面） 来源：自绘

·滨海界面：滨海建筑平面布局应以点式建筑穿插布局，最大程度地分享海面景观资源。禁止沿滨海岸线布置大面宽的板式高层建筑，禁止采用单调、呆板的建筑立面形式。

·滨河界面：滨河建筑平面布局应以点式建筑穿插布局，最大程度地分享滨河景观资源，形成"滨水低、腹地高，错落有致"的空间形态。禁止沿滨河两岸布置大面宽的板式建筑。

·商业界面：平面布局注重界面的连续性；裙房部分鼓励设置骑楼、柱廊、檐廊等灰空间，丰富步行景观；鼓励使用露台、垂直绿化等建筑构件。

·临山界面：以点式建筑为主，布局形式上应留有足够的景观绿楔，以保证山体景观的渗透；建筑形体组合结合自然山势变化，形成错落有致的天际轮廓线。禁止在临山地区平行于等高线布置大面宽高层板式建筑，以免阻挡山体景观。

（二）建筑风貌及城市色彩修补

建设形式应符合地域特点，鼓励采用适应当地气候的建筑材料和建筑形式。对于特色地段的建筑形式应保持统一，特别是历史建筑、历史街区周边应有足够的建筑风貌缓冲区，尽量采用协调的建筑语汇反映历史文化特色。同时，为营造和提升街道的整体空间品质，应当适当更新和增添城市家具。建筑体量应与周边环境相协调，对于位于重点地段因体量过大而影响整体环境风貌的建筑，可采用立面设计分割以减轻体量感。更新建设的地块尤其应该注重与周边地块相协调。

丰富而完整的街道立面及统一的建筑风貌是为城市居民提供舒适活动空间的必要条件。可利用城市设计和控规的管理手段，在建筑退线、建筑贴线率等方面对两侧建筑都提出具体的要求（图2-14）。随着建筑贴线率的提高，街道的活力和趣味性将大大增强，因此对于老城区这类城市范围内活力最强的地方，底层建筑界面控制线退让红线距离不宜大于10米，建筑贴线率不宜小于70%。

城市色彩是城市公共空间中所有裸露物体外部被感知的色彩总和，由自然景观色彩和历史人文色彩两部分构成。要做好城市色彩的修补，首先要系统梳理城市现状的自然景观色彩和历史人文色彩。自然景观色彩是城市自然生态环境赋予城市的原始色彩，而历史人文色彩是城市在不断的建设发展过程中逐渐形成的主要城市色彩，是地方文化特色的重要体现。

城市色彩修补的目标是在充分考虑自然气候环境、城市发展历史和现状条件的基础上，塑造城市特色明确、整体协调的城市色彩形象。城市色彩修补工作的

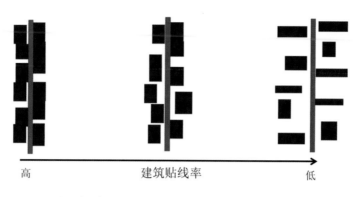

高　　　　　　　　建筑贴线率　　　　　低

图 2-14　建筑贴线率与行人活动空间的关系　来源：自绘

原则主要体现在以下两方面。第一，和谐统一，遵循规划。城市中建筑及景观色彩的统一和谐是城市色彩修补工作关键。通过色彩规划明确城市主导色彩，并寻找色系协调的颜色搭配；在整体色调统一协调的基础上，对颜色进行丰富和扩展。此处的"统一"不是"单一"，单一化的色彩虽然可以使城市整体识别感强化，却会导致城市的单调乏味。适当的丰富城市辅助色彩将既照顾整体和谐，又使建筑不乏活力。在符合色彩规划的基础上，通过控制新建建筑色彩、调整问题建筑色彩等方式，对城市色彩进行修补，将有助于三亚形成和谐统一的城市色彩。第二，因地制宜，体现特色。城市色彩修补工作的目标是要通过色彩修补工作，对城市特有自然环境、气候、植被、人文历史进行挖掘梳理，探寻符合城市气质的城市色彩，凸显城市特色魅力。正如丽江古城灰瓦白墙，苏州古城的灰墙黛瓦，都在取材颜色与周围土壤、植被、气候等环境相协调，使城市颜色与城市气质完美结合，并成为城市气质的最好体现。

因此，建筑色彩修补应根据地方特色以及现状建筑色彩的情况，确立城市建设的主导色、辅助色及点缀色，同时列出尽量避免的建筑色彩形式。对于大体量建筑、公共建筑、重要城市节点、城市交通门户的建筑色彩应加强控制，对不符合建筑色彩规定的建筑进行更新整治。

案例：解放路南段街道立面改造工程

1. 建筑风貌塑造

2015 年 7 ～ 10 月，项目组先后赴海口、三亚等地针对骑楼传统建筑进行调研，收集了海量的书籍、影像、图纸资料。项目组特别对三亚崖州古城中的骑楼民居遗存进行了细致的测绘、拍照工作，整理出较为常见的骑楼立面图库，为立面改造方案设计构思奠定基础（图 2-15）。

2. 补充和更新城市家具

城市家具主要包括售卖亭、种植池座椅组合、成品种植池、标志牌、LOGO 景墙、信息栏、垃圾桶、非机动车停车设施、金属树池箅子等。整体以简洁风格为主，突出功能性。有条件的绿地尽可能采用低于周边地坪 50 毫米的下凹式绿地（图 2-16）。

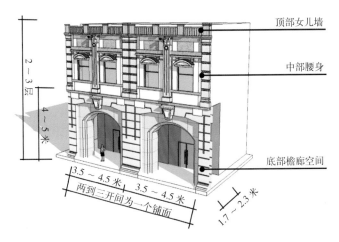

图 2-15 标准骑楼改造示意 来源：自绘

图 2-16 城市家具示意 来源：自绘

案例：三亚城市建筑色彩修补

总体思路： 通过对自然景观色彩、历史人文色彩、现状建筑色彩的充分调查（图2-17、图2-18），提出建筑色彩的总体指引，确定城市主色调、辅助色、点缀色，明确分区的建筑色彩要求。在此基础上，细化色彩修补操作实施，确定各类建筑色彩指引意象（优秀实例示意），各类建筑配色方案指引（图示指引新建建筑），现状建筑色彩修补指引（针对现状不良建筑）及建筑整改示例（局部示范）。

案例研究： 在对三亚城市现状建筑色彩进行调查分析的基础上，借鉴优秀滨海旅游城市的建筑色彩案例，选取了美国夏威夷的火奴鲁鲁市和亚洲的新加坡（图2-19）。

城市色彩定位： 确定三亚城市色彩定位为明雅鹿城、色润双河、映衬山海。

即：城市总体以白色和浅暖为主色调；度假区可用木色为主色调。低层建筑以及多、高层建筑的裙房部分可在保证总体色调与主色调相协调的基础上，适当运用彩度较高的辅助色及点缀色。高层建筑禁止使用深色主色调以及大面积玻璃幕墙。尊重滨海、山体、绿化、水系等自然特征，体现热带城市主色调。注重三亚本地民俗文化特点（木色调）。并提出了各类建筑配色方案指引，及建筑高度分区色彩指引（图2-20、图2-21）。

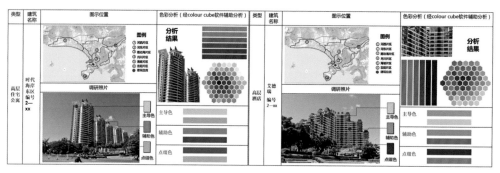

图2-17 现状建筑色彩调查举例 来源：自绘

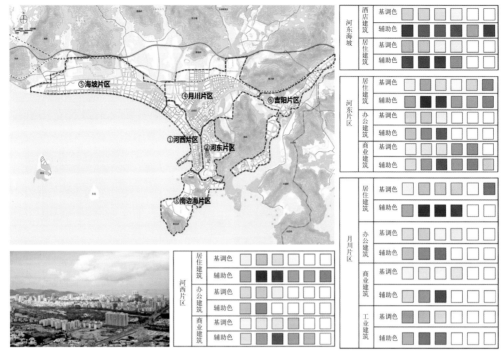

图 2-18 各片区建筑色彩汇总 来源：自绘

□城市色彩案例研究

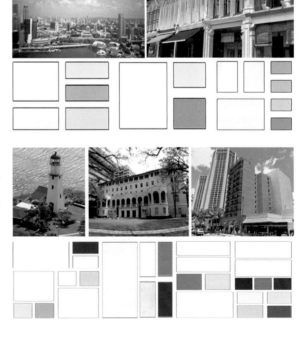

新加坡：

- 现代建筑色彩统一：浅色为主色调，清爽淡雅。
- 传统街区色彩保留：独有色系，砖红色屋顶、浅白色墙面为主。
- 旧街道旧建筑色彩更新：尺度适宜，独特细腻，颜色鲜亮但不失典雅。

夏威夷：

- 历史建筑色彩延续：历史建筑延续色调及材质。
- 地域材质运用，色彩体现：本地材质（火山岩、珊瑚板、石材、木材等）的运用，色彩自然质朴。
- 自然环境色彩搭配和谐：自然色彩丰富，建筑以浅暖色为主，淡雅协调。

图 2-19 城市色彩案例研究 来源：自绘

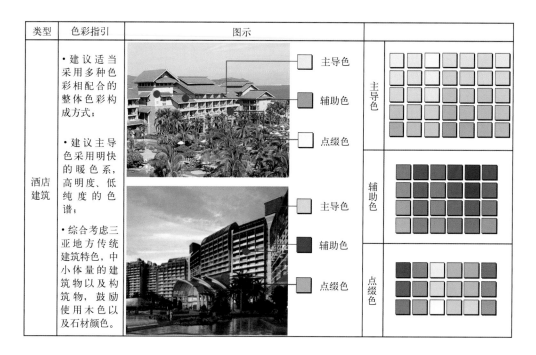

类型	色彩指引	图示		
酒店建筑	·建议适当采用多种色彩相配合的整体色彩构成方式; ·建议主导色采用明快的暖色系,高明度、低纯度的色谱; ·综合考虑三亚地方传统建筑特色,中小体量的建筑物以及构筑物,鼓励使用木色以及石材颜色。	主导色 辅助色 点缀色 主导色 辅助色 点缀色	主导色 辅助色 点缀色	

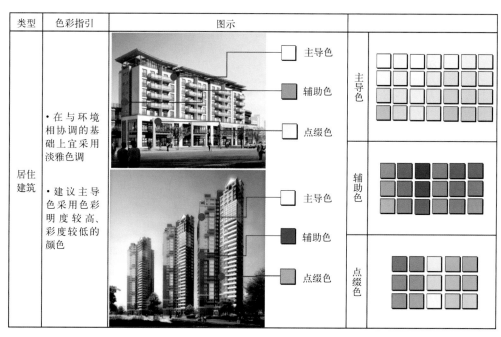

类型	色彩指引	图示		
居住建筑	·在与环境相协调的基础上宜采用淡雅色调 ·建议主导色采用色彩明度较高、彩度较低的颜色	主导色 辅助色 点缀色 主导色 辅助色 点缀色	主导色 辅助色 点缀色	

图 2-20　各类建筑配色方案指引示例　来源:自绘

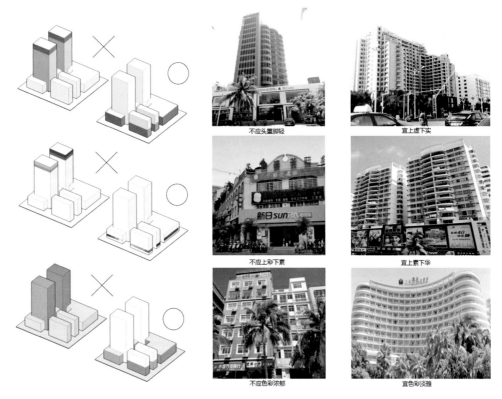

图 2-21　建筑高度分区色彩指引　来源：自绘

图 2-22　色彩修补案例：三亚市卓达巴哈马小区　来源：自绘

　　城市建筑色彩修补：选取亟须整治的、严重影响城市色彩感受的建筑进行色彩修补设计（图 2-22）。

（三）广告牌匾修补与整治

要对广告牌匾进行修补与整治，首先应系统梳理现状广告牌匾存在的问题，进而明确广告牌匾整治的总体原则。总体原则可大致归纳为以下几个方面：广告牌匾的设置与整治应与整体景观环境相结合，市场导向与公共利益相结合，刚性控制与弹性引导相结合，应因地制宜且体现特色，能承受且可推广。

广告牌匾修补宜采用分类型、分区域、分层级进行管控与整治。分类型广告整治指引可以依据广告类型的不同，对各类型广告牌匾制订相应的整治与设置指引，进而规范各类广告牌匾的设置，包括对附着式以及独立式广告牌匾的各种类型提出相应的整治指引。分区域类型的广告整治指引可依据广告牌匾设置区域位置的不同，划分为滨河空间、滨海空间、平交路口、高速公路道路沿线、景观性道路沿线、特色商业街、广场周边、公园绿地周边等类型，对广告牌匾设置提出通则性的要求，以指导广告牌匾整治工作的展开。此外，室外广告牌匾还可以根据整治要求的不同分为广告牌匾集中展示区、严格控制区以及一般设置区三级，分级制定相应的引导及控制要求。广告牌匾修补与整治的引导及控制内容主要包括广告牌匾设置的位置、尺寸、颜色、材质、形式、风格、字体等相关设置要求。

广告牌匾的修补与整治还应明确近期实施重点。依据现状问题的情况，选取集中体现城市形象并且具有可示范、可推广的重点区段，例如重要商业街区、重要道路两侧、特色风貌片区等区段前期启动时的广告牌匾整治工作（图 2-23～图 2-25）。

案例：三亚城市广告牌匾整治指引

平行于建筑的广告悬挂方式

垂直于建筑的广告悬挂方式

 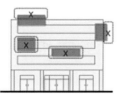  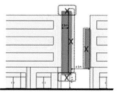

图 2-23　不同位置的广告悬挂要求示例　来源：自绘

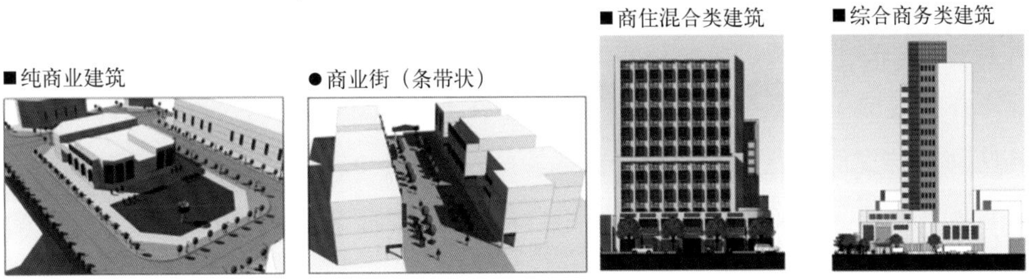

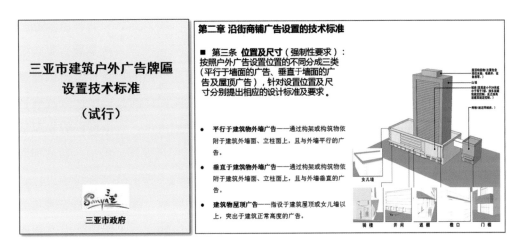

■纯商业建筑　　　●商业街（条带状）　　　■商住混合类建筑　　　■综合商务类建筑

图 2-24　不同性质的建筑广告设置要求　　来源：自绘

图 2-25　完善有关管理规定及建筑户外广告牌匾设置技术标准　　来源：自绘

（四）城市绿地修补

　　城市绿地景观修补是提升城市公共空间品质一个重要方面。城市绿化景观修补应该是通过对现状城市绿地存在的问题进行系统梳理后，有针对性地分门别类，因地制宜地提出修补和整治的策略和措施，例如针对遭到侵占、借用以及荒弃的不同问题类型，分类进行绿地整治。同时在局部绿地地块修补的基础上，将现有绿地景观资源进行有机的串联与整合，优化城市公共空间和绿地景观系统，形成完善的城市公共绿地体系。

　　城市绿地修补还应该在完善城市公共绿地体系的基础上，突出近期城市绿地修补的重点工作，通过近期重点工作的推进对后续城市绿地修补工作起到指导和示范作用。近期城市绿地修补重点区域的选择应该从城市绿地空间结构的重点区域入手，充分考虑现状绿地状况以及周边用地产权情况。选取现状绿化景观缺乏并且具备绿地修补条件的区域，重点推进城市绿地修补工作。例如三亚近期绿地修复工作就选取了三亚河上游地区，该地区周边居住用地较多，但绿地公园缺乏，而且两河上游交汇处现状绿化景观条件较好，同时是城市空间景观结构的重要区域，是体现城市景观结构、体现城市特色的重要抓手。因此，选取该区域作为绿地景观修补的近期建设重点区域。

"以人为本"和"生态优先"是城市绿地修补工作的重要原则。首先，绿地修补工作的开展应该更多地关注社会民生效果以及百姓的诉求，工作绩效应首先考虑让市民满意，给市民带来实惠。避免让绿地修补工作成为简单的栽种植物和美化景观的形象工程。对于城市主要功能中心区，因地制宜设置人流集散、集会的广场。对于城市各主要居住片区，尤其是严重缺乏绿地公园的居住片区，依据周边市民的需求和现状可改造、可建设的条件，营造环境优良的公园绿地以及街道开敞空间。对于现状较差的绿地，进行修整，通过完善优化，营造良好的景观效果和场所感以及良好的开放性和可达性；同时规划实施中还要增补绿地，通过拆旧建绿、见缝插绿，使绿化空间系统化并与周边良好协调，真正做到还绿于民、还景于民。其次，绿地修补应该以"生态优先"为基本原则，体现生态修复的相关要求，绿地建设以自然生态唯美，不宜采用太多人工化的设施，仍应从生态角度出发，强调自然的修复性和多样性，充分展现地方自然山水的独特魅力。

城市绿地对于提高城市空间舒适性具有重要作用与意义。对老城中遭到侵占、借用、荒弃的绿地进行整治，补植行道树，恢复街头绿地公园；选用地方植物，科学组合树种，促进生物多样性，降低养护费用；提高绿化景观设计水平，植物体量、色彩、季节差别搭配合理，形成优美的街道绿化景观；定期、及时养护绿植，对遭到破坏或长势不佳的植被及时补植更新；对于树龄较高、长势较好、已经形成一定景观的植被进行保护，避免不必要的砍伐移植，根据各地实际情况，应明确规定胸径到达一定长度的大树原则上不移植。

案例：三亚城市绿地修补

对三亚中心城区每一块绿地进行现状调研分析，并进行分类（图 2-26），分为现状较好绿地、现状被侵占绿地、现状被私有化绿地、生态良好的规划绿地、生态遭到破坏的规划绿地、现状有建设的规划绿地，因地制宜、分门别类采取修补措施（图 2-27）。确定了生态性、开放性、系统性的修补策略（图 2-28）。措施 1：被侵占的绿地（17 处），加快清退出来，绿化修复。措施 2：生态遭破坏（抛荒）的绿地（12 处），加快清理出来，绿化建设。措施 3：现状生态良好的规划绿地（49处），合理利用，设施完善。措施 4：私有化的绿地（7 处），增强开放性。措施 5：现状有建设的规划绿地（62 处）拆除违章建设、逐步置换用地，分期实施绿地规划。

图 2-26　三亚绿地现状分类　来源：自绘

图 2-27　各类绿地修补示例（"非公共"的绿地及抛荒绿地修补示例）　来源：自绘

序号	类别	目标	措施
1	公园绿地	合理布置，增加功能性	
2	绿篱、绿带	合理布设，提高观赏性	
3	立体绿化	合理布设，竖向美化	
4	花坛、花池	提高观赏性	
5	绿地设施	实用兼顾美观	
6	道路绿化	满足功能需要，展现城市特色风貌	

图 2-28 各类绿化景观修补通则 来源：自绘

（五）城市照明的修补

城市照明修补也应从城市夜景照明的现状问题入手，以保障城市夜间安全为基本要求，以突出城市总体格局意象为目标，以人的活动空间及视觉感受为重点进行修补。城市照明规划分为城市照明总体规划与城市照明详细规划。城市照明总体规划主要是控制城市夜景发展格局，引导城市照明发展，城市照明详细规划则是落实城市夜景发展格局。城市照明的修补也应从总体规划和详细规划两个层面着手。

总体规划层面，基于城市整体空间格局特点，在充分研究城市照明现状问题的基础上，结合城市相关规划提出城市照明的目标定位、照明结构、功能照明和景观照明。采用点、线、面相结合的方式，对重要的滨海岸线、滨河岸线、重要交通性道路及门户节点、重要商业街区及公共建筑提出夜景照明修补的分类管控与指引。并通过照明指引（如照明政策区划、照明设计导则）指导城市照明建设与发展；同时提出城市照明分期建设计划与政策保障措施，保障规划落地（图 2-29）。

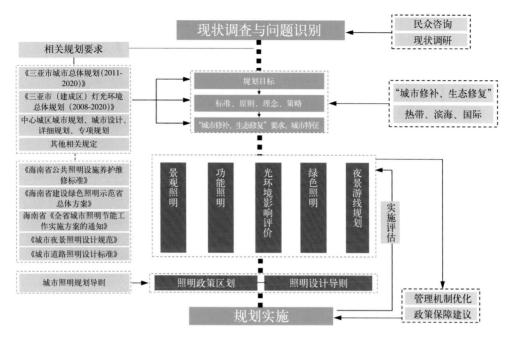

图 2-29　三亚照明专项规划技术路线　来源：自绘

　　详细规划层面，根据总体规划确定的规划结构、重要路径等，结合现状问题及区域发展定位，明确区域的照明结构、空间序列、照明主题等。分功能照明与景观照明两方面提出具有高度针对性的拆除、更新、建设要求。功能照明需明确道路、广场等公共活动空间的各项照明指标，如平均亮（照）度、亮（照）度均匀度、眩光限制阈值增量、环境比及照明功率密度值等；景观照明需以总体规划为依据，综合考虑区域特色、人群的活动规律、环境氛围、照明对象的景观价值等，确定区域的景观视轴、视点、重要节点及照明对象，确定景观照明点、线、面结构的重要性分类分级与亮度、光色分级。对既有对象提出维护或整改要求，对新建对象提出照明建设、控制要求，科学制订城市照明建设计划。

案例：三亚城市照明专项规划

在调研和分析三亚中心城区白天及夜间现状基础上，借鉴国内外卓越的城市照明案例，通过解读三亚相关规划、研究三亚地域特色，确定三亚中心城区的规划目标、原则、策略及城市照明的总体结构（图2-30）。"一湾"：三亚湾——海南国际旅游岛的"美丽客厅"；"两带"——三亚河生态夜景花园、迎宾路夜景观带；"三心"：城市旅游服务核心区域、凤凰岛、游艇港；"六区"：海坡片区、月川片区、吉阳片区、鹿回头片区、大东海片区、抱坡岭片区。

以城市照明结构为统领，确定功能照明规划。功能照明规划从机动车交通道路、交会区、人行道、隧道、附属交通设施照明、公园、广场及标识系统照明等几个方面提出相应的规划建议。根据道路照明设计标准提出规划范围内的道路分级，明确主干路、次干路、支路三个级别（图2-31）道路路灯的布置、选型、光源、光色、亮度、照度、眩光要求。

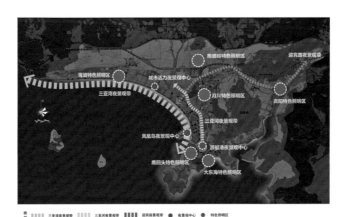

图2-30　三亚照明总体结构　来源：自绘

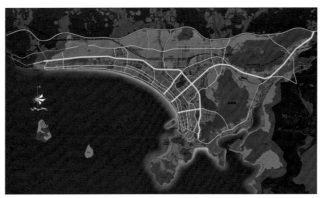

图2-31　道路照明等级体系　来源：自绘

本规划根据城市总体规划的不同用地功能，以照明政策区划（图2-32）覆盖全域用地。针对三亚规划特点，制订商业金融照明区、旅游文化照明区、城市开放空间照明区、城市公共设施照明区、居住照明区、生态照明区及其他照明区照明政策区划，提出各区的照明意向、功能照明及景观照明方式、控制指标、技术手法要求，指引各类用地的照明设计。此外，基于三亚是重要的红树林保护区，生态敏感度高，以城市景观照明建设控制区对三亚市景观照明建设进行控制。

除照明政策区划外，以凯文·林奇的城市意向五要素解析三亚中心城区各景观载体，结合区域重要性、载体情况、可识别性、可达性等因素，拎取承载三亚景观特色的"点、线、面"，形成涵盖中心区的夜景景观系统（图2-33），并且制定每个元素（表2-1）的照明设计导则，指导后续夜景设计与建设。在完成功能照明与景观照明规划的基础上，提出独具三亚特色的绿色照明规划及夜景旅游规划，引导三亚绿色、节能照明建设，引导夜景旅游发展。

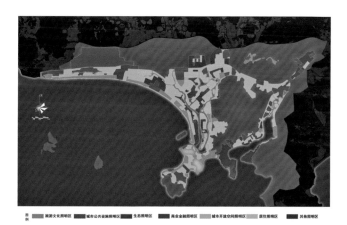

图 2-32　城市照明政策区划图　来源：自绘

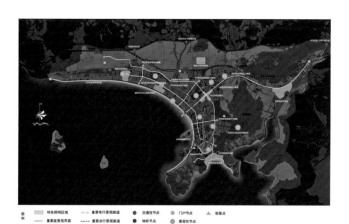

图 2-33　夜景观系统规划图　来源：自绘

类型	数量	要素名称
特色照明区域	6 项	月川特色照明区、吉阳特色照明区、城市活力中心特色照明区、海坡特色照明区、大东海特色照明区、抱坡岭特色照明区
夜景观廊道	8 项	迎宾路夜景观廊道、凤凰路夜景观廊道、榆亚路 - 解放路夜景观廊道、海虹路夜景观廊道、金鸡岭街夜景观廊道、新风街夜景观廊道、临春河夜景观廊道、三亚河夜景观廊道
夜景界面	3 项	三亚湾夜景观界面、游艇港夜景界面、大东海夜景观界面
地标节点	6 项	海月广场、喜来登酒店、凤凰岛、美丽之冠、鹿回头、三亚阳光金融广场
景观性节点	10 项	椰梦长廊、红树林公园、白鹭公园、金鸡岭公园、凤凰岭公园及热带植物园、三亚河口节点、三亚千古情节点、城市活力中心节点、海坡滨河公园节点、月川湿地公园节点
门户节点	4 项	凤凰机场、肖旗港、三亚站、吉阳站
交通性节点	11 项	新风桥、月川桥、三亚大桥、潮见桥、三亚河步行桥、临春河步行桥、跃进桥、解放路 - 渔港路大桥、凤凰机场互通、环岛高速 - 育新路互通、环岛高速 - 吉阳大道互通
观景点	2 项	鹿回头观景点、临春岭公园观景点
合计		50 项

来源：自绘

（六）违建拆除和清理

违章建筑是指违反《土地管理法》、《城乡规划法》、《村庄和集镇规划建设管理条例》等相关法律法规的规定建造的房屋、构筑物及设施。

在城市规划区内，未取得建设工程规划许可证或者违反建设工程规划许可证核定的相关内容建设的建筑都可以认定为违章建筑，诸如：未申请或申请未获得批准，并未取得建设用地规划许可证和建设工程规划许可证而建成的建筑物；擅自改变了使用性质建成的建筑物；擅自改变建设工程规划许可证的规定建成的建筑物；临时建筑建设后超过有效期未拆除成为永久性建筑的建筑物等等。

随着我国经济社会的快速发展，城镇化进程加快，少数人受利益驱动大肆抢搭、抢建违章建筑（图 2-34），给城市健康有序发展、构建秀美人居环境、维护社会公平正义、保障社会公共安全等带来严重隐患。城市修补应把"违建拆除"作为前提性工作予以重视和实施。首先，进行摸底排查，明确违章建筑的数量、分布、

图 2-34　各类违章建筑示意

来源：网络 http://pic.fznews.com.cn/guonei/2014-3-21/201432172Od1Q7jZY92946.shtml?p=2;
http://www.cqwq01.com/index_weijian.php

现有产权和使用状况。其次，按照确保安全第一、保障社会安定、维护社会公平、优化城市空间的原则，研究和制订拆违的策略、实施计划。再次，加强宣传，依法公开公正执行。

案例：三亚整治违法建筑工程

自三亚市开展"城市修补 生态修复"工作以来，三亚市借助重点项目建设、棚户区改造为动力，深入开展整治违法建筑攻坚行动，保持拆违力度不减、频率不减（图 2-35）。2015 年，三亚市共拆除各类违法建筑 7269 栋，总建筑面积 388.6 万平方米。其中，吉阳区拆违 2511 栋，总建筑面积 104.2 万平方米；天涯区拆违 2588 栋，总建筑面积 169.3 万平方米；崖州区拆违 998 栋，总建筑面积 53.4 万平方米；海棠区拆违 1172 栋，总建筑面积 61.7 万平方米。❶

2016 年，三亚市今年计划拆违 300 万平方米以上，并力争实现新建违建零增长。截至 2016 年 5 月 24 日，三亚共拆违 1290 栋，总面积 86.7 万平方米，已完成全年近 30% 的拆违目标。

海坡村（图 2-36）是三亚违建"重灾区"，据统计，海坡村棚改涉及拆除的建筑达 80 多万平方米（截至 2016 年 5 月）。海坡村违建密集，存在重大的安全隐患，同时也无法开展排水排污等市政设施建设，卫生水平差，建筑风貌随意且杂乱，严重影响城市总体风貌及形态。这里的违建拆除工作将为下一步完善城市功能、提升城市存量用地使用，带来积极贡献，也将是改善城市总体风貌，优化城市空间品质的重要举措。

---

❶ https://www.baidu.com/link?url=AVvml4y0kXP8tgSvWRQjQko9krOGQhC1xPxuGz-kBzbzlcGh74AEIJy9_dESR2Ag
kAGVf8qg5q3j1tBq0DiOtK&wd=&eqid=90f67c3d0057d38800000003579ebd06.

图 2-35   三亚市违建拆除现场图   来源：http://www.hi.chinanews.com/hnnew/2016-04-01/411155.html

图 2-36   三亚市海坡村的违章建筑乱象   来源：管泓博拍摄

四、城市修补，不止于"物质空间"

城市空间构成的多维度特征决定了城市修补绝不能仅仅局限于物质空间的改善，而是要以物质空间为源点，延展到社会、文化、功能等其他空间属性，最终实现城市空间系统的优化提升。

（一）社会空间的修复

城市作为社会各种活动的载体，不仅要为社会活动的进行和发生提供相应的容纳空间，更要起到适应和引导社会生活健康发展的积极作用；与此同时，社会生活行为对于城市空间的作用与影响也将进一步塑造城市空间的属性与特征，二者相互影响、相互促进。

城市社会生活基本上可以分为必要性活动（多少有些强制的活动，如上班、购物、乘公交等，别无选择，不受环境影响而发生）、可选择性活动（时间允许，天气宜人而自愿发生的活动，如散步、在街边聊天、发呆）以及社会性活动（依赖于公共空间中其他人存在而进行的活动，如交谈、集体活动，甚至被动的观望他人的行为等）。社会空间改善的目标就是为了更好地服务和促进以上三类活动，而选择性活动和社会性活动的发生频率的高低，才是真正判断社会网络是否形成、城市社会生活能否良性运转的关键指标。

在低品质的公共空间中，通常只有必要性活动的发生（如环境较差的菜市场或者车站之所以人多，是因为这些人基本上都是从事必要性活动的群体），而高品质的公共空间不仅使得人们愿意用更长的时间来从事必要性活动，更重要的是它为可选择性活动与社会性活动的发生提供了更好的场所，大大增加这些活动发生的概率。不仅如此，当这两类活动更倾向发生的时候，居民则拥有更多交流沟通的机会，彼此愉悦和休闲的概率也大大增加，每个人平等参与社会生活的概率也大幅升高，社会生活变得更为融洽，城市社会空间的网络化结构逐渐形成，最终会形成融洽和睦的社会氛围。

沿着这个思路说，社会空间的改善和修补，不仅仅需要注意社会性公共场所的营造，还应当建立更为平等的沟通渠道，消除城市空间之间的隔离；提供更为平等而开放的公共资源，提升城市公共空间的可达性和开放性；组织高参与度的城市文化活动，提高城市安全性，保障城市民生生活的便捷性，给予城市居民更多的社会活动管理权与决策权等。具体而言，应当从以下几方面着手。

1. 完善公共设施体系，实现城市资源平等共享

修补城市公共服务设施，绝不仅仅是增加公共服务设施量的数量和规模，而是应该通过更精细化的布局优化，实现空间上的均衡和体系的完善，包括完善片区级、社区级、小区级各级公共服务体系，提升公共服务资源的利用效率等。可以利用可达性指数和设施覆盖率等作为衡量标准，测算居民利用公共服务设施的距离和花费，进而衡量公共服务设施的利用效率。还可以应用大数据和智慧城市等信息技术，追踪城市中不同社会群体的空间分布，有针对性地优化公共服务设施布局，达到定向精准配置，真正实现公共服务设施资源的平等共享。

2. 注重社会民生，保障社会和谐

城市修补要优先考虑弱势群体的利益及空间需求，消减由城市更新造成的对原居民边缘化驱赶和占用。首先，要平衡市民、政府和市场三者之间的博弈关系，实现话语权对等。其次，要识别城市中既有的社会网络，尽可能地保存和延续社会关系，并保护和提升其赖以延续的核心空间，如重要的公共活动空间、重要的居住片区、商业街区等。再次，补充和完善传统社区的各类设施，提升传统社区的服务水平，增加吸引力，避免产生人口流失、外来人口集聚等导致原有社会网络消失的状况。

案例：三亚公共服务设施精准化配置

三亚市在组织编制《三亚市中心城区社会公共服务设施规划》的过程中，结合三亚市城市"城市修补、生态修复"工作的实践，从社会民生的角度，以保障城市公共服务设施资源平等共享为原则，对三亚市的社会公共服务设施体系进行了进一步的优化和完善。规划主要针对社会公共服务——包括教育、医疗卫生、文化体育等为满足公民的社会发展活动的直接需要所提供的服务，提出了一系列针对社会公共服务设施精细化布点和均等化处理的措施和方法，对三亚建设城市资源平等共享的公共服务设施体系，构建和谐社会起到了积极有效的作用。具体体现在以下几方面：

（1）完善公共服务体系，提升资源利用效率

结合三亚的现实情况，对三亚的公共服务设施进行分级，完善各层级公共服务设施体系，进而提升公共服务资源的利用效率。根据三亚的情况及其他城市的经验，将三亚公共服务设施分为三级，包括市级、居住区级和居住社区级。优化提升市级的公共服务中心的同时，重点完善居住区级以及居住社区级的公共服务中心（图2-37）。

三亚中心城区居住区级服务中心根据服务人口规模（3万～6万人），适当的服务半径（1～1.5公里），并按照自然边界如水、山、干路等划分为13个居住区，每个居住区均考虑居住区级的公共服务中心。社区级公共服务中心根据人口规模（0.6万～1.2万人），适当的服务半径（0.3～0.5公里），共划分为70个社区（图2-38）。每个社区均应考虑适应社区情况的社区级公共服务设施，内容包括：教育方面的幼儿园、文化设施方面的文化活动站、体育设施方面的社区体育活动场地、医疗卫生设施方面的社区卫生服务站、福利设施方面的托老所。另外，农村（社区）居委会办公场所（综合服务中心）也应当作为社区层面的公共服务设施一并考虑。社区级公共服务设施是此次城市修补的重点内容，增补的数量较多，一般不需独立占地或用地不大，新建地区应随社区建设一并实现，老城区可采取租用、置换等方式逐步完善。

（2）优化公共服务布局，实现定向精准配置

通过对不同类型人群在三亚市的空间分布差异，适当调整和优化公共服务设施的布局，实现针对不同人群的公共服务设施定向精准配置，使得各类社会群体和对公共服务的不同需求达到空间上的相对吻合，充分体现社会公平。三亚中心城区根据不同人群的主要空间分布特点，大致可分为三类地区：游客相对集中的地区，分别是亚龙湾地区、鹿回头大东海地区和海坡地区；居民、游客、"候鸟"高

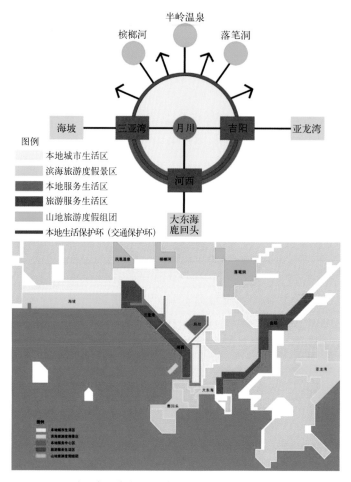

图 2-37　三亚市服务设施分区结构概念图（上图）及人群分布概念示意图（下图）
来源：自绘

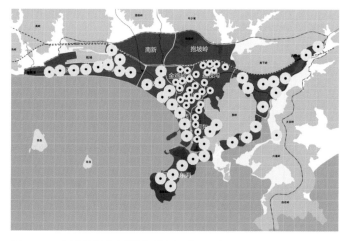

图 2-38　三亚市社区中心规划示意图　来源：自绘

52　催化与转型："城市修补、生态修复"的理论与实践（第二版）

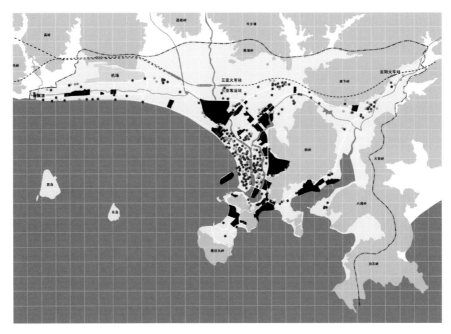

图 2-39　候鸟社区（黑色块所示）与公共服务设施的大致空间分布　来源：自绘

度混合的地区，包括吉阳、河西和三亚湾；常住居民以及候鸟相对集中的地区，包括河东、月川一带（图 2-39）。三亚中心城区的空间结构按照人群的特征可总结为：外围是旅游功能，包括三大滨海度假区和北部山地度假区；沿边是三大旅游服务生活区，靠近度假区；内陆是本地城市生活的主要集中区。因此，三亚市的各级服务中心根据不同人群的主要空间分布特点，分为游客相对集中的地区，居民、游客、"候鸟"高度混合的地区（图 2-39），常住居民以及"候鸟"相对集中的地区三类区域，针对这三类区域所服务的主要居民类型的不同，提出相应的有针对性的公共服务设施的修补策略，切实提供居民需要的各项生活服务，建设便捷宜居的生活环境。例如对教育设施和福利设施的完善和修补基本上是针对常住人口；而医疗、体育和文化设施则需要兼顾考虑"候鸟"和游客的需求。

　　对公共服务设施的定向精准配置主要体现在两个方面：在空间分布上，各类设施的分布应符合不同人群的分布，如一般兼顾型的市级设施应尽量安排在既方便本地居民又方便"候鸟"、游客的区域，"候鸟"和游客集中区域的中小学教育设施和福利设施需求较少；二是设施标准上，兼顾型的设施在数量上要满足"候鸟"、游客带来的额外需求（总规已将此类人口换算到总人口中），规模上可酌情采用设施标准区间的上限，以留出适当弹性满足旺季的需求增长，同时在淡季亦不造成过度浪费。

案例：三亚城中村和城边村改造建设规划

《三亚市城中村、城边村和新农村综合改造建设总体规划》（图2-40）在保障社会和谐方面提出了一系列措施和做法：

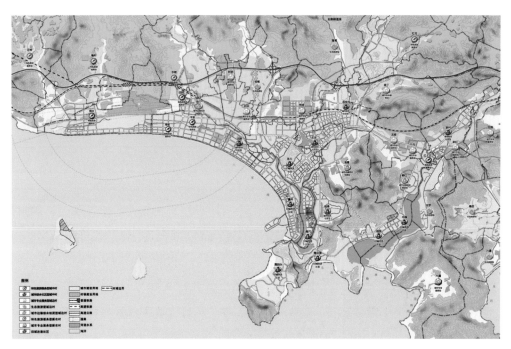

图 2-40　三亚中心城区村庄改造分类指引图　来源：自绘

第一，在更新模式上，采取了"以就地、就近安置为主，安置模式自选搭配"的方式。从村民的意愿来看，对原址的认可程度很高。因此，选择就地或就近安置是有效推进的前提。另外，结合村民多样要求，设计多种安置方案也可以大大提升改造方案的可操作性。

第二，在补偿机制上，提出了"实物补偿为主，货币补偿为辅"的方式。村庄安置补偿方式应以住宅实物安置为主，货币补偿为辅。可以划定一个相对合理的范围，范围内的以实物补偿，在实物补偿范围之外的超出部分再进行货币补偿。这样使居民既有安身之所，也可得到一定经济补偿。

第三，在后续保障上，提出了"要提供保障居民后续生活、集体经营的用地和安置商铺"。村庄改造前的住宅，不仅仅是村民的生活资料，在城中村、城边村，往往还是村民的生产资料。因此，村庄改造后，除了安置住房外，还要对居民进行出租房、铺面、集体物业等的补偿，以保障居民的后续生活来源。

第四，在更新程序上，采取"先安置后拆迁"的方式。先建安置房，通过实物的方式，有利于对村民进行宣传，村民也更容易接受。在没有空间先建安置房的情况下，要给拆迁户提供过渡费或过渡房，为拆迁户提供过渡方便，这样也能提高拆迁的积极性。

第五，在奖励机制上，奖励按时拆迁。通过设置一定的时间奖励措施，如按时签订拆迁补偿安置协议奖励10%，按时拆迁奖励房屋货币补偿金额的10%，根据拆迁顺序确定选房顺序等，鼓励村民的积极性。

（二）城市功能的修复

从《雅典宪章》所规定的城市具有居住、工作、游憩与交通四大功能，到《马丘比丘宪章》对于城市功能有机混合的推崇，不仅反映了城市功能的多样性和不可分割性，更反映了支撑城市功能发生的相应空间所具有的整体性和多样性。因此，对城市空间整体性和多样性的修补，最终将导向城市功能的修复。城市修补不仅是要做好城市空间"硬环境"，更是要塑造城市"软环境"。

1. 提升城市核心功能，促进产业转型升级，提高城市竞争力

首先，应明确城市功能转型的方向和目标。不同类型的城市应针对自身的功能定位和发展特点，构建起适合城市需要的现代产业体系。以服务功能为主的中心城市，应重点发展以知识型服务业为主的产业，凸显城市的服务功能，同时辅之以高附加值的制造业高端环节，走综合服务型的演进路径；技术创新功能较为突出的城市，在强化其在制造业高端领域主导地位的同时应重点加快发展技术创新型产业，走技术创新型的演进路径，形成以技术创新为先导的城市产业体系；而那些以加工制造功能为主的城市，则应促进制造环节中技术创新功能的嵌入，实现制造与创新领域的并行发展，推动产业链的功能升级。

其次，基于城市功能转型的目标，对现状存量产业进行评估，根据各类产业的发展状况、与目标的匹配和融合程度，提出淘汰、保留、升级等不同的分类体系，并提出阶段性的腾退和提升方案。

再次，依据产业发展目标和更新演替的趋势预判，选择和引进重点培育的新兴产业，并将之整合进现状保留产业中，共同构成支撑城市竞争力的产业体系。

2. 完善城市各类生活性功能，建设便捷、舒适的宜居城市

修补长期以来城市在生活服务方面的各类欠账，完善商业、休闲、娱乐、文化、

教育等各类生活功能。通常所说的功能复合是指产业、居住、商业、商务、娱乐、游憩等功能的混合。城市新区的建设往往是从单功能的拓展开始，比如产业区、居住区、教育区等，但随着新区的不断发展，单种功能的集聚效益将逐渐达到最大值，必然需要新的服务配套功能的进入，新区才能进一步健康发展。

改变以往各功能空间相互隔离的空间布局，营造方便、舒适、生态的空间环境，使居住、服务、产业、绿地等空间相互有机融合。

3. 促进单一型功能片区向混合型城市片区转型

协调推进城市空间与产业空间演变。传统工业园区应从单纯的产业组团逐步走向产业新城。以产业带动园区发展、以居住平衡产业开发，强调居住与产业就地平衡。研究产业园区的就业人群结构，根据需求，增加居住、服务、休闲等生活功能，合理确定各类功能的建设规模。通过完善各类公共服务配套设施，建设工业邻里中心，提升园区运行效率，形成一个集生产、居住、休闲于一体的复合城市系统。将产业园区和城镇社区融为一体，推动经济发展主体从单一的生产型园区向生产、服务、消费的多元化发展，从而促进创新型产业的发展和提升城市活力。

加大各类园区、新区的路网密度，细分地块，回归宜人的空间尺度。通过减小城市道路尺度、增加网络化程度，同时也主动制约了周围地块建设项目的开发尺度，为其今后的灵活调整带来相应的便利性。通过资助小尺度生长来鼓励城市建成区再生。加强单一功能片区内部以及其与城市其他地区的连通性，通过各种道路与街巷系统来加以实现，包括主要干线与主要区域的连接，快速交通与慢行交通的衔接，对外交通与市区环境的衔接，公交站与步行线的衔接，地铁口与商业区的衔接，以及停车场与建筑物的衔接等。

通过小规模的城市更新等手段，填补和丰富其他城市功能。对闲置建筑进行普查，通过政府回收、社会资本购置等方式，促进闲置建筑的功能植入和再利用，包括将政府行政部门的机构迁入，允许建筑功能在合理范围内进行调整，如办公建筑改造成旅馆、住宅等；增加单一功能地区的建设密度，利用闲置空地、低密度开发土地，加建文化娱乐设施、公寓、住宅等；加强人行道、林荫道、街角公园和街道设施等要素的更新，使其成为动态城市生活的驻锚点。

促进沿街等地块、建筑的兼容性使用，增强街道活力。鼓励沿街住宅向街道打开，形成门面底商；增加商住混合建筑的比例；围绕交通场站、地铁站等进行混合开发，增加商业、娱乐功能。

案例：三亚"阳光海岸"功能提升

三亚"阳光海岸"地区位于三亚市旧城河西区滨海地段，背山面海，是鹿回头、金鸡岭、狗岭三个制高点形成的"金三角"区域的重要前景，也是向海上展示三亚优美轮廓、丰富表情的"一张脸"。该地段也是主城区的重要组成部分，它与月川城市中心区及三亚河两岸城市空间的关系紧密。

该片区现状是一片功能较混杂的旧城区。1.从土地利用情况来看，居住用地所占比例最大，接近总用地的50%；商业、酒店、餐饮等公共性旅游服务设施所占比例较小，合计不到15%，功能复合度较低；2.一些优质的海滨旅游及景观岸线往往被一些企业或团体所占据，很多酒店、房地产等经营性项目的占用对该地区实现城市整体功能改善造成阻碍，许多岸线资源成为排他性的营利工具，封闭管理导致公共资源私有化问题严重，满足社会公众利益的城市公共功能受到削弱；3.除去中高档的滨海酒店外，该地区很少考虑市民真实的活动需求，尚缺乏真正具有吸引力的、有特色的旅游项目和设施，缺乏高品质的公共开敞空间，已有公共空间和设施使用率低、安全隐患频发、市民活动自发无序，对城市休闲功能造成不利影响；4.过度设计、滥用设计手法导致该地区空间环境形式、色彩、元素过多，带来审美疲劳、缺乏主题，与该地区的文化展示功能相脱节的问题；5.同时，由于大规模的开发建设，使得岸线日趋人工化，滨海沙滩椰林带保护也面临巨大的压力，海岸生态景观功能受到挑战。

以上问题显然与三亚城市总体规划对大三亚湾"海南国际旅游岛的'美丽客厅'，三亚未来的城市中心和象征"的功能定位有矛盾。作为三亚湾最重要组成部分和功能重点的"阳光海岸"地区的功能与价值则更需要挖掘与维护。基于对其地段价值的判断，"阳光海岸"城市设计就提出探索国际目标与民生目标相统一，以旅游主导的旧城更新模式，即通过城市更新，将能够提升三亚核心竞争力、支撑三亚国际旅游城市发展目标的核心功能注入该片区，实现整个区域由普通的城市生活片区向代表城市参与区域竞争的核心功能片区的转型。

首先，在分析问题时，应注重"滨海岸线利用的理念转型"，实现：从"重开发、轻保护"到"保护优先、适度开发"；从"重盈利、轻公益"到"以人为本、开放共享"；从"重形式、轻内涵"到"活力导向、内外兼修"。其次，在功能定位上强调"国际"、"热带海滨"、"旅游"三个关键词。"国际"就是说地段内的重要位置必须引进具有广泛影响力和辐射能力的重大项目，建设时必须具有国际标准；"热带海滨"是指规划、开发建设及景观塑造必须体现热带海滨的风情和特色；"旅游"则是强调开发改造的项目性质必须兼顾为市民和游客共同服务的需求，体现滨海一线为公共服务的职能。

具体而言，要做好以下几点：1. 掌握人群多元需求。现状调研阶段，引入 PLPS（公共生活与公共空间）调查方法，通过对滨海岸线空间中人的活动状态进行实时调查，掌握最新和最真实的数据，从而掌握使用人群、活动特征以及空间环境质量及其对人的活动影响（图 2-41）。2. 梳理各类资源特色。从区位、交通、生态、景观、文化等方面系统梳理该地区的资源价值。3. 识别重要节点地区。通过城市总体规划、地区控规以及涉及三亚湾沿线的各类专项规划的梳理和解析，同时综合人的活动特点和资源特色，识别出重要的节点地区，进行有可操作性的项目策划，并以此作为激发岸线活力的功能触媒和空间载体。4. 对片区内的用地进行摸底，梳理可用于功能更新的地块，包括目前功能已置换或部分置换的地块，如火车站、港务局码头；政府已纳入的储备用地，如食品厂宿舍、汽车站西北侧地块等；业主已有开发意愿的地块，如洛克白金、火车站西侧、海南农垦等；近期即可置换的地块，如汽车站、水产公司码头、海事局等。

根据发展定位，考虑现状建设情况和更新条件，规划阳光海岸地区形成"一港三带、三点多片、通海绿廊"的总体空间结构。北部现四更园村、儋州村一带，规划成为具有本土传统特色、富有吸引力的商住综合功能区和文化商住综合功能区。以旅游来推动城中村更新改造，注重对有价值历史要素的保护、挖掘和合理利用（如原铁轨沿线的铁道、设施等）。主要功能业态包括居住、商业零售、公寓式酒店、家庭旅馆、火车主题公园等。在解放路以东的食品厂地块，整体考虑作为该地区居民就地或就近安置的储备用地。中北部原火车站至汽车站一带，结合良好区位以及与解放路的衔接协调，规划成为文化娱乐区、商业购物区，成为富有特色和活力的旅游目的地。主要功能业态包括大中型商业、文娱中心、酒店、特色步行街等。汽车站南侧的用地，可结合商住功能考虑作为滨海一线部分住宅改造或置换后的居民安置。中南部新风街至水产公司码头一带规划为商住综合功能区。注重对滨海一线地段用地功能和景观环境的更新和改造，规划成为渔人码头滨海风情街，形成滨港特色旅游目的地。滨海二线地段多数新建居住小区保留，部分建筑环境质量差的地段按照商住混合功能进行更新改造。主要功能业态包括商业餐饮、休闲娱乐、商住混合街区等。南部的现港务局码头地区，通过对现状码头区仓库，各类设施等的改造和利用，精心保留和培育现有的艺术氛围，适当增加文化观演、娱乐等公共设施，结合二线地带的更新改造，规划成为文化艺术

图 2-41 包括"阳光海岸"在内的三亚湾整体同一时间段，岸线及节点空间活跃度对比（左）；活动空间分布不均衡（右）来源：翟宁拍摄

及商业区，形成最具特色和吸引力的旅游目的地。主要功能业态包括节庆广场、文化观演娱乐场所、游艇码头、港湾市场等。凤凰岛片区结合国际游轮母港及商业、酒店等各类配套设施建设，规划建设成为三亚湾新地标和具有特色的旅游新景点。主要功能业态包括邮轮码头、滨港商业街、会议中心、全海景酒店、养生会所、度假公寓等。

最后，在具体实施过程中，坚持以下几个原则。一是因地制宜、因时制宜，合理确定开发单元及管控条件。结合现状场地的特点和问题，具体情况具体分析，合理确定条件成熟的开发单元，结合定位目标和整体空间结构提出管控条件。二是围绕旅游混合功能，一、二线地段统筹发展。基于该地段的目标定位，结合旅游城市滨海核心地区的功能业态部分规律，基本确定一线旅游、二线商住服务这样的格局，既保障旅游功能提升，也满足本地社会民生、居民安置的需要。三是结合开发单元尽快确定开发主体或展开招商招标，推动重点地段重点项目建设实施，以点带面，以线串点，重点突破，求稳求实，做精做亮，形成示范效应（图 2-42）。

图 2-42　原生植物群落的修复和滨海慢行空间改造升级，修复该片区的生态、景观功能
来源：瞿宁拍摄

（三）城市文化的塑造

1.历史资源挖掘与保护

根据城市的起源与发展过程，充分挖掘遗留的历史遗产资源，包括物质与非物质资源。在充分挖掘的基础上，对历史资源进行系统性、专业性的保护与延续。

从物质空间上看，历史资源主要指城市中的各级文物保护单位及其他未列入文保单位但具有历史价值的各类物质遗存，既包括城市中及周边的山川河湖、独特的地势地形，也包括城墙（或古城廊遗址）、陵墓群、石刻、历史遗存的路网、水网结构，还包括历史街区、历史建筑、古树、古井、牌坊及其他构筑物等。另外，历史资源还包括非物质文化遗产等。

案例：三亚历史文化挖掘

在三亚"城市修补、生态修复"工作中，从梳理三亚的城市发展历史（图2-43）入手，发现早在旧石器时期，就有三亚先民在周边活动，现存的落笔洞遗址就是先民活动的重要证明，具有较高的考古研究（图2-44）价值。此后，汉朝时在此设珠崖郡治，隋朝设临振郡，唐朝改名为振州，宋朝的时候成为我国最南端的地级规模的州郡。在清朝的《皇舆全览图》中，以"海判南田"石刻见闻于世。由此看来，三亚还是有着相当长的历史沿革，沿着这条时间线，也将三亚境内的物质历史遗存串联起来。

图2-43 三亚历史沿革时间线 来源：自绘

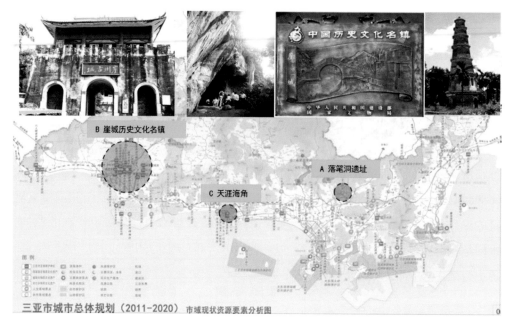

图 2-44　部分三亚现存历史遗迹　来源：自绘

　　对文保单位的保护需要遵守各级文物保护的规定，对非物质文化遗产的延续应重视创造保护、传承、发展的良好氛围。在城市更新和修补的过程中，除了对历史遗存进行保护和修复外，还要根据居民的需求赋予相应的功能，引入合理的城市活动。对有居住功能的街区，要根据原住民的生活习惯进行修复，鼓励原住民回迁。对破坏历史风貌的现代建筑物、构筑物等要根据条件进行拆除或改造，从建筑体量、风格、材质上进行协调。对于非物质历史遗存，可通过构建城市特色空间、策划特色节庆活动予以展示(图 2-45)。将历史保护与城市公共空间的塑造、城市公共活动的开展结合起来，促进地方历史文化的保护和发展。

海南军坡节

黎族三月三节

黎族打柴舞

图 2-45　海南省策划的各类优秀的节庆活动　来源：自绘

2. 公共记忆的保存与延续

城市的公共记忆具有独特的社会意义，城市修补中对于承载城市公共活动记忆的"场所"应当进行保护、优化和提升。

对于聚集了大量人气、仍是城市公共生活的重要组成的场所空间，在城市修补中应提高其空间品质，根据使用者的反馈意见，对能够唤起集体回忆的建筑物、构筑物、植物、场景等进行保护，对合理使用的空间进行保留，对不合理的空间进行更新改造，增加必要的设施（如停车场、座椅、无障碍设施等），并在条件允许的情况下尽量增加公共活动空间（如小型广场、绿地、休息区等），促进使用者的交流。

对于曾经在城市公共生活中扮演重要角色，但随着生活、生产方式改变而不再集聚人气的场所空间（如市场、工厂、码头、车站等），应进行创新的策划设计，避免大拆大建，保留能够唤起集体回忆的建筑物、构筑物、植物、场景，植入适应现代城市生活的新功能，更新完善服务设施（如停车场、座椅、无障碍设施等），以延续其在城市中的生命力。

3. 文化设施建设

修补城市中欠缺的文化设施，将重要的文化设施布局在城市公共活动密集、交通便利的节点位置，并提高建筑设计水平和施工品质。通过历史博物馆、文化馆的建设，可以有效地保存及展示地方文化。

同时，也应鼓励在其他城市的建设项目中体现文化主题，如特色文化主题的商业街、旅游项目、产业园区等。建设项目植入文化主题时应重点反映地方文化和历史文化，体现城市特色，避免"贪大求洋"；同时也要避免"阳奉阴违"，即以文化主题为名，实际做大量地产开发的情况。

（四）城市基础支撑系统的修复

城市基础支撑系统不仅是城市机体赖以正常运转的基础，更起到了"城市骨架"和"城市经络"的作用，它们不同于物质空间易于感知的特性，更多则是体现了城市的"良心品质"，城市的韧性很大程度上由城市的支撑系统决定。城市的支撑系统主要由道路交通系统和市政基础设施系统构成。

1. 道路交通设施的修补

（1）城市交通体系整体提升——综合交通整治

老城区是城市功能集中、人员活动密集的地区，由于建成年份较早，道路、停车、场站等设施往往难以适应当前的发展需要，交通拥堵和压力较为突出，是城市交通系统提升和改造的主战场。由于新建和改造的条件受限，不能采取类似城市外围片区或者新城的方式进行大拆大建，因此交通系统的提升和改造应采用因地制宜、有机更新的手法来进行。老城区的交通整治重在"综合"二字，不能仅仅局限于道路的拓宽与改造，应该本着"以人为本"的原则，将城市道路特别是次支道路、步行与自行车系统、停车系统、公共交通及轨道交通、机动车交通等各个方面均做出协调性的规划与设计。

（2）次支道路系统修补

次支网络的贯通与连续是构造"街区制"核心区的基础和手段，城市中心、副中心、中心商务区、商业区等开发量大，出行强度高，人流活动密集的地区，是贯彻"密路网＋窄断面"的重点地区。同样的道路面积率下，窄断面道路网可以提供更高的道路网密度。对于机动车交通而言，为单行、禁左等交通组织提供必要的道路空间条件，同时较少的车道数和路面宽度，也要求降低机动车的行驶速度，对步行和自行车交通使用者而言更加友好。宽度适宜的街道是构建宜人步行和自行车交通环境的必要条件，随着片区内街道长度的增加，人与沿街建筑、商铺等之间的交互空间增加，地块被分割的更小，使得土地利用更加多样化，从而增加整个街道的活跃程度和人气。

（3）步行与自行车系统改善

在老城区综合交通整治中，应将慢行交通优先于个体机动车的地位之上。步行和自行车所解决的不仅仅是交通问题，其核心主要包括四个方面的要素：网络、空间、环境和衔接。

网络要素核心是明确设施的布局、等级以及密度等方面的问题。一般而言，老城区作为城市慢行交通系统分区中的慢行优先片区，应享有最高的步行及非机动车网络密度。根据住房和城乡建设部发布的《城市步行及非机动车交通系统规划设计导则》中的规定，城市核心区步行道的密度推荐达到每平方公里 14～20 公里，理想的自行车道路的密度应达到每平方公里 12～18 公里。网络布局要素中另外一个重要指标是设施级别，步行和自行车交通设施分级的核心思路是要摆脱机动车交通语境的影响，步行和自行车交通设施分级一定不能与机动车交通的等级（主干路、次干路、支路）相关联，而应该依据步行和自行车交通的需求特征和功能来确定级别。

当前城市步行和自行车交通面临的最大困境是空间被其他交通方式及其他设

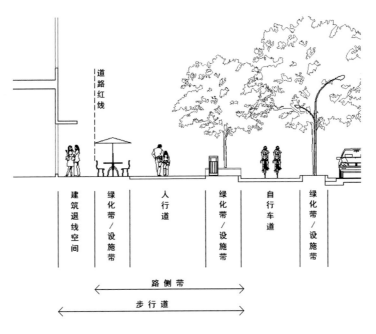

图 2-46 典型道路的步行和自行车活动空间范围　来源：自绘

施侵占，无法保证连续、安全的通行环境。因此老城区慢行交通系统提升改造中，应强调打破道路红线的约束，将人活动的空间统一纳入规划设计，既包括道路红线范围内的人行道、绿化带或设施带等，也要包括红线范围之外的公共活动空间（例如建筑前区、绿化公园）等范围。

为保障行人和自行车的方便和舒适，老城区首先要推荐平面过街的形式（图2-46），对于立体过街设施，则规定相应的布局原则以及与空间、景观结合的要求。

为确保各交通方式之间协调发展，应加强对步行、自行车交通与机动车、公共交通等的衔接。在与机动车交通协调方面，应在确定交通空间资源分配的基本原则和顺序基础上，提出"弹性设计"的方法，即优先保证人行道和自行车道宽度以及机非物理隔离原则下，依次缩减其他设施的宽度。倡导步行、自行车与公共交通、轨道交通整体设计。在公交站点、轨道交通站点应该通过设施的优化和详细设计，保证相互间衔接的顺畅。尤其在轨道交通站点附近，应该优先保障轨道交通和步行交通系统设施的衔接。

（4）停车治理

解决老城区的停车问题需要在能力挖潜（设施建设）和政策管理方面双管齐下。近期城市旧城区停车泊位需求缺口较大的地区，应该采用多种方式挖潜能力，尽量补充必要的机动车泊位。在建设中，应注意以下几点问题：①鼓励采用立体停车（地上及地下）的方式，在占用土地较小的情况下，提供较多的车位，目前立体机械停车设施的工艺和施工日趋成熟，成本逐步进入到较为合理的区间；②秉承"小而散"的原则，避免在老城区范围内集中建设大型停车场，单个规模较大的停车场不利于驾车者使用，停车场距离目的地的平均距离较大，使用者步行距离较远，且对于出入口的交通影响较大，容易引起道路交通拥堵；③鼓励单位及住宅小区的停车场实现开放及共享，随着"互联网 +"技术的普及，共享车位从而高效利用老城区内稀缺的停车资源成为可能；④结合城中村及棚户区更新，除满足新建项目的需求之外，适当增加公共停车泊位。

（5）公共交通与轨道交通系统整治

保障公共交通设施用地。首先对于城市上位规划中确定的公交场站用地规模，应在控制性详细规划中严格落实，其中公交首末站应靠近公交出行密集区，宜结合周边建筑设置。需求较大时，公交首末站可分散多点布置；对于公交保养场、停车场等场站设施可在严格保障公交功能空间需求的前提下进行综合立体建设开发；对于有条件的居住区、中小学校、幼儿园、医院、商业区等周边，宜预留路外小型公交枢纽用地。

因地制宜采取道路公交优先通行，转变既往城市道路建设中先满足机动车通行后，再考虑是否有空间设置公交优先通行道（包括公交专用道、BRT、全天及分时优先通行道等）的传统思路。根据公交客流出行的需求，首先在满足条件的道路上预留公交优先通行空间，鼓励在老城区的次干道等级设置公交专用道，在老城区范围内尽量连续设置并形成网络；已经设置公交专用道的路段，在交叉口不应该取消公交专用进口道。

落实公交停靠站及轨道站点周边交通设施空间，交叉口处的公交停靠站应优先设在出口道，并与交叉口一体化设计；由于设置港湾式公交停靠站而使道路红线拓宽时，展宽段长度、渐变段长度和站台宽度应满足国家标准 GB50647-2011《城市道路交叉口规划规范》的要求，且公交港湾站的设置不得挤占行人和自行车通行空间。公交中途站应优先结合行人过街横道线、中小学校、幼儿园、医院、养老院等位置设置，公交站台与上述地点的步行距离不宜大于 30 米。

（6）机动车交通体系整治

改变单一的以满足机动车交通需求为主的道路功能分类标准。对道路沿线用地性质和道路的使用特性进行多维度综合考虑，满足差别化、多模式交通体

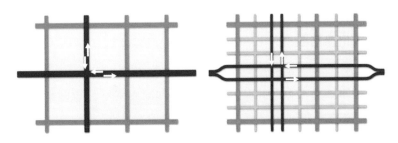

图 2-47　用单向二分路（右图）代替大尺度道路（左图）　来源：自绘

系发展的要求，确定道路的功能。按照使用功能不同，城市道路可分为以服务通过性机动车交通为主的交通性道路和以服务本地机动车交通、步行和自行车交通、提供生活功能为主的生活性道路。当两种功能强弱相当时，可根据规划设计意图酌情划归交通性或生活性道路。通过性交通从外围疏解有困难时，应采取措施减少或消除对生活功能的影响，如采用单向二分路替代交通性强的大尺度道路（图 2-47）。

避免采用拓宽少数交通干道的方式解决机动车交通拥堵问题，应以在老城区提倡密路网的方式增加整个片区的路网容量，结合交通需求与车流时空分布特征，设置单行、禁左、分时禁行等方式，在更大的空间氛围内化解交通矛盾，从而避免通过大规模工程改造的方式解决交通拥堵问题。除快速路外，城市各类道路的双向机动车车道数不宜大于 6 条；生活性道路双向机动车车道数不宜大于 4 条。对于老城区范围内的生活性道路的机动车车道宽度，应按照国家标准的下限取值。道路宽度应满足交通设施及地上和地下市政管线的最小敷设宽度要求。

生活居住区、公共活动中心区或对交通安全有要求需要加强机动车减速降噪管理的特殊区域，应因地制宜地采用交通稳静化措施。可以通过机动车流量控制与车速控制来改善行人和非机动车的出行环境。机动车流量控制可借助物理设施的削减及道路上交通流量的疏导实现。车速控制主要通过道路几何线形调整实现，可采取垂直偏移、水平偏移和收窄等措施实现。

2. 市政基础设施修补

（1）供水系统修补，保障城市饮水安全

城市供水系统是城市赖以生存和发展的物质基础，被称为城市的"生命线"。而现状建成区的供水系统由于建成时间较长，维护管理不到位，导致供水系统在水量和水质保障上存在问题，影响城市饮用水安全。

在水量保障方面，已建成区供水管网漏损率较高，有报道称我国600多个城市供水管网的平均漏损率超过15%，最高甚至达70%以上，严重影响城市供水保障 ❶。有的地区爆管事故频发，还有些地区则供水服务压力难以保证，影响城市正常的生活生产用水。一方面是由于已建成区的输配水管网建设时间过久，管理维护不到位，管道存在老化或者破损现象，导致漏损率过高；另一方面是由于早期选用的管材质量低劣，管道内部腐蚀结垢，造成过水断面缩小、管壁破损，影响水压及输水能力，出现爆管、漏损率高等问题。此外，管网建设通常与水厂建设不同步，而随着城市供水规模不断增大，已建管网出现管径预留过小或者过大等情况，厂网不匹配现象严重，影响供水服务保障。

在水质保障方面，最新的《生活饮用水卫生标准》GB 5749-2006将水质指标由35项增加至106项，提高了城市饮用水的水质要求。而已建成区供水厂一般在城市建设初期建成，处理工艺相对落后，处理设备存在老化现象，难以达到新规范的要求。同时，自来水在输送过程中存在"二次污染"现象，因为早期敷设的供水管道大部分以灰口铸铁管和镀锌钢管为主，很少有内衬，长期受到水的腐蚀作用，容易在管内壁形成锈垢和细菌，严重影响供水水质。

因此，已建成区供水系统的修补，应在完善系统规划的基础上，结合城市更新改造逐步推进，要循序渐进，突出重点，规划先行，在摸清现状管网厂站的基础上，识别出问题管段和厂站，提出修补整治方案，优化城市供水系统。对于管网的修补，一般随着城市更新和道路改造，同步改造超过使用年限和严重老化的管道，并尽可能保证供水干管成环状，增强供水可靠性；局部问题突出的地方，应进行实地探查原因，因地制宜，提出对应的解决措施，如更换经常爆管的管道，设置加压或减压设施调节管网压力等。对于厂站的修补，应在优化城市供水系统的基础上，合理调整厂站的规模与布局，保障管网安全；同时对水厂进行处理工艺的升级改造，提高水质标准，保障城市饮水安全。

（2）排水系统修补，改善城市水环境

城市排水系统是城市基础设施重要的组成部分，是城市雨水排放、水污染控制和水生态环境保护体系中的重要环节，更是城市"吐故纳新"的生命保障 ❷。而现状建成区的排水系统由于历史欠账、建设久远等原因，在管网和厂站建设方面存在诸多问题，严重制约着城市水生态环境的保护。

---

❶ 中国质量新闻网.http://www.cqn.com.cn/news/zgzlb/dier/911655.html.
❷ 蒋海涛.新型排水体制在城市排水系统规划中的应用[J].中国给水排水，2008，24（8）：1-4.

在管网建设方面，现状建成区在建设初期一般以雨污合流排水体制为主，污水通过合流制管道直接排放至水体，严重污染水体环境。部分已实施截污改造的区域，受建设条件限制，选择截留倍数偏低，污水溢流频繁；有条件实施分流制改造的区域，受支管改造难度大、现状管道复杂等因素的影响，存在分流不彻底、管道错接混接现象，导致污水通过雨水管道直接排放；此外，部分管道由于建设时间久远，或者维护不到位，存在老化破损现象，导致污水外溢。

在厂站建设方面，现状建成区主要存在污水处理标准偏低、污水处理率不高，污水厂处理负荷分布不均等问题。一方面，早期建设的污水处理设施，采用的处理工艺相对落后，出水水质标准偏低；另一方面，污水处理设施建设滞后于城市发展，且预留用地不足，导致处理能力难以满足需求，污水处理率不高。此外，有的城市建有多个污水处理厂，但由于缺乏系统规划布局，建设区域产生的污水随意接入现状管网，导致有的污水厂处理负荷过高，有的污水厂处理负荷过低。

因此，已建成区排水系统，需要从排水体制改造、排水管网完善和污水处理设施提升三个方面着手，以排水系统规划为指导，逐步进行修补。对于直排式合流制的老城区，当街道较宽，管位空间足够，实施比较容易的区域，可一步到位改为分流制；若街道狭窄，地下管线较多，实施比较困难的区域，可先改为截流式合流制，设置污水截流管道，确保在设计重现期内不发生污水溢流现象。对于已改造为截流式合流制的城区，可结合老城改造和道路建设逐步实施分流制改造；在改造条件不允许的街道或小区，可将合流管作为污水管，直接接入污水系统，等到以后具备改造条件时，再铺设雨水管道。对于排水管网的完善，一方面要加强管道维护，疏通淤积严重的管段、修复老化破损的管段、排查整治错接混接的管段；另一方面，要结合污水处理厂的规模和服务范围，调整排水分区，以满足污水处理厂的负荷要求，提高污水收集处理率。在污水处理设施提升方面，需要从整个系统的角度出发，对污水处理设施进行合理布局，以确保各个污水处理设施能够达到负荷要求；同时，实施污水处理工艺的升级改造，力争在有限用地条件下，提高处理能力，保障出水水质。

（3）防洪排涝系统修补，保障城市水安全

防洪排涝系统是城市抵御外洪、防止内涝的基础设施，是保障城市居民生命和财产安全的重要防线，也是城市的"良心"所在。然而很多城市由于各种各样的历史原因，导致前期规划不够完善，在防洪排涝系统建设上有所欠账，导致近年来城市受淹情况频发，损失严重。

首先是标准偏低。一是防洪标准偏低，我国许多城市防洪标准偏低，约一半没有达到国家规定的城市防洪标准，与城市发展很不相符❶。一些中小城市的现状建成区甚至还处于不设防状态，洪灾风险极大。二是排水标准偏低，包括雨水管渠系统的设计标准偏低和排涝系统标准偏低。很多城市排水标准达不到《室外排水设计规范》GB 50014-2006 2016 版的设计要求，尤其是老城区多按照 0.5 年一遇的设计标准修建雨水管渠，容易形成内涝积水。而排涝系统也是近年才受到重视，很多城市的相关设施都未实施，当遭遇极端天气时，受淹严重。

其次是人水争地。随着城市化速度加快，一些湖塘洼淀等天然调蓄水域被侵占的现象越来越普遍，很多水域空间变成了地域名词，导致水无处可去；同时，城市硬化面积不断增大，导致径流产生量逐步增多，导致现有的排水系统难以有效应对；此外，部分城市由于管理不到位，垃圾随意向河道沟渠弃置，阻塞泄流和排水通道，使得城市应对洪涝灾害能力大大降低。

再次是协调不足。防洪与排涝虽然是城市保障水安全的两个方面，但又是相互关联的一个整体，防洪堤的建设需要充分考虑城市排水的问题，排水设施的布置需要统筹防洪水位的高低。而现状建成区往往"重地上、轻地下"，"重防洪、轻排涝"，将防洪堤修得很高，忽略了城市排涝需求，导致城内的水排不出去，甚至出现外江水倒灌现象。此外，老城区往往由于历史原因，街区地面标高偏低，有些道路标高高于街区地面标高，街区雨水难以排入道路下的排水管道。尤其是紧邻老城区的新建区的地面标高高于老城区地面标高，雨水向老城区汇集，加剧了老城区的内涝问题。

最后是维护不到位。现状建成区周边有的河道长期不清淤疏通，河底标高上升，河床的宽度和深度减小，泄洪断面缩小，流水不畅，当上游洪水下泄和本地暴雨汇集时，形成高水位洪水，危及城市安全；城内雨水排放系统由于建设时间久，设施老化，以及管道破损、淤积等情况严重，导致排水能力降低，且当遭遇高水位洪水时，雨水无法外排，造成城区大面积渍水，形成城市外洪内涝的严重局面。

因此，修补城市防洪排涝系统，提高城市防洪排涝能力，不仅是构建以人为本的和谐社会的需要，也是提高城市品质的需要，更是保障城市安全的必需。一方面，需要转变城市建设理念，采用低影响开发模式，从源头削减径流产生。结合城市更新改造，逐步减少城市不透水面积比例，恢复水敏感区域，确保满足行

---

❶ 赵璞，胡亚林，吕行. 我国城市防洪特点及其应对措施 [J]. 中国防汛抗旱，2013，23（1）：22-23.

洪排涝的空间需求。另一方面，提高城市防洪排涝标准，对已建的未达标防洪设施应进行加固提标改造，以满足城市防洪要求；对于未达到规范要求的雨水管渠系统，需结合城市和道路的更新改造逐步进行提标改造，并结合建成区的实际情况，提出排涝标准，构建排涝系统。此外，要完善防洪排涝系统规划，协调抵御外洪和防治内涝的关系，合理布局排涝设施，构建排涝通道。对于局部内涝严重区域，应开展集中整治工程，摸清内涝成因，综合管网、设施及用地布局等多种措施进行治理。最后要加强管理维护力度，提高防洪排涝能力，保障城市防治水平。

(4) 城市电力设施修补，提高电网可靠性

现在很多城市的配电系统的发展水平及建设处于相对落后的阶段，配电网络的落后陈旧、应对变化的能力较差，并不能更好地适应社会现代化建设的发展和要求。如果出现较大的气象或自然灾害，很多城市都将处于断电状态，严重危及人民的生命和财产安全。随着三亚社会经济的快速发展，城市用电负荷增长迅猛，并且对电能质量、供电可靠性要求提高，城市电网普遍出现不能充分满足各方面要求的现象，给城市电网带来很大压力。

一是加大城市配电网改造力度，增强供电能力。多年来城市电网改造发展迟缓，对现代化城市电力网建设、改造投入不足，不能适应负荷高速增长的情况。老城区配电网技术落后，普遍存在低压配电网电压质量差，故障发生频繁，设备普遍陈旧甚至落后，小截面老旧线路，老式油断路器、老式柱上断路器等仍大量在线工作，远不能适应目前配送负荷的要求。因此，应积极采取措施，通过建设改造优化配电网结构，缩短供电半径，减少电压损失，建设坚强可靠的现代化配电网，使城市的配电网络适应社会经济发展和人民生活对电力供应的需求。将城市电网规划中的变电站、线路走廊、电缆管线等用地资源纳入城市总体规划，并进行严格控制，确保电力设施的建设空间。新建配电线路应使用绝缘导线，对裸导线线路应逐步进行绝缘化改造，一般情况下应采用电力电缆暗埋敷设。结合旧城改造，相应建设一定数量的开闭所，提高老城区的供电能力和可靠性。

二是推进城市电网的智能化发展。智能电网是现代城市电网建设发展的必然趋势。按照标准化模型规划设计配电网络，以满足新能源电力、分布式发电系统并网需求，以及电动汽车、储能装置的"即插即用"，提高供电可靠性。根据智能化改造的需要，对老城区的变电站电源点接入进行优化，并对主变电站进行增容改造，优化需求侧管理，逐步实现电力系统与用户双向互动，提高电力系统利用率、安全可靠水平和电能质量。

（5）通信设施修补，推进基础设施共建共享

通信业经过多年持续高速的发展，极大促进了社会经济发展和人民生活水平的提升。随着通信技术的进步和通信市场的发展，多家电信运营商均处在快速发展通道，通信基础设施的建设也处在快速扩张阶段。由于市场竞争的原因，各家电信运营商倾向于独立建设机房、基站、通信管道等相关基础设施，结果造成严重的重复建设现象，城市空间资源的浪费也非常严重，不仅制约了通信行业本身的健康发展，也给城市建设带来诸多的矛盾。

一是大力推进采用共建共享模式改造和建设通信基站。目前的移动通信基站及传输节点机房缺乏统筹规划，各企业无序竞争造成资源的浪费和城市空间分割破坏。三亚的老城区房屋密集，高层分布多，无线电波传播环境复杂，电信运营商要实现无线网络无缝覆盖就必须在建筑上架设大量基站，以保证信号畅通，造成建筑物顶部天线林立，特别是密集的老城区，显得杂乱无章，影响了视觉环境。同时，天线裸露在建筑物顶部，给越来越注重"绿色环保"的居民带来一种不安全感，导致他们对无线电波产生抵触甚至抗争，从而增加了无线网络建设的难度。因此，在老城区内新建、改建基站，必须采用共建共享的模式，建设资源节约型、环境友好型的通信设施。在民用建筑物上设置基站的，应会同环保、消防等部门委托无线电监测、电磁辐射环境测试等有关技术部门对该站的发射功率、电磁辐射水平等项目进行验收。经验收合格并申领临时规划许可证后，方可投入运营。

二是大力推进综合通信管道的建设。通信管道是信息传输网络赖以生存的基础资源。随着电信改革和城市信息化的迅速发展，通信运营商需要建设大规模的通信网络设施，由于通信专业的多样化和复杂化，各运营商倾向于自建一套网络，在同一道路上分别建设通信管道，导致出现重复破路、重复建设的问题，形成自建自用、难以互通的无序竞争局面，造成电信网络资源的浪费，阻碍了城市现代化建设。因此，为了有效利用地下空间资源，节约建设成本，避免重复投资、重复破路，应大力推进综合通信管道的建设，实行"三统一"原则（即统一规划、统一建设、统一管理）建设综合通信管道，综合平衡各网络运营单位和社会其他方面对基础通信管道的需求，制订投资和建设计划，并接受政府相关管理部门的监督和管理；不参与联合建设的电信业务经营者，原则上不得在同路由或同位置建设功能相同的电信设施，实现通信管线建设的集约化，改善城市整体市容环境。

（6）环卫设施修补，提升城市环境品质

随着我国城市化建设的迅猛发展，居民生活水平稳步上升，对城市环境的要

求也在不断提高，对城市环境卫生问题越来越关注。但大部分城市投向城市改造和新区建设时，环卫基础设施没有同时规划建设，造成相关设施选址难、建设难。已经建成的设施既不配套，分布又不合理；普遍存在城区公共厕所少，垃圾收集站点设施不规范，有的背街小巷和小区几乎没有垃圾站点和垃圾容器，居民垃圾无处倾倒，垃圾长时间暴露在外，晴天灰尘飞扬，雨天污水遍地，影响市容观瞻。三亚市建城区也存在垃圾收集运输系统不完善，建筑垃圾倾倒河道问题，垃圾箱过于简陋、市民随意丢弃垃圾等现象。如春园路垃圾中转站有污水横流、恶臭难闻的问题；凤凰镇海坡村等部分地段，垃圾容器陈旧、破损严重，数量不足，产生垃圾清运不及时、箱外垃圾长期堆积的现象，造成恶性循环，影响市容环境和市民生活，影响城市文明形象。

城市环境卫生状况不仅是一个城市的"脸面"，也是一个城市文明程度的重要标志。城市建设中应大力加强城乡环境卫生基础设施建设，以治理城乡生活垃圾、生活污水为切入点，建立和完善环境卫生管理机制。

一是大力推进城市垃圾减量化与资源化。鼓励全社会推广废物减量化，为引导和方便居民社区的废物分类，垃圾箱要设置分类，在人流众多的公共场合也必须配备分类废品回收箱，大力推进城市垃圾的分类回收和综合利用。

二是建立和完善城乡一体的垃圾收运体系。随着城市的不断发展，城乡结合部卫生死角问题日益突出，就近倾倒和乱倒问题比较突出，给城区环境卫生造成极坏影响，并对地下水造成污染。因此，应实行城乡垃圾一体化收运处理体系建设，集中收集，集中运输，集中处理，各街道和村（居）按照密度要求建设固定的垃圾收集设施，根据不同情况可以建设小型中转站，交由环卫部门统一运输和处理，按标准配备村庄保洁员和垃圾箱、沿街垃圾桶、转运车辆等环卫设施，严格执行保洁标准。实行城乡生活垃圾统一处置，把城乡结合部农村环境卫生纳入公共服务体系。

三是加强城市环卫设施建设及维护工作。加大环卫设施建设投入力度，夯实环境卫生管理基础。按照规划统一建设公厕、垃圾转运站等环卫设施，必须与房屋建筑工程同步规划建设，方便居民倾倒生活垃圾，确保垃圾的日产日清。相关管理部门建立健全相关运营管理制度，加强垃圾中转站的运营管理工作，做好除臭、冲洗工作，确保正常运行；公厕管理严格执行"九无标准"，确保良好的如厕环境；加强对果皮箱、垃圾桶等环卫设施的巡查力度，确保各类城市环卫设施外观完好、整洁，无明显异味。对于垃圾容器数量不足的，及时增设垃圾容器，确保覆盖率，保证日产日清。

四是加强城市繁华地段的卫生保洁问题。现在普遍存在白天保洁、夜间卫生无人问津的问题。三亚市炎热的气候特点，市民夜生活丰富，晚间超市、夜市的休闲购物人流比白天还大，相应产生的垃圾杂物也在增加，若清扫保洁没有做到及时到位，垃圾堆积会直接影响城市环境卫生的面貌。因此，要全面落实"门前三包"责任，加强清扫保洁工作。对城区主次干道、繁华地区和重点部位增加作业次数，加大清扫保洁工作力度，达到清洁城市的目的。

案例：城市水问题综合治理——三亚市海绵城市建设

海绵城市是指通过加强城市规划建设管理，充分发挥建筑、道路和绿地、水系等城市生态系统对雨水的吸纳、蓄渗和缓释作用，有效控制雨水径流，实现自然积存、自然渗透、自然净化的城市发展方式，从而解决城市水安全、水环境、水资源、水生态四方面出现的问题。三亚市中心城区的海绵城市建设，便是以问题为导向，综合运用绿色生态技术和灰色工程措施来系统地治理城市水问题。

三亚市中心城区位于三亚市中部，南临南海、西起海坡、东至吉阳和榆林湾，北接绕城高速公路，面积约188平方公里，是三亚城市建设最集中的区域。本区域最突出的是水环境问题，目前三亚市中心城区大部分地区为雨污合流制管网，部分地区进行了雨污分流改造，但是由于雨污管道混接错接严重、改造困难，并未实现完全分流，导致合流制溢流污染严重；而且中心城区周边存在大量的城边村或城乡结合部地区，如临春村、回新村、东岸村等，这些地区尚无污水管网覆盖，基本为污水直排，对水体造成较大的污染。在水安全方面，中心城区两条河流——三亚河和临春河——未完全建设防洪堤，建设标准偏低，且城市中上游地区围河造地、侵占河道现象严重，造成行洪断面减小，行洪能力降低；同时，城区内95%的排水管网设计重现期低于2年一遇，局部地区存在易涝点。在水生态方面，中心城区河道硬质化护岸占比较高，河岸红树林带侵蚀严重，近50年来三亚市红树林面积减少了70%以上。在水资源方面，中心城区主要为工程型缺水，水资源时空分布不均，需要进行流域调水，且非常规水资源利用不足。

因此，三亚市中心城区的海绵城市建设，着重于水环境的改善，兼顾水安全、水生态和水资源方面的需求，提出了年径流总量控制率达到60%的总目标。

在改善水环境方面，三亚市通过海绵城市的建设，合理安排布局低影响开发设施，从"源头削减、过程控制、末端治理、全程监控"四个方面，利用生态和

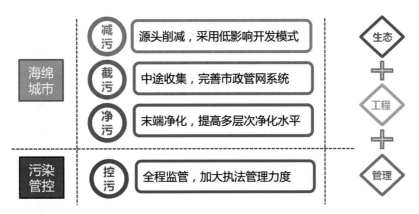

图 2-48　水环境保障措施　来源：自绘

工程措施，系统化改善城市水体环境（图 2-48）。源头削减是通过低影响开发模式，确定各区域的管控指标，从源头上控制径流面源污染。过程控制是在对现状污水系统评估的基础上，提出加快管网不完善地区的管道建设工程，提高污水收集率；对于已建合流制地区实施截污工程，减少污水溢流频率，目前已完成 69 处排水口整治，基本实现旱季无污水排出；结合道路更新改造，调整管网排水分区，优化污水处理厂的服务范围，提高污水处理负荷。末端治理是通过生态和工程的措施，在水系汇集或滞留的重要节点处，建设具有净化功能的生态湿地，如东岸湿地，改善水体环境；并对污水处理厂的运行水平进行评估，提出优化改造方案，协调各个污水厂的负荷分配，提高污水处理能力。全程监控是进一步完善监管制度，加大执法管理力度，实施全过程监控整治，对污染源进行拆除关闭，要求偷排乱排单位进行整改达标。

在保障水安全方面，三亚市提出按照《室外排水设计规范 GB 50014-2006（2016年版）》的要求，新建或改建的雨水管渠的设计标准为 2 ~ 3 年一遇，重要地区为3 ~ 5 年一遇；内涝防治标准为能有效应对不小于 30 年一遇的降雨；根据《防洪标准》GB 50201-2014 和分区防洪要求，确定中心城区的防洪标准为 100 年一遇。在此基础上，完善三亚河和临春河的防洪堤建设，疏通抱坡溪、新城水系等重要的径流行泄通道，构建防洪排涝系统。

在修复水生态方面，识别了一些重要的水敏感区域，如东岸湿地、抱坡溪等，通过采用人工湿地、生态浮岛、河滩地自然恢复或人工种植水生植物等水生态修复和保护措施，提高水体自净能力和水源涵养能力，丰富城市生物多样性，形成良性循环的水生态系统。要求对三亚特有的红树林资源进行保护和修复，建设红树林湿地公园，并结合两河四岸景观提升工程，修复三亚河和临春河的红树林生态岸线。

在涵养水资源方面，主要是采用低影响开发理念，减少城市不透水面积比例，促进雨水下渗，涵养地下水资源；同时，加强雨水、中水等非常规水资源的利用，缓解三亚由于水资源时空分布不均导致的用水紧张局面。

案例：地下管线安全与空间集约利用——三亚市综合管廊建设

综合管廊，就是地下城市管道综合走廊。即在城市地下建造一个隧道空间，将给排水、电力、通讯、供热等各种工程管线集于一体，设有专门的检修口、吊装口和监测系统，实施统一规划、统一设计、统一建设和管理。综合管廊系统不仅极大方便了这些市政管线的维护和检修，延长了管线的使用寿命，还能避免城市道路的多次开挖，增加了道路寿命，一定程度上减缓城市交通拥堵问题；此外，该系统还具有一定的防震减灾作用，管线敷设在专门的管廊空间内，大大提高了管线的安全性，节约了地下空间资源。

三亚市是中国最南端的热带滨海旅游城市。特殊的地理气候环境和城市功能定位影响着市政管线的安全。一方面，由于地下水位高，平均埋深约在3米左右，滨海局部地区地下水埋深不足1米，而且地下水盐度较高、腐蚀性强，导致采用直埋式的管线腐蚀较为严重，容易出现老化、破损等现象，影响管线正常功能的发挥，且相对复杂的防渗处理又将提高建设和维护成本。而管线的快速损坏，又需要反复开挖道路，以便及时修复管线，这就让"马路拉链"成为常态，严重缩短道路寿命，影响城市形象。另一方面，三亚市作为旅游城市，用地紧张，因此也影响市政设施落地。特别是在已建成区，由于城市建设的快速扩张，导致对市政基础设施的需求迅速增大，然而用地紧张导致了线路走廊和变电站选址困难，例如110千伏环湖站因征地、线路架空走廊等外部因素受阻，不能按计划实施，难以适应经济社会发展对电网的要求。此外，三亚地处台风灾害多发地区，容易对采用架空式的电力电信等管线产生严重破坏，影响市政设施安全。

因此，为解决上述问题，三亚市中心城区统筹考虑棚户区改造、轨道交通和旅游交通通道建设，结合市政主管线布局，建设由干线综合管廊、支线管廊和缆线管廊共同构成的网络型管廊系统，提高城市管网运行的安全性和稳定性。建设"三横一纵"的干线综合管廊系统，形成城市管廊系统主骨架，主要沿胜利路、胜利路西延线、新城路、凤凰路、三环路、迎宾路、吉阳大道等道路布置。其中，胜利路为城市中心区道路，结合旧城改造和道路拓宽，同步推进地下管廊建设，并且预留轨道交通建设条件。本段管廊全长约 3.3 公里，管廊断面采用矩形三舱断面形式，分为燃气舱、污水舱和综合舱，入廊管线预留给水管、再生水管、污水管、燃气管、10 千伏电力管和通信管线。建设支线管廊起连通作用，主要沿金鸡岭路、荔枝沟路、海虹路、落笔洞路、抱坡岭路、御海路等道路布置，起到管线连通的作用。缆线型管廊重点布局在尚未建设通信综合管沟的道路，以及 10 千伏电力架空线尚未入地的道路。

此外，为保障综合管廊的顺利实施，三亚市还在制度建设、投融资机制、管理运营等方面进行探索，积极推动综合管廊相关法规制度的建立，采用 PPP 模式，引入社会资本参与，研究制订综合管廊建设费用分摊机制，并筹备综合管廊建设、运营和维护管理新机构的建立。

第三节 城市生态修复规划的主要内容

城市生态系统是一个健康的整体，不同的城市有着不同的本底条件和生态过程。快速发展阶段的城市建设使城市的生态体系被破坏，自然的服务过程全面下降，失去了自我调节的能力，造成绿地破碎化、湿地消失、城市内涝等问题。

城市生态修复是以城市为研究主体，对城市范围内的、受人为影响和管理的用地进行生态修复。城市生态修复是以城市生态系统的自我恢复能力为主，以外界适当的人工调节能力为辅，恢复生态系统原有的保持水土、调节微气候、净化环境、维护生物多样性的生态功能。其目标是通过维护和强化整体山水格局的连续性，保护和建立多样化的乡土生境系统，维护和恢复河道及地带的自然形态，保护和恢复湿地系统，将城市绿色空间体系与城市绿地系统相结合，建立绿色空间廊道，使公园其成为城市绿色基质，推进城市棕地修复及再利用，让城市再现绿水青山，提高城市宜居性。

进行城市生态修复需要充分认识到每个城市独特的生态过程以及生态要素所出现的问题，从构建符合城市生态过程的生态绿地系统和修复关键生态要素两个方面开展工作。

一、构建符合城市生态过程的生态绿地系统

城市生态修复应按照生态系统的整体性、系统性及其内在规律，统筹考虑自然生态各要素及其相互关系等，进行整体保护、系统修复、综合治理。城市生态修复工作应该从系统角度入手，通过生态空间格局的优化，建立健康的生态系统，保护城市生态系统的生态过程及其服务功能，并满足城市发展的需要。

（一）构建城市生态绿地系统构架

1. 尊重城市自然生态过程

北京"7·21"暴雨案例反映了当代中国城市对于河流水自然过程的影响和干预，

其他诸如山地城市中的平山造地，滨水城市的围湖造田、水系渠化，滨海城市的填海造城等，都导致城市所处的自然生态过程被干扰，自然环境逐渐恶化，会产生山体植被退化、河道恶臭、湿地退化等问题，更严重的会产生山体滑坡、雨洪等安全问题，在城市建设中我们往往忽略了这些过程，导致了城市种种问题的发生。

解决这些问题的根本在于城市空间的布局需要顺应城市自然本底，尊重城市自然生态过程，采取"设计遵从自然"的方法，依据城市自然形态和要素开展规划建设；加强对城市中的水力作用、风力作用、生物作用等过程的基础研究，顺应自然过程。

尊重城市水自然生态过程，修复河湖水系的自然空间形态，保障河流、湖泊生态系统健康完整；应对在城市水自然生态过程中起阻碍作用的空间进行修复。与城市河流相伴的湿地，在城市建设中易被侵占，变为建设用地用于开发，这些区域对于城市水系自然过程起着至关重要的作用，对其占用是导致城市内涝的重要原因，在规划中应采取退建还绿、退建还湿，恢复湿地功能。城市河流穿越城区渠化现象严重，采用橡胶坝等工程措施形成大水面的景观，不符合水生态自然过程，规划中应恢复城市河流蜿蜒曲折的自然形态，恢复河流水位自然涨落，疏通上下游水系的阻断，修复水自然生境，为水生物多样性创造条件。在滨海地区填海进行城市开发建设，对于洋流等产生影响，会造成海滨城市海岸线变化，使沙丘退化、沙滩泥化，产生安全隐患，规划时应避免此类开发建设，保障海洋生态系统。

三亚有部分房地产项目用地占用三亚河红树林，对潮汐河自然生态过程造成扰动，在"城市修补、生态修复"过程中，三亚市充分认识到这些生态敏感区内的建设用地对自然过程的侵害，采取退建环湿的方式，叫停建设项目，将用地重新恢复为红树林湿地，采取多种方式修复红树林生态系统，保障了城市生态安全。

尊重城市风力自然过程，保护城市通风廊道，保障城市空气循环。城市生态绿地系统框架应考虑城市风力自然过程，明确城市通风廊道空间，划定专门区域对城市建设予以管控，尤其要禁止高强度城市建设造成通风廊道遮挡，禁止在廊道上布局工业等有污染项目，保障城市空气安全。城市风廊应与河流等自然廊道相结合，保障廊道宽度，最大程度发挥生态保障功能。

2. 保护自然生态空间，体现城市山水格局特色

城市生态修复首先应保护修复好城市中起基础型生态功能的自然生态空间，充分发挥其自然生态系统的基础性功能，构筑城市山水格局特色，让城市融入自然，让城市居民望得见山、看得见水，记得住乡愁。山水格局构建的核心是如何处理

好城市与自然的关系，使人、城市与自然和谐。构建结合山水格局的绿地系统是解决快速城市化进程中所面对的生态环境恶化、缺乏特色、传统文化丢失等问题的有效途径。

尊重城市的自然山水格局，重视保护山水自然资源，将流经城市的河流、城市所依托的山体、楔入城市的森林斑块等加以合理的保护与利用，因地制宜建成城市公园、郊野公园、森林公园或构筑绿色廊道、城市绿脉，使其成为城市绿地系统的骨架和血脉，将城市山水与城市绿地相互关联，系统组织成为有机整体。

山水格局的生态性、完整性、区域性、连续性、人文性等特点为城市绿地系统构建提供了大的系统框架，有利于形成一个生态安全、内外渗透、从宏观到微观、从市域到市区再到建成区紧密联系的完整绿地生态网络。城市山水格局既包括自然山体、河流、湖泊、海洋、湿地等自然要素本身，也包括自然山水的相互位置关系，山脉、水系走向以及大小等级、山水秩序、山水城的关系等，还包括人类对自然山水所做的有益补充。城市山水格局不仅包括城市内部及外围的自然山水整个系统的大小位置，也还包括自然山水与城市建设地块的形态关系。

山脉、水系有利于形成城市的通风廊道，从而促进城市的空气流通，并有效地把城市外围的新鲜空气带入到城市中，调节城市气温，降低城市热岛效应。城市外围的山水与城市内部的山水是一个完整的系统，城市山水格局起到把城外自然生态要素引入城市内部的作用，有利于城市水源补充、水体净化、水土保持，从而使城市生态更为稳定。自然山水是生物繁衍、生息的栖息地，山水的连续性和完整性可以形成相互联系的生物链，形成生态通廊，保障生物迁徙，丰富城市物种多样性。城市山水格局的完整性、连续性也是城市安全的基础，如果这些山水要素遭到破坏，会引发山体滑坡、泥石流、洪水泛滥等灾害，因此，充分保护城市山水格局的自然肌理也是城市安全与防灾避险的需要。

3. 修复城市生态网络，完善结构性绿地布局

根据城市生态网络格局特点，明确其布局中的廊道和重要节点，形成复合型网络，发挥更大的生态效益。加强生态系统的连通性，构建稳定的生态系统；将城市中散碎的绿色空间连接成片，促进周围公园建设及城市地块的功能修补，完善结构性绿地布局，发挥其整体性效益；依托现状河流山体等生态要素，建设生态廊道，保留景观视线通廊；合理布局防护绿地，缓解城市的工矿污染。通过布局工矿业生态绿地和相关建设项目，可以发挥空间隔离以规避直接污染、吸烟滞尘，减小二次扬尘，以及恢复生态环境等多种功能。

案例：三亚市绿地系统与城市山水格局

三亚市三面环山，南临大海，呈狭长状的空间形态，从北到南依次由"山－环、河－曲、海－湾"构成极具特色的自然空间肌理，山林作为生态屏障环绕城市，河流、纵向山脉作为楔形空间将外围自然引入城市空间，构筑山水相依、城林交融、绿廊渗透的空间形态。三亚中心城区背山面海，河流密布，充分依托三亚自身自然资源空间分布特征，发挥连绵山体的天然屏障作用，加强河流廊道和海岸线生态景观建设，积极培育道路景观生态廊道，科学合理布局各类城市公园绿地，形成"山环海拥，水串多珠、绿廊渗透"的绿地系统结构（图 2-49）。

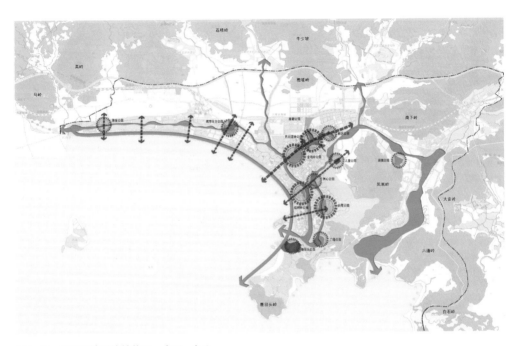

图 2-49　三亚绿地系统结构图　来源：自绘

（1）山环海拥

严格保护并有效利用外围山林地，形成生态防护的绿色屏障，维护区域生态安全格局，促进城市生态功能改善，加快和完善生态风景林工程建设；强化海洋生态环境和海岸线自然景观保护，维系原生态基质，严格控制自然岸线的人工干预，保全岸线生态与景观资源的完整性和异质性（图 2-50）。

（2）水串多珠

发挥中心城区水系丰富的资源特色，形成由河流水系及沿岸绿带所构成的网络化绿色开敞空间骨架，结合绿道建设串联山体、公园绿地等，充分展示旅游城市的独特休闲氛围和舒适的空间环境，同时构建蓝绿交融的生态廊道。

（3）绿廊渗透

利用连续的绿地空间以及景观道路沿线绿带加强滨海与滨河地区联系与渗透，强化中心城区绿地网络化结构，形成良好景观效果，并引导旅游空间向城区扩展（图2-51）。

在近期建设规划中，围绕三亚市的绿地系统结构，提出建设两河景观提升工程、绿廊建设工程、公园建设工程、口袋公园建设工程、道路林荫化工程、海绵绿地改造工程、立体绿化工程、生物多样性保护工程，完善中心城区绿地系统格局。

图 2-50　三亚山水格局鸟瞰　来源：http://preview.quanjing.com/mh001/mhrf-dspd36039f30.jpg

图 2-51　三亚河鸟瞰　来源：王忠杰拍摄

（二）保护修复城市重要生态节点

城市中大的绿地节点可以保护更多的生物物种，有利于发挥已有生态本底与生态廊道的作用，构成地区物种源地，还可涵养水源、调节城市气候、提供游憩机会，发挥多方面的作用。因此，生态控制点的识别与保护，增加了景观生态网络的连通性，对维持景观生态功能发挥和区域可持续发展均非常重要。

1. 基于城市生态过程，识别城市关键生态节点

要识别出城市关键的生态节点，需要对城市中自然生态过程进行研究，识别有保护意义的景观节点，主要依据有：生态稳定性较好、生态效率较高、具有较高物种多样性的生境单元，如城市中山体林地、城市湖泊、城市湿地等，应加以保护和修复；对人类干扰极其敏感，同时又对整体城市生态系统的生态稳定性具有极大影响的生境单元，如城市滨海地区的红树林湿地群落以及珊瑚生态系统；建构城市生态网络的关键点或现状城市生态网络的断裂点，如城市河流入海口和河流交汇处、被侵占的城市湿地等蓄滞洪区；具有保持城市景观多样性战略意义的地域，如城市中珍稀物种的保护地、森林公园等。

2. 采取近自然的方法对生态节点进行修复

对选取的生态节点做现状评价，分析其生态优势及存在的主要问题，根据节点的自然属性、面积或生态服务功能的大小，对生态节点进行分类与分级，并针对每类节点制订相应的修复措施。

城市生态空间中，大的绿色空间要比小的绿色空间支持更多的物种，应尽量增大绿色空间面积；一个单一的大的绿色空间要比总面积与其相等的几个绿色空间为好。如果必须设计多个小绿色空间，应使它们尽量靠近一些，以减少隔离程度；使几个绿色空间成簇状配置，要比线状配置好，并将几个绿色空间用生态廊道连接起来，便于物种的扩散与交流。

划定大型生态绿心，发挥基础性生态作用。在城市应尽量整合散碎的绿地形成整体，作为区域绿心，发挥空间保护、生物多样性构筑、游憩等综合性功能，对于缓解城市热岛、防灾避险等方面发挥重要作用。

生态节点案例：三亚铁炉港红树林自然保护区

图 2-52　铁炉港红树林群落
来源：刘圣维拍摄

三亚铁炉港红树林是海棠湾国家海岸的重要组成部分，其生态价值极高，以典型的热带原生性的红树林及其生态环境为生态特色，而且其内有较多植株高大的古红树，生长有国内最大的海莲以及珍稀红树红榄李，另外红树林形成的滨海环境也是海洋生物和鸟类的重要栖息地，生物多样性丰富（图 2-52）。

随着海棠湾的城市开发建设，一方面导致了红树林砍伐、生态栖息地被侵占等人为直接干扰的问题，另一方面由于周边用地开发导致了淡水供应不足，以及由于水体污染和填海造田导致了潮汐过程受阻等间接的生态问题。

在进行红树林保护规划过程中，针对铁炉港红树林生态节点提出了以下保护和修复措施：

（1）保护方面：充分认知红树林生态系统的生态过程，包含滩涂、潮汐、淡水来源、栖息动植物等，划定生态保护范围和自然保护区，并分为核心区、缓冲区和实验区（图 2-53、图 2-54）。

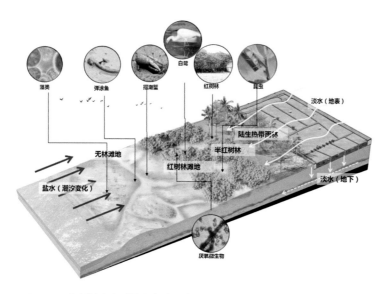

图 2-53　红树林生态系统生态过程分析　来源：自绘

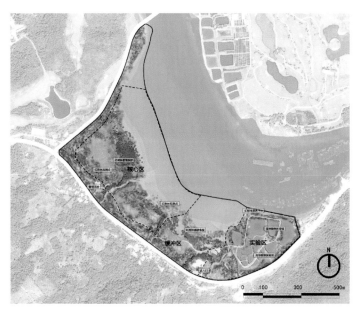

图 2-54 铁炉港红树林保护区区划　来源：自绘

（2）修复方面：首先，针对立地条件开展红树林补植，修复滩涂生境；其次，严格保障来自山体、河流的淡水，保证红树林生长的淡咸水环境；最后，对周边的建设开发用地提出严格管控措施，禁止规划工业用地，控制污染排放并对游艇、灯光和噪声提出管控要求。

生态节点案例：中关村生态科技绿心

规模为32平方公里的中关村生态科技绿心，位于北京市海淀区北部新区，该区域为中关村国家自主创新示范区核心区。绿心以翠湖湿地公园、稻香湖湿地为核心，南沙河横穿而过，包括了林地、湿地、农田、河流森林廊道多种绿色空间形态，绿心与中关村核心区的同步建设，使其成为中关村发展的绿色引擎。规划的理念为"多元—链接—近自然"的中关村绿心（图 2-55 ～图 2-57）。

1. 多元——将场地内多样的绿色空间（林地、湿地、农田、河流等）统一纳入生态规划，突破了单一的城市绿地，保证自然生态元素的多元，以及区域内生物多样性和生态功能的发挥。

2. 链接——顺应自然空间格局形成河流生态廊道和森林生态廊道，串联生态节点。结合北京市平原造林营建的森林生态廊道，营造大面积近自然生态景观林，打造贯穿绿心南北的绿色游憩系统，最大程度发挥生态绿心的生态效益。

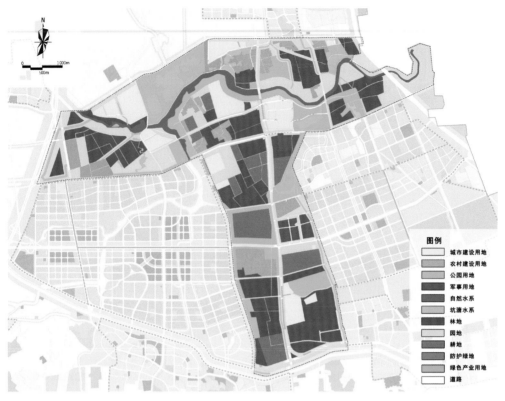

图 2-55　绿心用地规划总图　来源：自绘

图例
- 城市建设用地
- 农村建设用地
- 公园用地
- 军事用地
- 自然水系
- 坑塘水系
- 林地
- 园地
- 耕地
- 防护绿地
- 绿色产业用地
- 道路

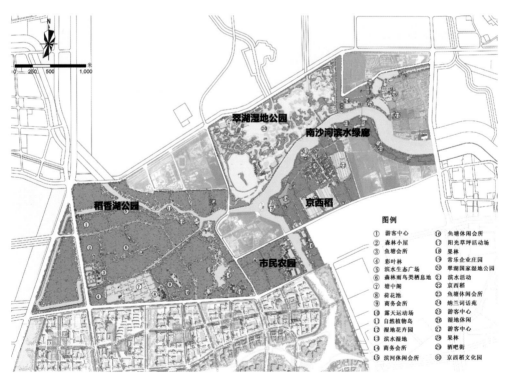

图 2-56　绿心启动区规划总图　来源：自绘

翠湖湿地公园
南沙河滨水绿廊
稻香湖公园
京西稻
市民农园

图例
① 游客中心
② 森林小屋
③ 鱼塘会所
④ 彩叶林
⑤ 滨水生态广场
⑥ 森林雨鸟类栖息地
⑦ 塘中阁
⑧ 荷花池
⑨ 商务会所
⑩ 露天运动场
⑪ 自然植物岛
⑫ 湿地花卉园
⑬ 滨水湿地
⑭ 商务会所
⑮ 滨河休闲会所
⑯ 鱼塘休闲会所
⑰ 阳光草坪活动场
⑱ 果林
⑲ 常乐企业庄园
⑳ 翠湖国家湿地公园
㉑ 滨水活动
㉒ 京西稻
㉓ 鱼塘休闲会所
㉔ 纳兰词话苑
㉕ 游客中心
㉖ 湿地休闲
㉗ 游客中心
㉘ 果林
㉙ 酒吧街
㉚ 京西稻文化园

图 2-57　实施效果　来源：白杨拍摄

3.近自然——采用低扰动和生态修复的手段，在现状生境的基础上进行植物景观梳理提升，延续场地自然机理，不搞大拆大建，不搞挖湖堆山，采取因地制宜、顺应自然手法，取得事半功倍的成效。同时近自然的生态景观易于维护，能够节省大量后期维护费用，真正做到经济可持续。

经过多年的生态建设，现在绿心已经取得效果，翠湖国家湿地公园在一期的基础上进行了二期、三期建设，从 120 公顷扩展到 310 公顷，数十种野生鸟类得以回归，生态系统得到了维系和改善。

（三）建立城市生态廊道，串联城市绿色空间

城市生态廊道将城市内部的生态节点之间和生态节点与城郊的自然环境有机地联系起来，不仅有利于城镇空气与外界的交流，缓解热岛效应，改善城镇气候，而且可以保护环境廊道并有效增加动植物物种的多样性，保持自然群落的连续性，从而实现人与自然的共生、和谐。在城市空间中，城市生态廊道常呈线性或带状布局，这些廊道不仅仅包括道路、河流或绿带系统，更主要的是纵横交错的绿带和绿色节点有机构建起来的城市生态网络体系。在规划中应充分利用自然生态廊道，发挥最大生态功能。

1. 森林廊道

森林廊道主要有生物栖息地和生物迁移通道等功能，主要目的是涵养水土和保护生物多样性。随着宽度的增加，环境丰富度增加，进而造成物种多样性的增加。廊道的宽度随着物种、廊道结构、连接度的不同而不同。对于鸟类而言，10 米或数十米的宽度即可满足迁徙要求。对于较大型的哺乳动物而言，其正常迁徙所需廊道宽度则需要几千米甚至是几十千米。即使对于同一物种，由于季节和环境的不同，所需要的廊道宽度也有较大的差别。当考虑所有物种的运动时，那么合适的廊道宽度应该用千米来衡量。

2. 河流廊道

河流廊道具有保护水资源循环和环境完整性功能，是城市中最为重要的廊道，对城市生态环境影响大，承载城市多样功能，是城市生态修复工作的重点。

当河流两侧廊道宽度大于 30 米时，能够有效地降低温度，增加河流生物食物供应，有效过滤污染物；当宽度大于 80 ~ 100 米时，能较好地控制沉积物及土壤元素流失。河流廊道保护和修复应该包括河漫滩、滨河林地、湿地以及河流的地下水系统和其他一些关键性的地区，同时在城市人口密集区应保障河流廊道的宽度。

三亚两河及其河流廊道是三亚城市绿地系统的骨架，承载着生态景观、休闲游憩、安全保障的多样职能，规划中充分考虑潮汐河流自然过程特征，结合城市建设用地情况，对河流两侧廊道进行系统梳理，在关键性区域适当拓宽加厚，保障廊道宽度，局部地段采取退建还湿、退建还林等方法，最大限度恢复河流廊道自然过程。

3. 环境防护廊道

环境防护型廊道主要具有改善气候、净化大气和隔离噪声等功能。不同功能

对应的廊道宽度要求也不同。从改善城市小气候来说，城市除保证一定量的大型集中绿地外，更有效的方式就是通过生态廊道来改善城市小气候。从降温保湿角度而言，宽度一般不宜小于 50 米。对于净化空气和减噪的功能来说，生态廊道内林带的宽度、数量及带间距离的关系与净化效果关系很大。就生态廊道的净化过滤效果而言，林带宽度一般以 30 ~ 50 米为宜，过窄的林带防护效果不显著，而过宽的林带又不如分成几条较窄的林带防护效果好。在通过市区的快速道路，布置由乔、灌木和绿篱组成的绿化隔离带，从减速隔噪要求来说，其廊道宽度最好在 50 米以上。

4. 生态游憩廊道

从游憩使用角度构建的生态廊道，主要表现为各种类型的带状公园、街头线性绿化、林荫道和景观道等，它们与城市有最大的接触面，能够为更多城市市民提供绿色空间。结合城市游憩系统和开放空间系统的建设，构建城市生态游憩廊道，它是绿地生态网络的重要组成部分，能够将城市里散碎的绿地串联成为绿色项链，是城市生态修复和绿色空间修补的重要手段。对于这一类型廊道的主要要求就是最大化地保障其连通性，不拘泥于廊道的宽窄，而在于能够串联更为广阔的城市地区，发挥其更大的服务职能。廊道建设可以成环，从而使其具有较高可达性，更为符合城市市民的休闲健身需求。设立必要的步行道和绿道，使市民能够充分而便捷地利用，能在很大程度上增加人与自然、人与人之间的交流。

生态廊道案例：波士顿翡翠项链（波士顿公园系统）

波士顿翡翠项链是美国最古老的公共公园和公园道路系统之一，位于波士顿市中心。奥姆斯特德利用 60 ~ 400 米宽的绿地，将数个公园连成一体，在波士顿中心地区形成了景观优美的"绿色项链"（图 2-58）。

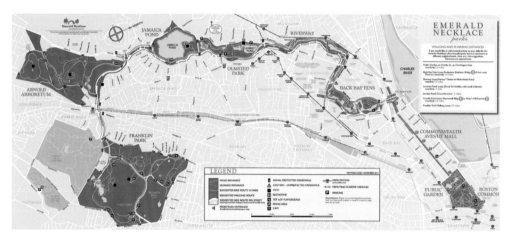

图 2-58　波士顿绿链规划图　来源：http://blog.sina.com.cn/s/blog_62dfca1101012gjb.html

波士顿翡翠项链将公园的选址和建设与水系保护相联系，形成了一个以自然水体保护为核心，将河边湿地、综合公园、植物园、公共绿地、公园路等多种功能的绿地连锁起来的网络系统，是一个典型的河流型的游憩廊道。通过绿地确定了保护范围，对新城区的健康发展起到了良好的引导作用。同时，公园设计充满了对当地地形与自然条件的敏感与留意，而且着重凸显了当地地域的自然风貌。

波士顿翡翠项链的建设使城市在急剧膨胀进程中带来的环境恶化、空间构造不合理、交通凌乱等弊病得以缓解与改良，将许多用地尽可能扩展为公共的绿色空间，让城市开放空间的范畴扩展到全部波士顿市区，优化了城市结构，使更多的市民就近能享受到公园的乐趣，呼吸到新鲜空气（图 2-59、图 2-60）。

图 2-59 波士顿绿链现状 来源：http://baike.baidu.com/view/101887.html

图 2-60 绿链景观一角 来源：http://baike.baidu.com/view/101887.html

三亚月川生态绿道工程

月川生态绿道是三亚市绿道网中的一部分，兼顾了河流廊道以及生态游憩廊道，全长10公里，将串联东岸湿地公园、红树林湿地公园，通过优化绿地植被、增加服务设施等措施，推动旧城在绿化服务设施方面的更新，增加老城区开放空间的品质，使绿道建设成为三亚城市修补、生态修复工作的示范（图2-61～图2-63）。

方案提出了绿、水、人和谐共生的绿色项链的设计理念：

1. 促进城市生态修复，由"绿径到绿廊"。以河流廊道为特色的月川绿道贯通了城市重要生态节点，宽度为30～100米，串联城市湿地、城市中的山地、重要城市公园形成绿色网络，确保生态廊道的贯通，为白鹭等生物提供栖息地，促进生物多样性。

2. 修补城市功能，由"绿线到绿环"。同时作为生态游憩廊道的月川绿道，其绿色项链的大环全长10公里，与北京奥林匹克森林公园环路相近，同时大环串联起若干特色小环、红树林小环，以及东岸湿地小环、金鸡岭山地环等，为周边居民和游客提供丰富的休闲漫游空间。

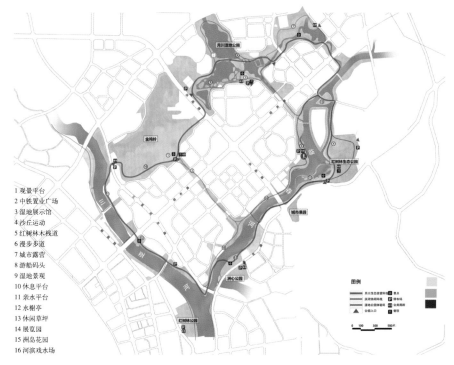

1 观景平台
2 中铁置业广场
3 湿地展示馆
4 沙丘运动
5 红树林木栈道
6 漫步步道
7 城市露营
8 游船码头
9 湿地景观
10 休息平台
11 亲水平台
12 水榭亭
13 休闲草坪
14 展览园
15 洲岛花园
16 河滨戏水场

图2-61 三亚绿道——月川生态绿道规划 来源：自绘

图 2-62　月川绿道建设中效果　来源：王忠杰摄影

图 2-63　月川绿道建设模式　来源：自绘

二、城市生态要素修复

　　一个运行良好的城市生态体系是由多种自然要素——如城市山体、城市河流水系、棕地、城市绿地——中的几个或者全部相互影响平衡的结果，任何一个关键要素产生问题都会对片区内或者整个城市产生不良的影响。将重点对上述这四个关键生态要素类型进行分析，综合考虑要素之间的影响，提出不同的治理手段。

（一）城市山体生态修复

　　城市中的山体是宝贵的不可再生资源，类型多样并与城市关系紧密。在生态方面，城市山体是城市中重要的生态构架，对城市的气候、生态起着重要作用，在景观方面，其具有极高的视觉敏感度，是城市的背景，是提升城市品质的重要因素。

城市山体生态修复就是针对山地生态环境退化问题，通过规划管控和生态工程修复，消减山体的安全隐患和生态问题，改善山区的生态环境，恢复山体生态系统对城市的服务功能。

1. 分析山体破损原因

破损山体形成的原因很多，有自然因素如地震、火山爆发等，人为因素如采矿、采石、基础设施建设、房地产开发等工程建设活动。一般情况下，城市山体生态修复主要指由于人为因素导致的山体破损的修复。三亚北部的抱坡岭地区，由于过度采矿，抱坡岭东边的山岭完全被削平，与场地形成百米的高差，再加上裸露出来的岩壁极易被风化，在台风多发地区更加容易引发崩塌、滑坡等地质灾害，整个山体生态系统遭受到严重破坏。

破损的城市山体的破损面明显，生态稳定性极度降低，易引起山体地质灾害，如山体滑坡、泥石流等，严重影响了城市安全和城市形象。

2. 明确城市山体生态修复治理模式

城市山体生态修复综合考虑山体自然过程以及在城市中的地位，重视对各要素退化原因和退化程度的研究，通过对以下三种模式提出适合山体生态系统的针对性修复技术，为生态恢复提供技术支持。

(1) 风景游憩型：场地功能置换，营建公共开放空间

制订合适、鲜明并具有特色的主题，通过科学的修复方式、合理的种植和灌溉以及维护手段，使绿色的恢复得以实现，使场地从原来的工业采矿地转变为具有公共休闲、遗址展示、植物博览、郊野游憩等功能的公共开放空间，使其融入区域整体社会和经济发展，如上海辰山植物园中的矿坑花园，将场地内采矿坑改造为对外开放的矿坑花园，改造后的花园十分受人们欢迎，已经成为辰山植物园中必去的景点。

(2) 生态恢复型：生态系统恢复，重构生物栖息环境

通过科学的手段，运用生态学、景观生态学等方法，恢复矿山被破坏的生态系统并恢复生物多样性，其措施包括生物生境重建、水系生态恢复和生境群落营造，使生态系统恢复并维持在一个良好的状态。

(3) 再生利用型：再次利用开发，创造社会经济价值

巧妙利用采石场矿坑的独特环境进行景观改造，使其成为独树一帜的场所，将劣势转变为优势，使其具有度假休闲、商业经营、公共活动等功能，成为区域

削坡开平台来源：http://epaper.sanyarb.com.cn/
html/2015-12/11/content_6_4.htm

砌筑鱼鳞坑来源：http://news.xinhuanet.com/local/2013-09/09/
c_125349255.htm

山体基部覆土回填来源：http://news.hexun.com/
2012-10-21/147029688.html

挂网喷播来源：http://cn.trustexporter.com/cz357o1120928.
htm

图 2-64　破损山体四种治理方法

社会经济发展的新引擎，重新焕发新的生机，如三亚抱坡岭森林公园，修复后的山体丰富了抱坡岭所应承载的城市功能，完善了周边地块的配套服务功能。

3. 开展山体修复的措施和方法

1）破损山体治理方法（图 2-64）

（1）削坡开平台

削坡开平台治理方法是根据山体高差和设计要求，自破损面上边缘垂直向下 8 米处开出宽度 4～6 米的平台，平台内覆种植土，平台外缘砌毛石挡墙，平台内种植乔木、灌木以及垂直绿化植物，遮挡破损立面。

（2）砌筑鱼鳞坑

在山体破损面坡度较陡的坡面上可以整理出多个内径 2 米左右的小平台结构，可采取在小平台周围砌筑接近半圆形挡土墙，平台内覆种植土，人工创造适宜植物生长的基础条件，然后以栽植绿化苗木的方式进行绿化。这种结构远远望去就像鱼鳞一样排列在山体里面上。

（3）山体基部覆土回填

这种治理方法多是在视觉上破损面垂直落差较大、破损面也比较开阔的山体采用。这种山体一般采取上部分削坡开台或砌筑鱼鳞坑，下部分回填渣土、种植土绿化的综合措施，然后再栽植绿化苗木遮挡破损面。

（4）挂网喷播

据立地条件的不同，采用金属网铺设工程结合植被基材喷附工程，增大生长发育基础与坡体的连接性。选择适合的草种配合比，改善绿色植物的生长发育环境和促进目标树种生长的双重功能。客土喷播材料中包括植物种子、有机营养土、土壤改良剂、稳定剂、微生物菌剂、肥料等。

2）山体植被修复

由于植被对山体生态系统的稳定起到关键作用，对山体植被破坏的修复，一般采用保护优先、防治为本、修复辅助的原则，将山区植被划分为植被保护区、植被防治区和植被修复区，根据不同分区采用绿化基础工程、植被工程、植被管理等技术，恢复其生物多样性及其生态系统服务功能。

（1）绿化基础工程

把不良生育基础改变为适宜植物生长发育、创造植物生育理想环境的工程，旨在确保生育基础的稳定性，改良不良的生育基础,缓和严酷气象条件和立地环境。具体措施包括排水工程、挡土墙工程、挂网工程、坡面框格防护、柴排工程、客土工程和防风工程等。

（2）植被工程

植被工程是播种、栽植或促进自然侵入等植被恢复技术的总称。包括从种子开始引入植物的播种工程，通过栽植而引入植物的栽植工程，以及促进植被自然入侵的植被诱导工程。

（3）植被管理工程

植被管理工程是指帮助所引种的植物尽早地、稳定地接近目标群落，以及发挥群落环境保护功能而进行的工作。具体内容包括:培育管理、维持管理、保护管理。

山体修复案例：上海辰山植物园矿坑花园

上海辰山植物园的矿坑花园位于上海市松江区，占地面积4.3万平方米。在改造前，场地前身是辰山采石场的西矿坑，由于采石，山的南坡已被削去，存在山体面貌遭到巨大破坏、水质低劣，土壤偏碱、植被稀少、物种贫乏、岩石风化、水土流失等生态问题。

矿坑花园是一个典型的风景游憩型的山体修复案例。方案尊重崖壁景观的真实性，使植被自然生长。在地形处理上避免大动干戈人工造景，尽量减少因建设工程对生态环境的二次破坏和污染。从因地制宜、经济节约的角度入手，充分尊重地域原有地形地貌演变发展的脉络，为各种植物群落的生长寻觅适宜的区域。自辰山植物园2010年5月开园以来，矿坑花园作为植物园中必去的景点，已成为上海市一处的新地标与城市名片（图2-65）。

改造前

改造中

改造后

图2-65　修复前后对比

来源：https://www.asla.org/2012awards/139.html

山体修复案例：三亚山体修复案例

抱坡岭位于三亚市北侧，三亚城市学院西侧。多年来，由于过度采矿，抱坡岭东边的山岭完全被削平，与场地形成137米的高差，受损面积达6.3万多平方米。此外，抱坡岭采坑边的岩石本身就存在高陡边坡危岩崩落和土质边坡崩塌的可能性，再加上裸露出来的岩壁极易被风化，在台风多发地区更加容易引发崩塌、滑坡等地质灾害。

抱坡岭山体修复针对不同的地灾隐患提出相应的工程策略，如地面平整、高危陡坡防治处理、松动危岩体防治处理；并根据山体地貌地质特点，使用挂网喷播、V形槽和削坡开平台三种复绿技术方法。这种山体修复再生利用型的利用方式，将山体建设成为抱坡岭公园，丰富了抱坡岭所应承载的城市功能，完善了周边地块的配套服务功能（图2-66）。

图2-66　抱坡岭公园修复前后对比及未来发展意象　来源：姜欣辰摄影

（二）城市水环境生态修复

自古人类聚集地就依水而建、择水而居，时至今日，大量人口集居的城市都是依水而建。水是人类赖以生存的必要条件，也是社会经济发展不可缺少和不可替代的资源，具有极重要的战略地位。而现今城市内水问题突出，水资源短缺、水污染恶化以及与水相关的各类生态系统（海岸、湿地等）的逐渐消失，使城市日常生产生活受到严重影响。

通过水环境的生态修复达到包括城市河流生态系统恢复、生物多样性恢复、改善水质等专项目标，满足动植物群落生存发展所需物理生境条件需求，使遭到破坏的生态系统逐步恢复或使其向良性循环方向发展。三亚作为一个海滨城市，具有多样的水环境，如三亚河、月川湿地、三亚湾、红树林湿地等，这些水体在外部形态、生态功能、组成部分等方面都不尽相同，但是在生态修复方面有着统一的理念。

1. 修复理念

（1）全局着眼、流域统筹

从三维空间考虑，统筹城市水系上下游、左右岸环境，找出关键问题，提出由河底至堤岸多层次立体修复手段。在三亚两河四岸景观实践中，需要统筹三亚河上游槟榔河以及河口洋流的影响来分析河道问题产生的原因。

（2）尊重水系统自然演替规律

认识水系在市域内的生态过程，以自然演替的视角进行生物多样性和生态系统完整性的保护。在红树林湿地保护规划中，需要梳理分析红树林的生长成因以及整个生态系统良好运转的生态过程，以此为依据提出保护界线以及管理措施。

2. 修复方法

以水质净化、植被恢复、生境重塑作为城市水环境修复的方法，保护现有水系的生物栖息地，依据水生生物生存、繁衍需要，营建生物栖息地环境，增加生境多样性和空间异质性。

（1）水质净化

注重源头控制、过程削减、末端治理的修复过程；注重城市生活垃圾污染、工业污染等污染源头的控制，采取拦污、截污工程，减少污水和污染物质直接排入水体；采取生态修复或恢复措施，增加河道、湖塘自净功能。

（2）植被恢复

保护乡土水生植物物种，营造近自然乡土水生植物生境，使植被群落稳定，能满足自然环境的要求，并能体现地域特色。

（3）生境重塑

通过多种综合手段恢复水体的自然状态，如进行护岸等工程设施的生态化修建与改造，来营造近自然水生态生境同时取得良好的景观效果。

综合以上原则，分别从河湖、滨海等方面的多种水生态修复技术手段进行修复研究。

1. 河湖的修复

城市河湖生态修复应在流域层面予以分析，找出关键问题，降低污染物的排入，从源头减轻河道的自净负担，注重生态修复与景观设计相结合，重塑城市形象，具体措施有：

（1）生物多样性的恢复

以恢复生物的栖息地为重点，将生态学与工程学相结合，恢复河流水陆交错区的功能，建造能够适合水生动植物、两栖动物生存繁殖的河岸工程生态结构。根据所要修复目标生物的生活习性，可设置鱼道、浅滩—深塘等，还可设置丁坝、乱石堆或者河岸的覆盖物模拟水生生物喜爱的活动环境，以此来修复河道内的栖息地。在三亚两河景观实践中，将红树林生态系统作为保护的重点，扩大并整合红树林范围，增加河道两侧的生物多样性。

（2）改善水质，源头防治污染

采用外流引水稀释冲刷、生态浮床技术、河道曝气、底泥疏浚等方法对污染水体进行处理，增加河道、湖塘自净功能。在三亚两河景观实践中，结合海绵城市的建设以及立法管理等措施降低水体外源污染，降低后期管理维护成本。

（3）河道自然形态的恢复

在保证防洪安全的前提下，合理拆除阻水结构，将人造化的矩形、梯形断面修整为自然形态。根据河流生态学理念，宜宽则宽，需弯则弯，保持河道的自然平面形态的同时，满足河道的排涝泄洪以及抗旱引水需求，处理好生态保护及土地规划利用两者之间的关系。

（4）硬质驳岸生态修复

驳岸的生态修复可采用石块、木材、植物或者其他的透水性材料代替硬质材料对水岸进行加固处理，保证水岸稳定的同时防止河道的淤积，不阻碍河流中的物质与岸边物质能量交换，改善地下水补给与地表水质量；同时生态护岸为植物提供了生长的良好条件，能成为动植物的栖息地。

河湖水体修复案例：新加坡加冷河碧山公园

加冷河碧山公园是城市河道修复的典型案例。采用用石坡护岸等生态工法，碧山公园将从笔直僵硬的混凝土河道被改造成蜿蜒自然河道（图2-67）。用生态的手段达到以前人工混凝土水利工程才能达到的防洪要求，同时为居民提供安全游憩休闲场所。场地内的雨水经过湿地等生态手段进行净化，可以直接用作公园中的浇灌与景观用水；通过湿地净化水体，增加了河道内的生物多样性。建设用的材料更多地采用拆除后的残骸。

碧山公园在雨季发挥了绿地的生态调蓄洪水的功能，起到了良好的生态功能。同时自然形态的河流使得河流两侧的景观效果、生态生境得到了极大的丰富。由于人们和水的亲密接触，同时也提高了公民对水的责任心。该设计获得了2012新加坡游憩场地设计奖，以及2012世界建筑节年度最佳景观设计项目奖。

图2-67　修复前后对比　来源：http://blog.sina.com.cn/s/blog_606d6dd90101cg1t.html

河湖水体修复案例：三亚两河四岸景观整治修复工程

三亚的两河指三亚河、临春河，其发源于三亚北部山麓，穿越中心城区，于三亚湾东侧交汇并流入南海中。随着城市发展，两河逐渐由自然的河道变成了城市中的半人工河道。在这个过程中，河道产生了很多问题。水体的污染、红树林的退化、凤凰岛对洋流的阻断等问题在近些年来表现得尤为突出。

图 2-68　两河四岸平面图　来源：自绘

两河规划以"城市生态之脉"作为总体理念，以突出生态修复、强化功能整合、彰显地域特色作为规划原则，以"潮汐模式"的动态景观作为特色。通过补植、扩大、整合三种保护方法对红树林生态系统进行恢复，保证生物多样性；利用河道两侧绿地植草沟、下凹绿地、雨水花园等海绵设施结合城市雨水管网对雨水进行收集、净化、蓄滞，软化硬质驳岸，打造海绵河岸；通过建设滨河绿道整合滨河空间，强调多样化的游赏方式，形成连续不断的滨水慢行空间（图 2-68、图 2-69）。

图 2-69　两河四岸鸟瞰图　来源：自绘

河湖水体修复案例：西湖综合保护工程

西湖位于浙江省杭州市市中心，占地面积约 5.66 平方公里。西湖作为泻湖，具有易淤积的地质特点，其水体流动性较差，自净能力较弱。作为城市中心的核心水景观，城市建设及居民生活的干预，使得西湖水系面积逐渐减少，部分出现断流现象。

西湖综合保护工程于 2000 年启动，通过机械化清淤工程，西湖水质得到较为明显的改善；新增了一系列的公园，各具特色，相互连成一体，形成了一个免费向公众开放的城市滨水大公园；"西湖西进"工程使西湖西边开拓了大片湿地环境，通过营造物种多样性的湿地生态系统，对水体进行净化，并吸引了大量的候鸟；在景观营造方面，该工程使原来被城市化的湖西地区阻隔的山水完全相融，同时还产生出山水之间的过渡带（图 2-70）。

经过多年的综合治理，西湖水系原貌得到一定程度的恢复，富营养化进程得到进一步的遏止，水质明显好转，于 2011 年列入世界文化遗产名录。

图 2-70　西湖综合整治规划　来源：https://www.asla.org/2010awards/040.html

水体修复案例：西溪国家湿地公园

西溪国家湿地公园坐落于浙江省杭州市区西部，总面积约为10平方公里，是一个集城市湿地、农耕湿地、文化湿地于一体的国家湿地公园（图2-71）。

由于湿地面积被侵占导致的水系面积减少，以及工业污染、生活污水造成的水生态系统紊乱，西溪湿地的生态环境日益恶劣。项目通过恢复西溪湿地原有的河网湿地特征，加强各河流的疏浚、沟通，在现有河道的基础上，恢复近年来填堵的河道和沟通断头河汊等水体；沟通低洼地形，形成开阔水面，营造浅水湖沼景观，保持其自然植被及栖息环境。

经过多年的治理，西溪湿地破碎分割的水系景观得到改善，污染严重的区域水体质量得到提高，充分体现了生态优先的可持续发展原则，使西溪湿地水域景观中最精华、最具有湿地特色、最摄人心魄的部分被完整地保护了下来，于2009年列入国际重要湿地名录。

图2-71　西溪湿地实景　来源：http://baike.baidu.com/subview/440285/10187014.htm

2. 城市滨海生态修复

城市滨海生态修复需要在滨海区域层面进行分区管控，采取不同的利用和保护措施，控制城市水污染进入海岸区域，维护滨海生态系统完整性，保护滨海物种，并与景观设计相结合，寻求保护与利用的契合点。

（1）滨海生物资源修复

城市滨海沿线海域多为保护区海域、公园海域等，其生态系统较为脆弱。一方面，这些区域的修复效果较其他区域明显；另一方面，这些区域一般具有典型生物资源，有针对性地开展保护物种（珊瑚、红树林等）的增殖、修复，有助于保护和维护区域独特的生态系统和生境，提升其生态服务功能。三亚是我国热带滨海城市，滨海生物资源丰富，建立有三亚国家级珊瑚自然保护区、三亚铁炉港红树林保护区和三亚河红树林自然保护区等各级各类保护区。这些保护区为这些典型的生物资源提供了栖息地。

（2）海岸修复

城市的海岸带由于人类活动等原因常常出现海岸沙滩淤泥化、海岸植被退化、海岸污染等问题。淤泥质海岸，由于植被覆盖率低，生态功能脆弱，其修复措施一般包括清理淤泥、疏浚河道等，同时开展盐土改良、耐盐植被的种植等；在海岸侵蚀和退化的部分，修复措施一般包括建设离岸潜堤、丁坝等海岸建筑，采取人工补沙等侵蚀防治工程；对于基岩质海岸，一般采取生态护岸建设、岸体绿化带景观建设、海堤边坡植被带铺设等，打造生态廊道和亲水海岸风貌，部分区域采取水下生态潜堤建设，与陆上修复措施结合，提升海岸生态功能。

三亚海岸生态修复主要集中在三亚湾，是城市建设最为集中、人口分布最为密集的地区，对于城市海岸修复具有典型代表意义。多年来受人工干扰，出现了沿海滩涂的退化、近海生物活动减少、海水自净能力减弱等问题，三亚湾治理采取盐土改良、耐盐植被的种植等措施，改善海岸生态环境，加上完善的服务设施，使其成为市民最喜欢的海滩休闲区。

（3）滨海湿地修复

滨海湿地多为芦苇湿地、红树林湿地、珊瑚礁、三角洲湿地等，对于由于植被破坏或退化导致生态功能下降的滨海湿地，一般开展植被移植修复、涵养和保护等措施，植被的种类为耐盐植被（如红树林等）；对于潮流不畅、水文条件退化的滨海湿地，改善水文动力条件的修复措施一般包括水域疏浚、水系重建等，改善湿地基底的稳定性。

(4) 海岛修复

岛屿的生态修复，主要采取岛屿岩石边坡加固、修建导流明沟和拦石墙、开展山体绿化等措施，遏制山体崩塌风险，恢复岛屿自然环境。

城市滨海生态修复案例：深圳湾公园

深圳湾公园是近些年来深圳市最受市民喜爱的滨海开放空间，也是生态修复的典范。公园长 15 公里，面积约 129 公顷。深圳城市化的快速进程，使滨海岸线被围海、填海、造陆工程占用；水体污染导致滨海湿地水质劣化；为了满足防洪要求，海岸驳岸多为混凝土硬质驳岸。这些均带来滨海生态环境的恶化。

深圳湾公园在科学分区的基础上，首先严格控制污染源并进行污水预处理；然后利用红树林的强大盐水生长能力，构建红树林的护岸，取代现有的人工水利工程护岸；最后利用红树林的生态群落生态净化作用，改善近海地区的水质问题。

深圳湾红树林的恢复既给了市民一个接触自然的机会，又使得红树林在城市建设中起到了生态防洪的作用，在极大地丰富了沿海地区生态丰富性的同时，完成了城市与自然相互融合的过程（图 2-72、图 2-73）。

图 2-72　深圳湾公园建成效果　来源：
http://baike.baidu.com/view/6246341.htm

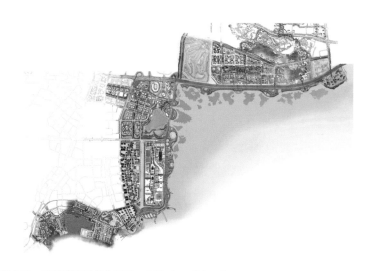

图 2-73　深圳湾公园总体规划　来源：http://blog.sina.com.cn/s/blog_65a7dfb80101b1gw.html

城市滨海生态修复案例：三亚湾岸线修复

三亚湾，岸线全长 16.8 公里。近年来大规模的开发建设，使得岸线日趋人工化，海岸结构发生重大变化，对海岸生态环境和景观资源造成不同程度的破坏。比如，随着自然岸线和沿海滩涂的减少，将导致近海生物活动减少，海水自净能力减弱，赤潮泛滥。

三亚湾岸线修复规划通过对多个规划协调统筹，提出以下几点措施。对海岸侵蚀、沙滩淤泥化提出清理淤泥、疏浚河道等措施，同时开展盐土改良、耐盐植被的种植等工作，改善海岸生态环境。利用建筑屋顶绿化、道路绿化、滨海滤沙设施，构建海滨生态雨水系统。分析人类活动，规划三大活动区段，每段岸线的活动策划紧密围绕滨海运动主题，设计多样化、动静结合的活动项目，配套相应的活动设施，以满足三亚湾多样化的人群活动需求（图 2-74、图 2-75）。

图 2-74　三亚湾岸线修复　来源：刘圣维拍摄

图 2-75　三亚湾岸线区段分布　来源：自绘

（三）棕地生态修复

城市中的棕地是指已开发、利用并已废弃的土地。城市中的棕地以工矿业废弃地、垃圾填埋地居多。这些用地由于距离城市中心较近，对城市可持续发展有着重要作用，是一批可以再开发利用的财产，只是这笔财产的真正价值被一些可见的或潜在的危险和有害物质所掩盖，比如土壤重金属污染、地下水污染、空气扬尘等。

棕地生态修复将通过自然或人工生态修复手段，对棕地进行清洁、利用和再开发，以此来推动棕地所在城市及区域在经济、社会、环境诸方面的协调和可持续发展。棕地修复主要遵循可持续利用、污染者负担、安全性、先治理后开发、经济性的原则，重点研究类型包括：

1. 城市工业废弃地修复

由于工业废弃地地处城市之中，具有很大的经济利用价值和多种用途。大部分会被改造为城市公共空间，故城市工业废弃地再生的主要特点是生态和景观设计。其主要修复手段有：

（1）植被的恢复——应保留植物的野性之美，研究适应各种恶劣环境条件下植物的生长，可以更有效地改善废弃场地的土壤，改善污染状况。

（2）污染物的处理

移除法：移除污染源和被污染物质。这种方法，比较适用于受污染较轻的土壤。

掩盖法：对于污染程度较深的土壤，一般通过各种生物技术的方法对土壤进行改良。常规做法是换土或者覆土，在污染土壤的上面，覆盖一层沥青，然后再铺置新土，并且通过排水设施收集排放地表的径流，避免因为雨水的渗透，造成污染扩散。

自然保留法：如果废弃地对环境的负面影响因素很小，在废弃地上已经开始了新的生态自我恢复，这种废弃地可以继续弃置。这种做法保留了场地的多样性和纪念性。

（3）污水处理——利用生态技术原理，对受破坏的水系统进行有效的净化。对雨水进行收集和循环利用；探索污水处理系统的可替代技术，在水处理方面融入生态工程的概念。

（4）废弃物再处理——废弃物包括废弃不用的工业材料、残砖瓦片等。对于没有产生环境污染的，可以就地使用或者通过再加工，比如将一些建筑废弃物处理成雕塑，强调视觉上的标志性效果。

工业废弃地修复案例：德国北杜伊斯堡公园

北杜伊斯堡景观公园位于杜伊斯堡市北部，总占地面积230公顷。公园原址为废弃的重工业工厂，这些工厂留下了污染的土壤、恶臭的河流，对当地生态系统造成严重破坏，使大量土地废弃不能利用。

公园完全尊重现在的废弃工业场地及设施，整体保留了工厂结构并综合再利用，在此基础上，对场地内河流、收集的雨水进行净化，并创造性地利用原有风塔增加水体与氧气的接触，提高净化质量。公园的设计和营造包含了生态演化进程，因此不应该是一蹴而就、生硬地进行景观处理，而应是展现长期的循序渐进的自然演化过程，例如对废弃地受污染土壤上的野生植被进行保护，使其成为生态学家研究生态演替的试验对象，展现了尊重自然演化进程的设计理念（图2-76、图2-77）。

北杜伊斯堡公园因具有开创性的后工业景观设计思想和实施策略而使该项目声名鹊起，成为后工业景观公园的代表作品，成为类似项目的设计、实施和运营的经典模式。

图2-76　修复前后对比　来源：http://www.chla.com.cn/htm/2011/0620/88816.html

原址结构保护　　　　　场地活动

雨水净化河流治污　　　风塔利用

图2-77　工业遗址综合利用　来源：http://www.chla.com.cn/htm/2011/0620/88816.html

2. 矿区废弃地修复

矿区废弃地由于受采矿活动的剧烈扰动，不但丧失了天然表土特性，而且还具有众多危害环境的极端理化性质，是持久而严重的污染源。主要修复手段有：

（1）基质改良——更换土壤、微生物调节、固氮植物等。土壤污染的治理技术主要有物理恢复、化学恢复以及重金属污染修复。

（2）植被再生——尽量选择当地优良的乡土树种作为先锋树种，适当引进外来速生树种。选择易播种、易发芽、苗期抗逆性强、易成活的植物；选择抗旱、抗寒、耐贫瘠并且对有毒有害物质耐受范围广的树种。

（3）污水处理——建立无废水排放流程，组织闭路用水循环。利用生态技术原理，可以对受破坏的水系统进行有效的净化，对雨水进行收集和循环利用。矿业生产产生的大量废水，经过处理达到再利用标准。

（4）场地特色营造——对矿山废弃地上典型的景观特征加以保留和修饰，在表现对场所精神尊重的同时，又可以形成场地新的特色景观。

矿区修复案例：唐山南湖公园

唐山南湖公园前身曾是1800平方米的大面积采煤塌陷区，后成为居民生活垃圾和工业建筑垃圾的集中倾倒场地。项目通过软弱地基改造、物质循环与再利用等工程措施，以增强区域地质承载力，达到使用要求；配合种植设计，形成以林地、灌木丛、草地、湿地为主的生境结构，并让每个区域都保持其特定的自然风貌，以对应不同的动植物群落。

生态修复后的南湖公园作为内陆湿地，具有强大的沉积和净化作用，增加了城市水环境的安全性；保持了湿地系统的完整性，从而保护了该地区生物多样性，有助于自然科学研究；对当地空气和气候的改善效果明显。塌陷区个性化的开发利用迎合了现代人生活多元化、时尚化、健康化的特点，成功将塌陷开发治理引入产业链中，在提供就业机会、休闲场所的同时构建良好的消费平台，也提升了唐山市城市品位与城市形象，扩大了城市影响力（图2-78）。

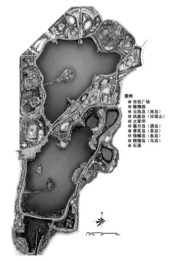

图 2-78 唐山南湖公园总平面图
来源：http://thupdi.com/project/view?id=1807

3. 垃圾填埋场修复

废弃垃圾场占地面积大，造成大量土地资源的浪费，其产生的渗滤液及填埋气已成为周边地区水环境和大气环境重要污染源，严重威胁人类的健康，堆放的垃圾严重影响了周边生态景观。主要修复手段有：

（1）植被的恢复——利用植物根系为微生物分泌营养物质以降解污染物。研究各类植被系统对垃圾场中主要污染物的净化机理，据此合理选择物种。

（2）土壤的治理——废弃垃圾场的表土一般都遭到严重的破坏，故要采取一系列表土覆盖工程来改善现场的土壤条件，可为未来构建生态系统的植物生长提供基质，同时具有减少雨水渗入填埋体的作用。

（3）垃圾场填埋气和渗滤液处理——在垃圾进行掩埋后，在垃圾堆内部会产生沼气，容易发生爆炸的危险，因此，应采取合理的填埋气体收集、处理等措施，将填埋气体输送到气体处理站并进行合理的消化处理。渗滤液的收集主要是降低渗滤液水位，能够方便渗滤液流至渗滤液调节库中；同时，利用机器、人工等方式将污染的水体抽至调节库或污水处理系统进行处理。

垃圾填埋场修复案例：北京园博园"锦绣谷"

项目位于北京丰台区永定河河畔，这里曾是北京最大的建筑垃圾填埋场。建筑垃圾及产生的渗滤液及填埋气已成为周边地区水环境和大气环境的最大污染源之一，严重威胁市民的健康，周边村民也饱受垃圾之苦，每天晚上几百辆次的卡车往里运垃圾，带来噪声扰民，环境极为糟糕。

项目首先对场地进行清除表土、树木、灌木丛及不适宜材料等工程，防止因草皮、树根腐烂而引起的沉陷、滑移，并将用地范围内的坑穴填平夯实，妥善处理。为解决土壤贫瘠的问题，在施工中将树穴内回填土加入草炭、有机肥，混合田园土，这样不仅使树木根系周围的土壤疏松，而且减少出现塌陷的可能。在种植方式方面，以自然群落种植方式将各类乔木、灌木、地被和水生植物自然地布置到场地中，使环境自生更新、自我养护，使锦绣谷在今后漫长的自然演替中向良性循环的方向发展。

自园博会开幕以来，锦绣谷成为北京园博会生态修复的新亮点，诠释了"化腐朽为神奇"的生态理念（图 2-79）。

图 2-79 园博园锦绣谷生态修复前后对比 来源：http://blog.
sina.com.cn/s/blog_6f33c5bf0101pu9r.html

（四）绿地的修复

城市绿地作为城市生态系统中唯一具有自净功能的组成部分，具有不可替代的生态、社会和景观功能，可以有效改善城市环境，巩固城市生态基础，缓解城市生态环境问题。而现状的城市绿地建设中出现了大树进城、追求平面构成及高维护的种植方式等问题，忽略了城市绿地的生态功能。因此，城市中绿地可通过以下几种方法对其动植物生境进行系统修复：

1. 采用乡土植物，构建稳定物种栖息地

以乡土植物应用为主，适当引进园林新优植物，优选抗性强、易养护的植物，突出和保持地域园林特色。乡土树种的增加有利于物种栖息地的生态系统机构与功能的恢复，从而使系统具有一定的自稳性和持续性。

在三亚"城市修复生态修复"实践中，根据实际需要对三亚本地植物进行梳理，列出百余种常见园林植物，分为乔木、灌木、草本花卉、攀缘植物、水生植物、红树林植物六大类，在景观生态规划中以此为依据进行树种选择，以突出热带地区植物特色，栽植方法上以"浓、密、荫"的复层种植形式为主（图 2-80、图 2-81）。

图 2-80　便于工作组技术人员了解当地植物而专门编辑的植物手册封面　来源：自绘

椰子树
三亚常见棕榈科树种，其果实
椰子也是热带地区常见的热带
果实。

狐尾椰
棕榈科植物，叶成狐狸尾巴状，
果实成熟时为橘红色至橙红色。

海桑
海桑科，真红树。树下地表密布
着笋状呼吸根。

白骨壤
因其茎秆呈白色而得名，果实
为蒴果。其根系发达，适应力
强，被称为红树中的先锋树种。

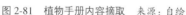

图2-81　植物手册内容摘取　来源：自绘

2. 体现植物多样性，营造多样生存环境

植被种植以乔木为主，注重"乔、灌、藤、花、草"结合，速生与慢生、常绿与落叶植物合理搭配，呈现季相的动态变化，以达到园林景观的协调、多样，给生物提供更多、更便利的生境空间。

3. 采用低干扰、低维护的设计理念，营建近自然绿色空间

低维护的绿地具有低人工、低能耗、低损耗等特点，场地内设施运用本土材料并减少刚性基础的使用，减少对环境的影响；植被的运用方面，除了使用乡土植物，还要注重群落化的种植方式，尽量做到少草坪、多乔木、多灌木，避免造型修剪，大量自然生长，可以大幅度减少维护成本。

4. 减少乔、灌木替换，注重植被的生态涵养

城市绿化建设过程中，常常出现绿地、乔木、灌木特别是行道树种多次替换的现象。城市绿地植物的生态效果是随着时间的推移而日益显现的，随意的树种更换不利于城市绿地建设发挥应有的生态功能。因此，城市应该尽量减少乔、灌木等的替换，避免因景观效果方面的原因对大树进行移植。

第三章　实践篇

第一节　城市修补实践

一、 解放路（南段）示范段综合环境项目

（一）问题思考：城市街道的价值困境

1. 城市街道，以车为本还是以人为本

城市街道特别是老城区商业街，往往是一座城市中使用频率最高的公共空间，同时又是城市活力的体现，需要满足使用者人群需求、展现城市风貌的职能。其中改善和提升城市街道为人服务的能力是当前街道建设的首要任务。目前我国很多城市仍然是围绕以小汽车交通为核心的思路，只重视城市道路红线以内的车行道、人行道建设，置道路红线以外的行人空间于不顾，恰恰是这些红线以外的空间，特别是商业街建筑前区空间，是最吸引出行者前往的城市活力空间。

因此，对于承载大部分本地居民和外来游客购物、休闲活动的老城区商业街来说，空间设计绝不应仅限于传统的道路红线范围，只要是有人活动的空间，包括交叉口空间、车行道、人行道、广场空间、建筑前区空间，都应该统一纳入整体规划设计范围内，以对商业街道空间设计进行整体统筹，确定"公交＋慢行优先"的交通策略以指导街道空间设计，打破目前交通规划、道路设计、城市规划和景观设计等专业之间的专业分隔，避免由于专业的分隔和视角的不同造成行人活动空间的割裂以及设施使用方面的不便，最大限度地满足使用需求。

2. 建筑界面，从吸引眼球到文化价值回归

当今城市建筑贪大、崇洋、媚俗、求怪等乱象突出，肤浅、表象的创新颠覆了建筑"适用"的本源和"经济"规律，对于"美观"的新奇甚于得体。而很多城市初级建设时期的过度、无序、低标准的建设带来的城市病日渐凸显，亟待整治。建筑属于公共艺术，是文化的载体，建筑单体是体现城市风貌和特色的重要组成部分。以"旧楼改造、存量提升"为核心的城市更新模式正成为实现可持续发展的重要阵地，通过提升建筑文化内涵体现文化价值回归是城市修补的重要目标。

因此，具有时代建设的代表性、有良好的自然环境优势的三亚解放路，由于

缺乏有序的规划、建设秩序和有效的管理制约机制，逐渐失去了城市与自然的和谐之美，亟待改变。

3. 街道空间，从消极空间到积极空间的转变

在现代城市，街道作为城市公共空间的功能常常被忽视。近30年来，快速的城镇化造就了大量的商业街空间的同质化。与很多建筑立面的千城一面相对应的是，商业空间也呈现出简单、粗糙、雷同的特征。对于城市公共生活而言，很多不合理的设计因素造就了大量消极空间。通过城市设计和景观设计改善这些消极空间，使它们成为积极空间及城市景观，是商业街提升活力的重要手段。

（二）现状解析

解放路位于三亚市天涯区河西片区，道路全长约 4.3 公里，是三亚市城市中心区重要的综合性主干道。本次规划范围为解放路南段约 2 公里长的路段（新风街—港门路），该路段是三亚城市中心的重要组成部分，道路两侧聚集了大量的商业、服务业等公共性功能。

1. 交通功能突出，组织不尽合理

解放路是三亚市早期路网中最为重要的一条骨干道路。发展至今，沿线商业开发较为密集，旅游、服务、集散功能较强。目前作为河西片区唯一贯通南北的道路，解放路成为河西片区与外围联系的重要通道，交通功能突出（图 3-1）。

随意停靠的电动车　　　　　地下人防入口的影响

图 3-1　解放路的突出问题　来源：赵晅、王冶拍摄

干路网不完善，支路网缺乏。由于三亚河跨河通道较少，而且滨海路、胜利路由于受到用地限制，现状尚未贯通，造成交通压力过度集中于解放路。干路网不完善和支路网缺乏等问题造成了解放路的交通压力过大。

快慢交通及动静交通相互干扰。现状解放路步行和自行车交通空间不连续，机动车、摩托车、非机动车之间干扰严重；并且解放路沿线缺乏停车设施，停车管理措施不完善，机动车占道停放现象明显，对车行道、人行道行驶空间均有较大影响。

沿街人防出入口及公交站设置不合理。解放路地下人防出入口对解放路交通干扰较大；机动车出入口位于解放路两侧，增加机动车与非机动车冲突点，严重影响解放路正常交通运行；行人出入口占用步行道空间，行人通行空间较窄，舒适性较差；公交站点位置距离交叉口较近，港湾尺寸较小，公交车驶入困难，部分港湾被社会车辆占用停车；公交港湾的功能未能得到有效利用，公交车依然占用车行道停靠。

2. 街道绿化及城市家具等城市环境的缺失

解放路街道环境存在的现状问题主要体现在沿街绿化景观、城市家具及无障碍设施、标识系统及公共艺术几个方面的缺乏。

街道绿化缺乏。在新风街至和平街路段，由于路面以及地下空间的建设，原有道路两侧的行道树大量被移走，仅剩下少量的行道树，现状树种单一，缺乏地方特色且配置方式单调。在三亚夏季的炎热天气下，没有树荫的街道环境给行走在街道上的行人带来了极大的不舒适感。

城市家具及无障碍设施的缺失。座椅、遮棚等城市家具极为缺乏，并且现状部分城市家具也已有破损现象，缺乏必要的修缮和维护；盲道、坡道等无障碍设施设置不完善或被路面停车随意侵占，给使用者造成了很大的障碍。

旅游服务标识系统的缺失。街道标识系统及公共艺术严重缺乏，尤其是旅游设施类相关标识有待于进一步完善以符合旅游城市的标准。

3. 建筑风貌杂乱，缺乏本土文化特色

解放路建筑立面，丰富有余但整体风貌较为杂乱（图3-2），不同时代的设计元素在立面上缺乏协调，没有统一的风格为主导，无法体现三亚特有的建筑风貌特色。在建筑色彩方面，整体色调较为杂乱，部分建筑过于浓艳，并且建筑立面缺乏必要的维护和修缮，白色面砖材料剥落也对立面效果有较大影响。在广告牌匾设置方面，单体建筑广告牌匾杂乱无章，尺度过大，遮挡门窗洞口，严重影响

图 3-2　杂乱的建筑风貌　来源：赵晅、王冶等拍摄

建筑整体形象及室内环境质量。在夜景照明方面，现状建筑的照明设计未能充分体现建筑风格，广告照明及商业橱窗照明各自为政，缺乏统一的设计。

海南传统民居是海南琼北地区特色居住建筑，包括文昌、琼山等传统类四合院式汉族民居和近代骑楼民居，多元建筑元素交融是海南民居最大的特点。

作为三亚最重要的商业区，解放路南段是传统特色商业段，是综合性的城市公共服务轴带，是集中展现三亚多元形象、优美整洁风貌以及良好环境的窗口。而现状是街道空间和建筑界面都缺乏人文特色，尤其缺乏本土文化特色，因此如何传承文化要在设计中进行思考。

4. 沿街业态功能复杂，维护管理难度大

解放路沿街现状的功能业态较为繁杂，包括大型商场、商业街、餐饮店、特色地方商品店、品牌专卖店、营业网点、文化娱乐类店铺、酒店宾馆、五金土杂、建材装饰等多种店铺类型。其中存在五金土杂、建材装饰等较多的低端商业业态，与解放路作为三亚老城区综合性商业服务中心的功能定位不相符，并且严重影响解放路商业店面的整体景观风貌和空间品质。建筑广告牌匾杂乱无章、尺度过大，反映出城市广告设置缺乏引导或执法不力的问题。

城市修补面临的是几十年积累的城市问题，通过外科手术式的方法对城市进行整治，短期效果明显，但难以持久，内在问题来自于城市管理制度，未来街道与建筑的维护需要更有效的制度做保障。

（三）城市修补策略

对于解放路的修补工作，首先要认清街道的商业步行性道路属性，以此开展道路、景观、建筑等相关方面的改造。

1. 完善道路交通网络，保证步行和非机动车的互不干扰

完善十路网、支路网，减少交通压力。解放路步行和自行车交通空间连续，机动车、摩托车、非机动车分开，增加解放路沿线停车设施，完善停车管理措施。沿街人防出入口及公交站设置优化。

2. 优化空间配置，提升步行空间质量

改善步行环境。骑楼连续的檐廊灰空间起到了遮阳挡雨的作用，有效改善了街道的慢行环境质量；丰富绿化层次，美化街道环境，体现地方风情。

区分空间节奏。对道路两侧人行道至建筑骑楼路面的铺装、城市家具、景观植被进行整体设计，对一些重要节点部位，如广场、步行街、街道转角地带做开放式处理。

3. 统一建筑风格，提升建筑品位

利用骑楼元素，重点改善沿街建筑一、二层的界面视觉质量。建筑顶部体量适度调整，形成"裙房＋主体"的分段关系。使用骑楼元素统一沿街建筑界面的设计风格，同时注意在材质、色彩、装饰细部等方面形成微差变化。对于现状中已有骑楼形式的建筑，要用恢复原貌、风貌优化两个步骤，忠实原有建筑的设计思路，同时保持城市记忆与城市风貌的多样性。

4. 制定政策，引导沿街业态发展

综合经济和社会效益，灵活引导和选取合理的业态形式，划分鼓励的业态、限制的业态、禁止的业态，突出考虑解放路地段的综合示范效应。

（四）实施重点

1. 交通设计

针对城市旧城地区道路的问题，对解放一路的道路空间进行详细设计，系统协调公交车站点、步行和自行车通行空间、路段、交叉口的交通渠化等（图3-3、图3-4）。

（1）打破道路红线的束缚，优化道路断面

采用完整街道理念，打破道路红线的束缚，结合建筑前区空间优先考虑步行和自行车系统。机动车道16米，双向4车道，机、非绿化隔离带2米，非机动车道3米；步行空间根据建筑前区空间不等，最低不少于6米；步行和自行车空间占据道路断面比例为不低于58%（图3-5）。

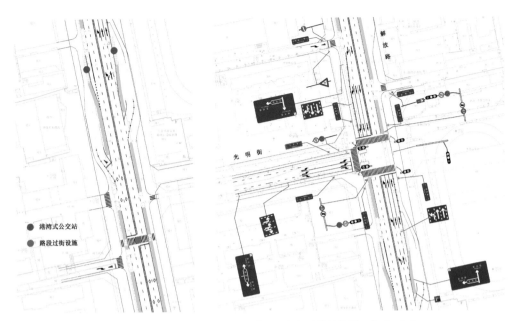

图 3-3　公交站点的调整　来源：自绘　　图 3-4　信号及标识系统的设置　来源：自绘

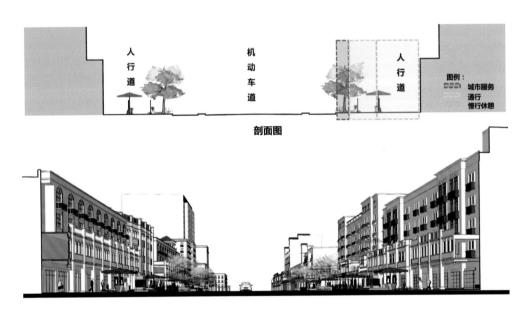

图 3-5　道路断面改造　来源：自绘

（2）进行机、非分离，保障行人安全

　　建议人防机动车出入口移至光明街或与解放路相交支路，降低对解放路的干扰。近期人防机动车入口不能调整的情况下，应采用物理隔离进行机、非分离，非机动车道绕行机动车人防出入口外侧，保障非机动车行驶路权及行驶安全性。保障慢行通行空间的连续性及安全性，建议沿线变电箱等市政设施入地。路段增加一处信号控制地面过街设施，满足道路两侧过街需求（图3-6）。

图3-6　光明街交通渠化设计　来源：自绘

（3）道路附属设施调整和提升

对现有公交站点进行改造，调整为港湾式公交停靠站。道路东侧站点由于条件限制，设置在光明街交叉口的进口道，在此站点停靠的公交线路只能直行通过光明街交叉口。解放路示范段全线禁止机动车路内停车、建筑前区停车。非机动车利用行道树间隔空间设置非机动车专用停车场，禁止随意停放。增设车行道行驶方向标志、指路标志、机动车道标志、路名牌标志、减速让行标志、单行道标志、禁止驶入标志、机动车停车场标志、机动车信号灯、行人信号灯等道路标识系统设施（图3-7）。

2. 建筑设计

（1）对海南骑楼建筑充分研究，提取本土文化要素

2015年7月～10月，项目组先后赴海口、三亚等地针对骑楼传统建筑进行调

	信息标志		指示标志	
立体标志	交通设施类	服务设施类	图案类	文字图案类

	警示标志		旅游标志	
立体标志	图案类	文字图案类	体育类	户外类

	指示标识		警示标识	
地面标识	图案类	文字图案类	图案类	图案灯箱类

图 3-7　道路标识系统设施　来源：自绘

研，收集了海量的书籍、影像、图纸资料。项目组特别对三亚崖州古城中的骑楼民居遗存进行了细致的测绘、拍照工作，整理出较为常见的骑楼立面图库，为立面改造方案设计构思奠定基础（图 3-8）。

图 3-8　中规院工作人员讨论确定设计方案
来源：作者拍摄

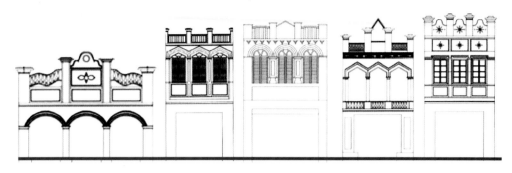

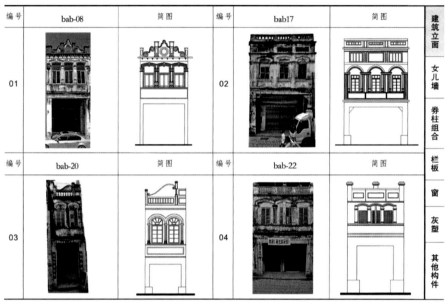

编号	bab-08	简图	编号	bab17	简图	建筑立面
01			02			女儿墙
						券柱组合
编号	bab-20	简图	编号	bab-22	简图	栏板
						窗
03			04			灰塑
						其他构件

图3-9 常见骑楼立面制式和本次改造基本样式 来源：参照赵爱华，刘涛，王南秋．海口骑楼建筑立面信息采集图册[M]．海口：海南出版社，2014：12-13. 自绘而成

骑楼立面构成为三段式，通常由底层柱廊、楼层、檐部女儿墙三部分组成。底部檐廊空间由户户门廊相通构成，遮阳挡雨，便于生产生活，其上部有腰带、栏杆、栏板、牌匾等装饰。在中部腰身部分，不同的西洋风格元素与海南本土文化相结合，形成了复合多元的装饰风格；建筑构件结合当地气候条件，大量使用了外廊、百叶等遮阳构件。顶部女儿墙多镂空或开洞，装饰细节突出，可有效减少风压，以适应当地的台风气候（图3-9）。

以骑楼为代表的地域传统建筑经典形式在适应地方气候特点的同时最大限度地满足了居民日常生活需求。底层外墙后退形成檐廊灰空间，有效遮阳挡雨，成为重要的城市交往和慢行空间；中部腰身开窗较大，利于组织户内外通风；顶部女儿墙做镂空处理，成为立面装饰重点，塑造街道特色风貌的同时可以有效减少风压、

图 3-10　通过基于本土样式的建筑改造，达到提升街道环境的目的　来源：自绘

确保安全，在极端天气下不倾覆。

　　骑楼街区经历了清朝、民国、新中国三个时期，立面形式从繁复渐趋简化，体量尺度从近人渐趋巨大，反映了当地居民生活方式、建筑建造技术、东西方文化碰撞融合的变化过程。建筑风格受早期华侨影响，体现了较强的西式风格；中期受本土文化影响，逐渐融入中式元素，且受当地气候影响，形成了独特的南洋风格艺术形态（图 3-10）。

　　与海南海口、广西北海、新加坡等地的"南洋风"骑楼建筑相比，以崖州古城为代表的三亚地域传统骑楼建筑具有以下特点：体量较小，尺度宜人，檐口高度一般为 6～8 米，开间为 2～3 米，女儿墙高度较低；每开间多为三联窗，色彩素雅，材质质朴。其整体色彩基调为素白色，墙面、门窗框偶有微差变化，外墙饰面材质为"抹灰＋涂料"组合，石材较少，装饰简洁，重点突出；风格朴素，线脚层次相对简单，装饰重点集中在檐口、窗洞口周边。通过大量的案例研究，其技术路线已水到渠成：形式来自功能，风格来自传统。即借鉴当地遮阳挡雨的骑楼形式，适应热带海滨城市气候特点；从传统的本土建筑中吸取营养，构成对建筑风格的重要支撑（图3-11、图3-12）。

图 3-11　中规院工作人员现场指导和解决改造工程问题　　来源：作者拍摄

（2）建筑与夜景照明相结合，增加商业气氛

《三亚城市照明专项规划修编》中把解放路作为夜景系统中榆亚路 - 解放路的夜景观廊道，提出营造繁华、热闹、充满活力的商业街区目标。解放路位于这条廊道中的核心商业街区，商业街的重要建筑载体景观照明可采用多种照明方式，营造热闹活跃的氛围。

结合解放路建筑改造契机，同步推行照明的"三同时"概念，与建筑改造方案同步设计、同步施工、同步验收，互相协调合作，做到"见光不见灯"，重视照明灯具的隐蔽性和使用安全性，避免景观照明破坏建筑立面。

夜景照明效果：营造夜间商业空间气氛，突显骑楼外廊、建筑细部、城市家具等。首层通过内透光形成连续性商业街道，在檐口设置投光灯或瓦楞灯，体现天际线；外廊顶部四角设置小型宽光束投光灯，照射顶部，形成独特的视觉效果。

3. 街道环境提升

（1）在步行街道上增加种植池，体现海绵城市设计理念

图 3-12　重点建筑改造前后对比　来源：赵旭、王冶拍摄

在有条件的地段，非机动车道和人行道之间设置下凹式种植池，将人行道和非机动车道的雨水引入种植池，竖向设计以满足雨水的收集利用为基本要求，结合道路现状的竖向高程和排水井进行分区，减少土方量以及对道路路面的影响。植物种植设计以突出热带滨海植物景观特色为指导思想，以丰富植物多样性、营造丰富多样的生境为主要出发点，同时考虑道路的防护、安全、居民使用等需求。

（2）运用三亚本地特色植物，突出地域特色

商业街在保障通行的前提下，尽量增加种植空间；充分开发立体绿化，通过垂直绿化及阳台绿化加大绿化率；充分运用三亚特色植物，同时与城市家具、建筑构件有机结合。

（3）精细化设计，细节决定成败

针对旧城区道路精细化程度不高的问题，以解放路示范段为设计对象进行精细化设计，主要设计内容包括路面铺装、夜景照明、城市家具、景观优化、交通优化等（表3-1）。

编号	精细化类别	设计内容
1	路面铺装	地面透水砖、化岗石等以灰色为主要色调，深灰、浅灰色互相搭配，适当分隔图案
2	通风口	地面通风口采用木质百叶包封进行装饰，并尽可能与路面景观、标识相结合
3	盲道	盲道以黑色或深灰色为主要色调，可选用防滑石材、水泥砖
4	井盖	由于路面井盖较多，为隐蔽采用方形金属贴透水砖，以灰色为主要色调
5	座椅	座椅设计结合绿化植被综合设计，以简洁风格为主，采用木质、石材等绿色、易维护、方便取材材料
6	垃圾桶	垃圾桶围挡以灰色、木色为主要色调；垃圾桶、果皮箱适当分隔图案，局部可嵌入主题性 LOGO 图案点缀
7	夜景照明	城市休憩空间的夜景突显：利用家具照明，在适应周边环境基础上，突显休憩空间温馨、舒适的气氛，同时起到一定指向性与标识性作用
8	种植箱、花坛	采用移动式；种植箱侧面可以有项目 LOGO 重复出现，或出现城市修补、生态修复工作宣传海报
9	交通标识	交通标识以交通功能为主，适当考虑装饰性；利用通风口改成景观小品，可在上面安装标识系统，起到指向性与标识性作用
10	地区 LOGO	突出三亚解放路自身特色，设计标志性强的 LOGO 重复出现；结合重点部位变换材料，例如可做成镂空钢板的，镶嵌到座椅、围栏、指示牌上；结合广场等重要节点的地面铺装展现 LOGO，可雕刻在石材上；结合广告招牌印刷在店铺广告上，也可以做成纸质 LOGO，印刷在会议手袋、信封等宣传材料上

来源：自绘

二、三亚市老城区综合交通整治

（一）问题思考：老城区的交通困境

1. 机动化发展迅速，既有交通模式受到冲击

2004 年我国《汽车产业发展政策》颁布，提出"培育以私人消费为主体的汽车市场，改善汽车使用环境，维护汽车消费者权益"。在居民购买力提高和相关鼓励政策作用下，我国大多数城市进入小汽车快速增长阶段，部分特大城市迈入汽车的普及阶段。2013 年全国共有 31 个城市的汽车保有量超过 100 万辆，其中北京、天津、重庆、成都、深圳、上海、广州、杭州、郑州等 9 个城市汽车保有量超过 200 万辆；特别是北京汽车保有量超过 500 万辆，其中私人汽车有 407.5 万辆。

同时，公共交通的发展被提升到空前的战略位置。自 2004 年以来，国家出台了一系列推动公共交通发展的文件和措施，优先发展公共交通上升为国家战略；并重新强调公共交通服务的公益性质，将公共交通发展纳入公共财政体系，建立低票价的补贴机制，进一步促进了公共交通的蓬勃发展。随着轨道交通在全国各大、特大城市的全面建设，公共交通发展更为显著。

与此同时，由于私人机动化交通和公共交通的发展，全国各级城市的步行、自行车及其他传统交通出行方式均受到较大冲击，其中：特大城市如北京市的自行车交通出行比例已由 1986 年的 62.7% 下降到 2014 年的 12.6%；一般地级市如济宁市的自行车交通出行比例也已由 2003 年的 70% 下降到 2011 年的 30% 以下（图 3-13 ～图 3-15）。

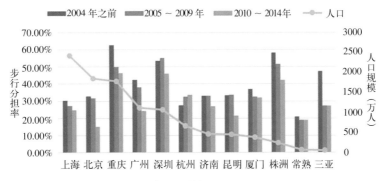

图 3-13　国内典型城市步行分担率变化趋势　来源：自绘

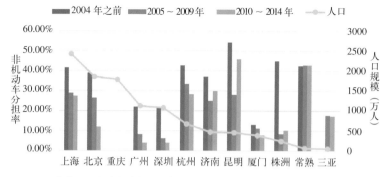

图 3-14 国内典型城市非机动车分担率变化趋势 来源：自绘

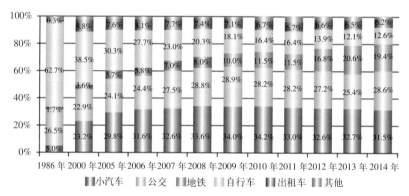

图 3-15 北京历年城市交通出行结构中自行车的比例
来源：北京交通发展研究中心 . 2015年北京市交通发展年度报告 .

2. 承担功能过于集中，供需矛盾突出

老城区是城市发展的源头所在，与西方国家政治中心在城市、经济中心在乡村的传统不同，我国城市自古以来就是集政治、经济、文化职能于一身的心脏地区，这一传统在城市发展过程中得到了延续和加强。特别是在老城区，随着改革开放以来经济社会的蓬勃发展，既有城市职能和当地人口并未得到有效疏解，同时又产生了诸如旅游、国际交往等新兴城市职能并吸纳了大量外来人口，建设强度和出行强度较大，同时道路网络通行能力较低，交通供需矛盾导致道路拥堵情况较城市其他地区更为严重。

3. 道路建设相对滞后，交通拥堵严重

城市职能和人口集聚意味着交通出行量的增长，然而，老城区的道路交通建设却多处于严重滞后的状态，主要体现在以下三方面：

（1）由于历史原因，老城区城市道路尺度、密度普遍较小，新建及改、扩建难度较大，传统的城市道路网络难以承载城市机动化的快速发展。

（2）由于道路功能界定不明确，老城区的主要街道往往同时承担交通与商业双重职能，造成道路功能的重叠、交通流量的过度集中、交通效率的持续下降、交通安全与环境的日趋恶化。

（3）由于道路空间和机非隔离设施的缺乏，老城区机动车、非机动车以及人车混行现象十分普遍。一方面进一步降低了道路通行能力，加剧了道路拥堵；另一方面造成了巨大的交通安全隐患，行人和机动车的通行效率和安全都得不到保障。

4. 交通设计环节缺失，规划理念无法落实

在部分城市，特别是中小城市的道路建设过程中，往往有将综合交通规划中的道路网络直接作为道路设计和施工图设计依据的情况存在，实际上综合交通规划中的道路网络部分主要解决的是次干路及以上级别城市道路的布局和指标控制，对于城市支路等偏重生活性的街道并没有提出明确的布局方案，同时也无法根据每一条道路的实际情况进行有针对性的详细设计。

究其原因，在城市交通规划系统中并没有形成城市规划体系中的"总规—控规—设计—施工"的多层级规划理念落实机制，在综合交通规划和各类专项规划之下并无类似控规一类能够将各类方案关键点以图则方式落实的技术管理手段，缺乏一个与上位道路专项规划和道路工程设计衔接的详细交通设计。因此，在真正的设施建设和改造中，与规划方案相比"大打折扣"的情况普遍存在。

相比于城市其他地区，老城区对道路建设的精细化程度要求较高，缺乏衔接的道路建设很容易造成实际建设与规划意图不符的情况出现。因此，应开展交通精细化设计工作以加强二者之间的衔接。

（二）三亚老城区交通现状解析

1. 交通系统建设标准未考虑旅游城市的特殊需求

作为国际性热带海滨风景旅游城市，三亚旅游进入了黄金发展期，旅游及城市交通呈现新的发展趋势。旅游的蓬勃发展刺激了城市社会经济的快速发展，居民的机动车保有量不断增加，机动车出行也不断增加，城市居民日常通勤出行和生活出行也给城市交通带来较大的压力。旅游交通与城市内部交通的叠加效益进

一步加剧城市交通的压力。

现状城市交通系统设施建设符合一般性城市规范标准，但并未体现作为旅游城市交通服务的特殊要求。例如中心城区道路网建设规模高于中小型城市建设规范标准，但道路系统受到旅游交通与城市交通的双重压力影响而负荷水平较高。单纯满足既有规划规范要求，已经无法适应当前旅游发展的客观需要。

2. 单中心组织模式，老城区功能集中

三亚市滨海地区东西跨度达 100 公里，建设用地集中，旅游资源富集，成为开发和建设的核心层。面对世界罕见的大跨度城市海岸资源，在实际开发中三亚的建设用地拓展缺乏清晰、明确的指向性，造成建设分散，形成"以中心城区为旅游服务功能集核，东西两侧旅游组团带状分散、功能单一"的发展态势，这也为旅游交通组织带来了难题（图 3-16）。

分散的旅游组团对老城区服务的高度依赖性，导致整个滨海地区向心性交通联系需求特征显著。调查表明，现状西部功能组团人均日进城次数为 1.5 人次 / 日，东部功能组团人均日进城次数为 1.0 人次 / 日，海棠湾、亚龙湾、主城区、海坡等片区相互间的交通联系均存在通道的瓶颈问题（图 3-17）。

与此同时，军事用地和自然山体的阻隔以及对山体、水源、生态、农田的保护要求，客观造成了贯穿滨海地区的通道资源十分紧缺，现状单一通道下的公路运输模式难以为继。

3. 综合交通系统尚未形成

由于经济、社会与城市空间的迅速发展，目前三亚市各交通方式间的发展存在较大竞争博弈，缺乏相互统一、协调，成熟、稳定的综合交通体系尚未形成，主要体现在个体机动化出行趋势明显，公交系统发展滞后、潜力巨大，以及各交通方式相互协调不足等方面。各交通方式间存在较大的竞争关系，特别是个人机动化交通方式对传统交通出行方式冲击巨大，进一步影响到城市建设可能向机动化交通方式全面倾斜，导致不合理的城市交通结构。如何协调各交通方式间的发展，引导合理的交通出行结构，成为未来三亚市综合交通系统发展的关键。

4. 重视小汽车交通，轻视慢行交通

与城市其他地区不同，三亚老城区的街区尺度和道路网络更加适合步行、自行车交通出行，且拥有更加发达的零售服务业、旅游资源和更加稠密的人口，因此慢行出行比例往往较高；同时老城区内往往拥有更多的老年人、儿童、残障人士和外来游客等交通弱势群体，因此更加需要安全、便利的慢行出行环境。

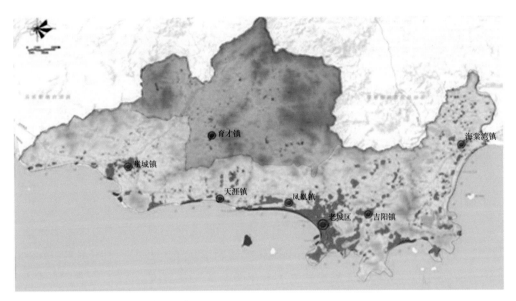

图 3-16　三亚市带状分层空间布局现状
来源：中国城市规划设计研究院. 三亚市综合交通规划综合报告 [R].2010.

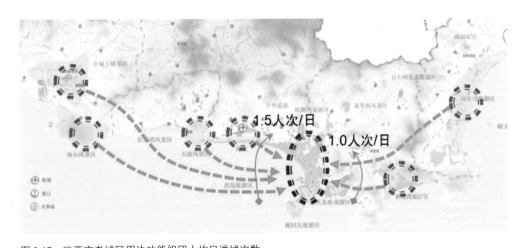

图 3-17　三亚市老城区周边功能组团人均日进城次数
来源：中国城市规划设计研究院. 三亚市老城区综合交通整治规划.

图 3-18　三亚市老城区解放路两侧的占路停车和机非干扰现状情况　来源：中国城市规划设计研究院. 三亚市老城区综合交通整治规划.

　　然而长期以来，在城市建设过程中忽视了老城区的空间特点和交通需求特征，片面追求小汽车交通的通行效率而牺牲慢行出行者的通行权益，在道路空间路权的分配和慢行空间设计等方面都缺乏人本化的考量（图 3-18）。

　　5. 缺乏道路精细化设计

　　稠密的人口和有限的道路空间使得三亚老城区更加需要精细化的道路空间设计以改善通行环境；同时老城区又是城市的"橱窗"，更加需要精细化的道路空间设计以美化城市环境。由于老城区内环境复杂、建设难度大，道路精细化设计往往得不到有效落实，造成机动车交通效率降低、行人和非机动车骑行者出行安全和便利性得不到保障、城市街道环境恶化等城市问题。

　　6. 交通管理水平滞后

　　稠密的人口和有限的道路空间使得老城区需要更加强有力的交通日常管理手段，然而囿于我国城市治理水平的整体滞后，目前三亚市老城区的交通管理水平仍较低，造成交通秩序混乱，特别是机动车占道停车等交通违法行为十分普遍，究其原因有以下几点：

　　（1）由于老城区各类建筑配建停车数量不足，造成大量停车需求无法满足；（2）停车场选址不合理，可达性差，造成违章停车行为增加；（3）缺乏停车设施收费、管理和运营的长效机制；（4）缺乏完备的停车管理规章条例。

（三）做法及案例

1. 改造策略

（1）统筹考量城市用地与交通系统

老城区交通问题的根源在于承载了过多的城市功能与人口，造成城市空间供给与出行需求间的矛盾。因此解决城市交通问题不能仅仅从交通的角度进行思考，而应当综合考虑城市功能结构、用地空间与交通系统间的关系，在疏解城市功能的同时，短期内根据老城区空间问题改进自身交通系统建设，长期内通过交通系统建设引导老城区空间环境改善。

（2）整体研究综合交通系统

与城市其他地区相比，老城区城市空间肌理相对较为紧密、完整，城市路网特别是支路、小街巷联系较好，因此解决老城区道路交通问题的关键不在于改善某一条道路的交通环境，而应当从区域整体交通系统的角度入手，对道路网络建设、慢行交通环境建设、公交优先建设、停车设施建设与管理等重要方面进行综合整治。

（3）因地制宜体现分区差异

老城区承载的城市功能种类丰富，内部各区域在出行需求特征和设施建设情况等方面差异较为明显，面临的实际问题也不尽相同。因此应当根据当地情况，对老城区内部进行区域划分（图3-19），针对各自问题因地制宜采取差别化策略，同时突出主要矛盾，对问题较为关键的地区进行重点改善治理，以期达到"牵一发而动全身"的实施效果。

图 3-19 三亚老城区分区示意图 来源：中国城市规划设计研究院 . 三亚市老城区综合交通整治规划 [R]. 2010.

图 3-20　综合交通整治四个阶段　来源：自绘

（4）阶段推进保障实施有序

老城区交通改善是一项长期的系统工程，应当采取远近结合、阶段推进，确保各项措施的有序实施，为此将整治工作分为以下四个阶段进行（图 3-20）：

①设施建设阶段：主要是对老城区内的道路网络进行完善，打通断头路，辟通小街小巷，对有条件的道路交叉口实施渠化拓宽等。

②规范秩序阶段：在完善老城区道路网络的基础上，全面规范交通秩序。通过公交港湾站、机非隔离设施等设施建设手段，同时借助管理手段，对机动车占道停车进行严格管控，对区域内摩托车交通进行有效控制，同时对电动自行车出行进行有效引导。

③优化衔接阶段：在规范交通秩序的基础上，关注各交通方式间协同建设，强调老城区内外部交通的衔接转换，同时着力改善公交 - 慢行接驳环境，完善接驳设施建设。

④需求管理阶段：在以上阶段的基础上，对交通进行精细化管理，通过交通稳静化、停车需求管理等手段，在老城区内对小汽车采取一定的限制措施，以达到推行绿色交通的目的。

2. 改造方案

（1）推进城市疏解，改善城市结构

针对本次三亚总体规划提出的以大三亚湾为核心的"一心两翼"的连绵发展设想，必须在未来的城市建设中强调滨海旅游组团用地功能的综合性、均衡性开发，形成"点轴式"的分散组团格局（图 3-21），避免对中心城区过高的服务依赖性（图 3-22）。

对于滨海地区交通系统发展而言，在滨海地区范围内，如何构建骨干交通网络，满足滨海地区长距离交通联系需求，突破旅游组团间联系通道瓶颈，有效支撑和引导滨海地区组团式格局发展需要，也是关系三亚未来国际化旅游城市发展目标

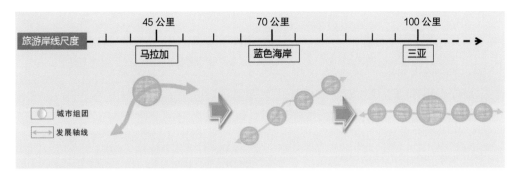

图 3-21　滨海岸线尺度与滨海旅游发展格局的变化分析

来源：中国城市规划设计研究院.三亚市城市综合交通规划 [R].2010.

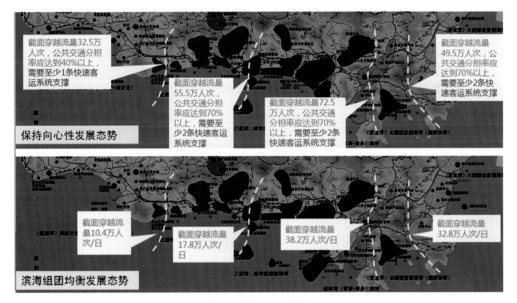

图 3-22　不同滨海用地开发模式下的交通联系需求特征对比分析

来源：中国城市规划设计研究院.三亚市城市综合交通规划.

能否实现的重要方面。

（2）把握城市特点，判断交通需求

①旅游城市的交通需求总量判断。三亚老城区交通症结之一就是将自身交通问题当作普通城市的交通问题来处理，而忽略了其作为国际旅游城市的特殊城市性质和职能。在老城区交通规划建设过程中，应首先对城市常住人口和旅游人口进行统筹分析，对当量人口进行科学测算（图3-23），进而确定各类交通基础设施

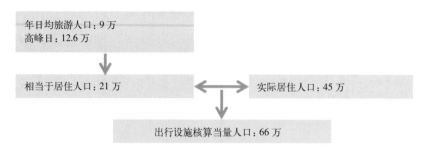

年日均旅游人口：9万
高峰日：12.6万

相当于居住人口：21万　　　　　　实际居住人口：45万

出行设施核算当量人口：66万

图 3-23　三亚市总当量人口计算方法
来源：中国城市规划设计研究院.三亚市城市综合交通规划 [R].2010.

建设的合理规模。以将旅游人口折算成当量城市人口进而得到的总当量人口作为量化依据，对交通系统设施规划建设标准进行修正。同时深入分析老城区的交通需求构成与特征，提出适应三亚老城区独特情况的解决方案，协调城市交通和旅游交通的矛盾，提升老城区旅游交通服务水平。

②热带滨海城市的交通文化特征提取。三亚市作为我国唯一的热带海滨城市，同时又是国内外知名的旅游城市，具有很强烈的地域文化特色。在城市交通方面，主要体现在慢行交通需求较大、慢行空间环境品质较高、慢行出行的活动类型较为丰富，因此在交通整治过程中，应顺应三亚本地的文化特点和交通需求特征，结合交通整治完善慢行交通空间，提升慢行空间品质以满足本地居民和旅游者不同的使用需求。

（3）结合城市疏解，完善道路网络

①疏解城市功能，缓解交通压力。老城区交通问题的主要原因是城市功能过于集中导致的交通出行的集中，因此应从源头入手，通过城市功能的外迁，重新合理布局城市功能，调整城市交通重心。在本次交通整治中，重点对老城区内的长途汽车站、市场等规模较大、易产生交通问题的城市功能进行外迁或功能置换，以缓解交通压力。

②界定道路功能，避免交通混行。在此次交通整治过程中，特别强调道路功能的重新界定，以道路功能为主导，不单独以道路等级作为道路断面划分的依据，将道路功能分为交通性和生活性两大类。根据道路功能的差别，将设施建设做相应倾斜，生活性道路应注重慢行空间建设，交通性主干路更强调机动车通行效率，交通性干路的慢行空间有可能小于生活性支路的慢行空间；商业区主干路，注重道路两侧联系，慢行活动空间打造，弱化机动化交通。

③打通断头干路，营造城市密路网。提升城市路网密度是本次交通整治的重

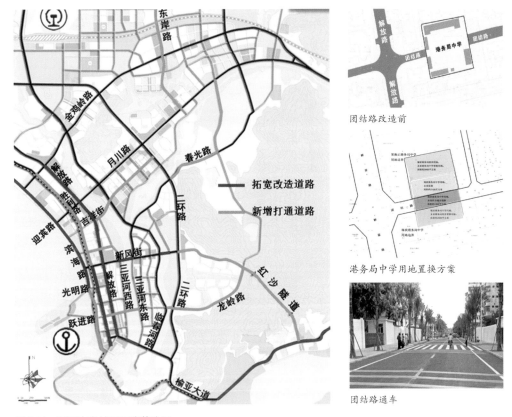

团结路改造前

港务局中学用地置换方案

团结路通车

图 3-24 三亚市老城区干路整治图

来源：中国城市规划设计研究院.三亚市老城区综合交通整治规划 [R]. 2010.

要内容之一，目前河西区仅有解放路一条南北贯通的道路，本次整治将断头的滨海路向南延伸至河西区南端，与建港路相连，并将胜利路向北延伸至金鸡岭路，形成河西区滨海路、胜利路、解放路三条贯通性道路并列的道路结构，将解放路一条道路承担的压力分散至三条道路；并对道路功能进行重新分配，滨海路主要承担旅游观光功能，胜利路主要承担交通联络功能，解放路主要承担商业服务功能；同时打通团结路，联系胜利路和河西路，减轻解放路压力。

为了缓解现有跨河桥梁的压力，本次规划在三亚河增加了吉祥街和跃进路两个跨河通道，使得老城区跨河通道的平均距离从 1.5 公里以上下降到 800 米左右，将大大缓解跨河瓶颈的拥堵（图 3-24）。

④疏通街巷支路，改善交通微循环。街巷、支路是城市交通微循环的主要通道，对缓解城市交通压力有着重要的作用。目前，三亚老城区内支路严重不足，特别是解放路周边的支路不足大大加重了干路的交通压力，严重影响道路的正常通行，

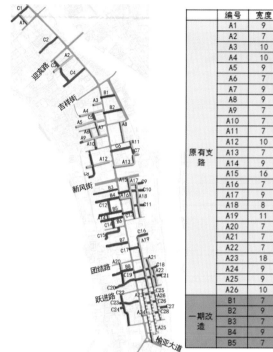

图 3-25　解放路沿线支路改造方案

来源：中国城市规划设计研究院 . 三亚市老城区综合交通整治规划 [R]. 2010.

类别	编号	宽度	长度	停车位	类别	编号	宽度	长度	停车位
原有支路	A1	9	137	22	一期改造	B6	9	62	5
	A2	7	262	25		B7	7	230	14
	A3	10	98	5		B8	7	224	23
	A4	10	265	26	二期改造	C1	9	239	11
	A5	9	331	28		C2	7	259	23
	A6	7	106	7		C3	7	277	25
	A7	9	170	10		C4	15	272	40
	A8	9	220			C5	7	94	4
	A9	7	282	19		C6	7	238	7
	A10	7	95	7		C7	7	57	
	A11	7	93	5		C8	9	318	
	A12	10	259			C9	9	55	5
	A13	7	352			C10	7	252	
	A14	9	62	5		C11	9	104	
	A15	16	429	40		C12	9	141	15
	A16	7	126	20		C13	5	124	
	A17	9	76	5		C14	9	92	5
	A18	8	343	30		C15	9	239	
	A19	11	527	60		C16	11	89	10
	A20	7	86	7		C17	9	114	
	A21	7	288			C18	7	245	
	A22	7	172			C19	7	135	
	A23	18	557			C20	7	221	
	A24	9	128			C21	7	266	
	A25	9	128			C22	7	329	
	A26	10	330			C23	7	206	
一期改造	B1	7	143	6		C24	7	40	
	B2	9	188	12		C25	11	119	
	B3	7	256	18		C26	11	119	
	B4	9	257	18		C27	7	70	
	B5	7	246	17		C28	9	61	

也不利于周边商业的发展。同时现状调查表明，老城区范围内的很多支路通道已经被建筑挤占，打通难度相当大。

针对上述特点，本次规划的策略是先急后缓、先易后难，近期在解放路周边打通若干条件较好，涉及拆迁较少的支路，缓解交通压力最大的解放路沿线；同时借月川城中村整体改造的契机，按照新编制的控规一次性完成干路和支路的建设（图 3-25）。

对于老城区今后的支路改造，本次规划建议随着城市更新整体改造，成片完善支路网。例如随着阳光海岸片区的整体改造，统一按控规实施解放路以西的支路建设。

（4）加强用地协同，践行公交优先

①创新运营体制，完善公交线网。老城区公交的根本问题是运营体制不合理，建议在《三亚市综合交通规划》中研究调整运营管理体制的相关内容，同时对现状过于集中的公交线路做出优化调整，既兼顾主要干路上的公交运力，也照顾到公交覆盖率等其他因素（图 3-26）。

②借鉴先进理念，优化公交站点（港湾式公交站）。在公交线网及运营模式优

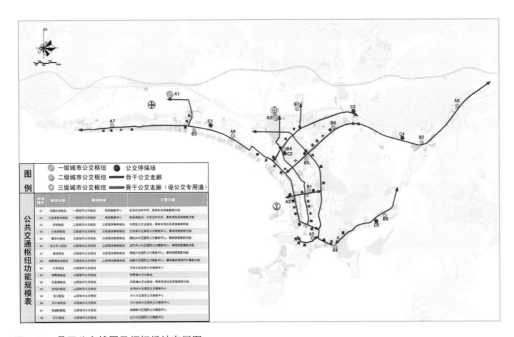

图 3-26　骨干公交线网及枢纽场站布局图

来源：中国城市规划设计研究院 . 三亚市城市综合交通规划 [R]. 2010.

化的基础上，针对公交场站设施中的公交站点进行改造整治。主要原则包括：干路
上的公交站原则上均应为港湾式；港湾式公交站的尺寸应符合规范要求，加减速段
不少于 20 米，站台长度以两个泊位为宜，线路 3 条以下可只设一个泊位；港湾站
应避免距离交叉口距离过近，特别是进口道渐变段和展宽段范围内不得设站，如
交叉口出口道有展宽增加的额外车道，港湾站可结合出口道展宽设置（图 3-27）；
公交站应当和过街设施结合设置（图 3-28）。

　　③结合当地特色，开发新型公交形式（滨海有轨电车）。三亚是著名的滨海旅
游城市，按照阳关海岸规划，结合在编的《三亚市城市总体规划》和《三亚市综
合交通规划》，在滨海路和胜利路上开行有轨电车，一方面作为游客观光游览的交
通工具；另一方面，作为公共交通工具，可以有效地缓解路面交通的压力。现代有
轨电车形象优美，运行无噪声、无振动，本身就是滨海一道靓丽的风景线，尼斯、
马拉加等国际著名滨海旅游城市都在滨海地区开行现代有轨电车系统，十分值得
三亚进行借鉴（图 3-29）。

　　（5）优化出行环境，倡导慢行交通

　　步行和自行车慢行交通既是游客休闲娱乐、了解城市的途径，也是三亚老城
区居民出行最常用的方式，本次规划也对慢行交通予以高度关注。在道路改造时，

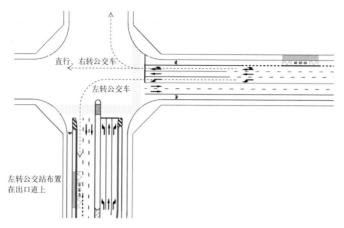

图 3-27 结合交叉口设置公交站点示意图 来源：自绘

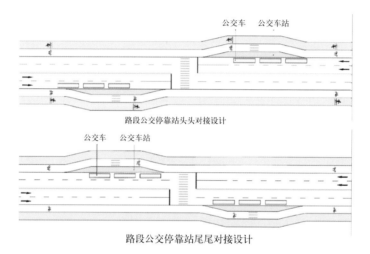

图 3-28 结合过街设施设置公交站点示意图 来源：自绘

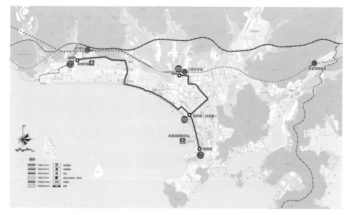

图 3-29 有轨电车线网规划图

来源：中国城市规划设计研究院 . 三亚市有轨电车线网规划 [R].2014.

道路的空间资源分配朝慢行交通倾斜，在旅游功能占主导、景观要求高的道路和区域，可以优先考虑慢行交通；同时注重由干路、支路甚至街坊路和地块内部路构成的独立慢行体系。

①打通小街小巷，推进慢行路网建设。尺度宜人、线形自然的支路和街坊路是最适宜行人通行的空间，因此在本次交通整治过程中，特别关注建支路和街坊路建设，利用现有条件充分打通小街小巷，力图构建独立、连续的慢行系统，为慢行出行创造空间条件（图3-30）。

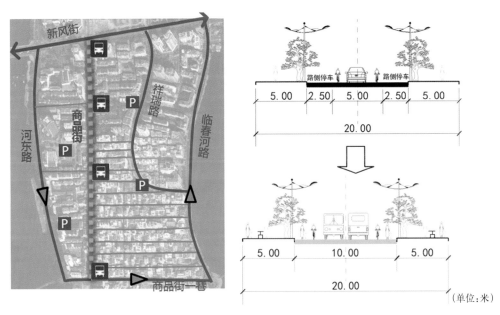

图3-30　商品街交通组织及近远期断面图
来源：中国城市规划设计研究院.三亚市慢行交通专项规划 [R].2014.

②清除违章占道，加强慢行空间整治。针对三亚老城区占道停车和占道停车现象严重的特点，将整治重点集中在清理人行道上道路红线内的违章停车，清理交通干路沿街的非法搭建和无照商贩，还行人以整洁舒适的慢行空间（图3-31）。

③保障行人安全，优化过街设施设计。作为交通弱势群体，步行人群的过街安全问题也是本次老城区交通整治关注的重点问题，主要体现在以下两方面：首先，交叉口地区应设置清晰明确的交叉口人行横道，保障行人过街空间；其次，路段的行人过街设施间距合理，必要时设置行人控制的过街信号灯（图3-32）。

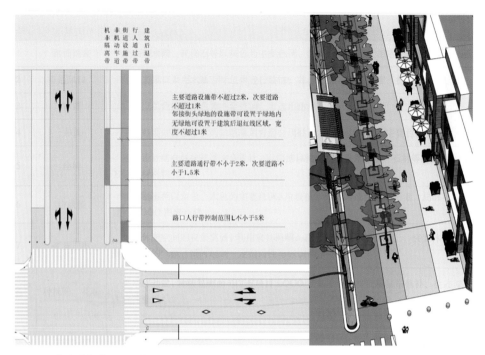

图 3-31　慢行空间布局图　来源：自绘

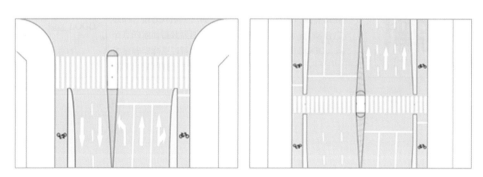

图 3-32　路口及路段增设过街安全岛示意图　来源：自绘

　　④重视道路景观建设，改善慢行空间品质。优美的沿街景观是打造良好慢行环境的必备要素，对于三亚这样的专业化旅游城市更是如此。因此本次交通整治建议所有新改建的道路进行交通工程设计和沿线景观设计，以达到道路交通功能和景观功能的统一（图 3-33）。

　　⑤独立慢行系统。在老城区整治过程中发现，确保慢行空间的独立性是保障行人通行安全和品质的关键因素（图 3-34）。因此，本次交通整治针对保证慢行空

道路设施带绿廊空间线状排列、树冠相连、高度适宜

生活区段　行政办公区段　文化、教育区段　企业办公区段
时间维度及空间尺度上采用不同的色彩突出变化

图 3-33　绿化景观设计示意图　来源：中国城市规划设计研究院.三亚市慢行交通专项规划 [R].2014.

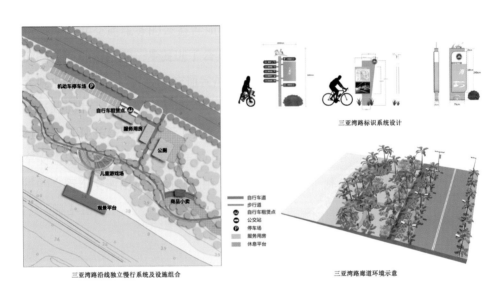

三亚湾路沿线独立慢行系统及设施组合　　　　　三亚湾路廊道环境示意

图 3-34　三亚湾路独立慢行系统　来源：中国城市规划设计研究院.三亚市慢行交通专项规划 [R].2014.

间独立性提出了以下几点要求：所有城市道路必须拥有独立的人行道，具备条件的城市道路应设置独立自行车道；交叉口地区应通过设置宽度合理的人行横道和安全岛，与道路两侧人行道共同构成统一的整体；严禁占用人行道、自行车道停车，采用完善机非隔离设施、设置阻车桩、加强道路日常管理等手段，限制非法占道行为。

（6）控增长调结构，严格停车管理

老城区是三亚城市的核心地带，必须优先考虑城市形象、旅游观光、商业氛围等因素，未来将是以公交和慢行为主的交通发展模式，不可能无限满足机动车的停车需求。所以，应对机动车泊位数进行严格控制，有计划地提供有限的停车供给。通过停车需求管理机动车出行量以达到改善交通结构，减少机动车污染，优化城市环境的目的。必须在专门的停车规划指导下开展系统、综合、有计划的停车设施完善和改造工作。

解决老城区停车问题，必须调整老城区泊位供给结构，以配建停车为主，严格执行较高的配建标准，并且鼓励配建位置从地上转入地下；同时在整体改造较为困难的大型商业设施周边建设公共停车场，解决若干集中停车需求点的拥堵问题；并逐步清理路侧停车，还慢行交通以良好的环境。

①确定政策指标，落实泊位配建。对于新建和改扩建项目需要严格执行本规划提出的停车泊位配建标准（表3-2）；鼓励相邻的建筑项目联合建设一个或者几个停车场，建成的停车场为周边的建筑项目共同提供停车服务，但停车场的规模不得低于各项目所需停车泊位的总和；配建停车场应当允许其他社会车辆停放，同时根据规定收取一定的费用。成立由城市规划、建设、交通管理等相关部门参加的验收小组，对新建项目的停车设施进行验收。若新建项目停车设施没有达到配建标准，项目不能投入使用。

三亚停车配建指标体系   表3-2

用地性质	分类		单位	机动车泊位数		
				严格控制区	适度控制区	协调发展区
住宅	高级公寓、别墅		车位/户	1.0~1.2	1.2~1.5	2.0
	普通住宅	90平方米以上	车位/户	0.7~0.8	0.8~0.9	0.9~1.0
		90平方米以下	车位/户	0.6~0.7	0.7~0.8	0.8~0.9
	保障性住房		车位/户	0.3~0.4	0.4~0.5	0.4~0.5
	单身公寓、职工宿舍		车位/户	0.2~0.3	0.3~0.4	0.3~0.4
办公	市机关、主要外贸、金融、合资企业办公楼		车位/100平方米建筑面积	0.8	0.9	1.0
	普通办公、写字楼		车位/100平方米建筑面积	0.3~0.4	0.4~0.5	0.5~0.6

用地性质	分类	单位	机动车泊位数		
			严格控制区	适度控制区	协调发展区
商业、餐饮、酒店	普通旅馆（招待所）	车位/客房	0.2	0.2	0.2
	中高档旅馆（宾馆、招待所）	车位/客房	0.2～0.3	0.3～0.4	0.4～0.5
	商业大楼、商业区、大型超市	车位/100平方米建筑面积	0.5～0.6	0.6～0.8	0.8～1.0
	肉菜、农贸市场	车位/100平方米建筑面积	0.3～0.4	0.4～0.5	0.4～0.6
	饭店、酒家、茶楼、歌舞厅	车位/100平方米建筑面积	0.6～0.8	0.8～1.0	1.0～1.5
医疗、教育	医院	车位/100平方米建筑面积	0.3～0.4	0.4～0.6	0.6～0.8
	中小学	车位/100人	0.4～0.5	0.4～0.5	0.5～0.6
	中专、职校	车位/100人	0.6～0.8	0.6～0.8	0.8～1.0
文化设施	影剧院	车位/100人	2.0～3.0	3.0～4.0	4.0～5.0
	展览馆、图书馆	车位/100平方米建筑面积	0.5～0.6	0.6～0.8	0.8～1.0
	体育场馆	车位/100座位	2.0～2.6	2.6～3.4	3.4～4.0
景区	旅游区、度假区	车位/1公顷占地面积	8.0～10.0	10.0～11.0	10.0～12.0
	城市公园、游乐场	车位/1公顷占地面积	2.0～2.4	2.4～2.7	2.7～3.0
	旅游（游览）码头	车位/千名旅客设计量	8.0～10.0	10.0～12.0	—
交通枢纽	汽车站	车位/千名旅客设计量			3.0～4.0
	火车站	车位/千名旅客设计量			3.0～4.0
	机场	车位/千名旅客设计量			4.0～5.0
	客运码头	车位/千名旅客设计量	6.0～8.0	8.0～10.0	—
公交站点	有轨电车站点	车位/高峰小时乘降量			
工业	厂房	车位/100平方米建筑面积	—	—	0.3～0.4
	仓库	车位/100平方米建筑面积	—	—	0.05

来源：中国城市规划设计研究院．三亚市中心城区与滨海地区停车专项规划 [R]. 2012.

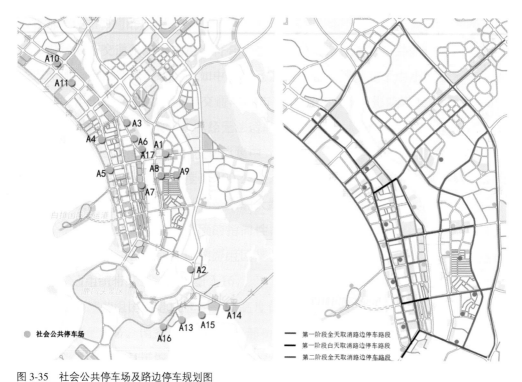

图 3-35　社会公共停车场及路边停车规划图

来源：中国城市规划设计研究院．三亚市中心城区与滨海地区停车专项规划 [R]. 2012.

②提升政策科学性，实行分区、分期、分类的差别化停车政策。实施停车分区差别化政策，对于老城区，采取公共停车场较高收费等策略实现停车需求，同时加大公共交通系统和慢行系统的建设，引导交通方式的转移，缓解停车压力。

实施停车分类差别化政策，对于主要的交通干道，特别是组团间所谓主要联系通道，两侧严格禁止路边停车；对于商业中心区、生活区等确实有路边停车需求的道路，应该和社会停车场统一考虑，在社会停车场服务半径之外有条件的道路两侧适量设置路边停车。必须按标准施画泊位，并有专人管理收费。按照鼓励路边短时停车，限制长时停车；鼓励路外停车，限制路边停车的总体思路制定灵活的收费政策（图 3-35）。

③整合优化停车泊位，发展小而密的共享停车模式。针对老城区停车配建不足、泊位缺乏的特点，本次整治强调小而密的停车泊位建设原则，同时加强停车共享，积极协调老城区内各企事业单位将本单位停车泊位对社会开放，同时探索居民委员会自筹、自建、自管的停车设施建设模式（图 3-36）。

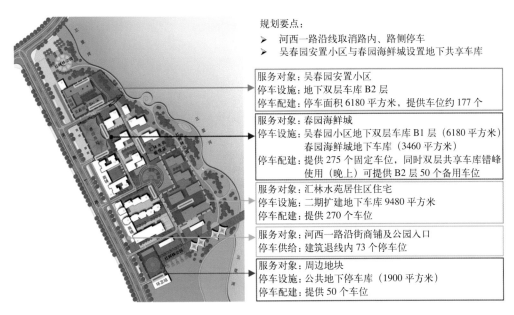

规划要点：
➢ 河西一路沿线取消路内、路侧停车
➢ 吴春园安置小区与春园海鲜城设置地下共享车库

服务对象：吴春园安置小区
停车设施：地下双层车库 B2 层
停车配建：停车面积 6180 平方米，提供车位约 177 个

服务对象：春园海鲜城
停车设施：吴春园小区地下双层车库 B1 层 (6180 平方米)
春园海鲜城地下车库 (3460 平方米)
停车配建：提供 275 个固定车位，同时双层共享车库错峰
使用 (晚上) 可提供 B2 层 50 个备用车位

服务对象：汇林水苑居住区住宅
停车设施：二期扩建地下车库 9480 平方米
停车配建：提供 270 个车位

服务对象：河西一路沿街商铺及公园入口
停车供给：建筑退线内 73 个停车位

服务对象：周边地块
停车设施：公共地下停车库 (1900 平方米)
停车配建：提供 50 个车位

图 3-36 春园海鲜市场周边地区停车改造方案图
来源：中国城市规划设计研究院 . 三亚市中心城区与滨海地区停车专项规划 [R]. 2012.

（7）增强道路通行能力，改造街道断面空间

①优化现有道路，提升交通能力。对解放路全线、胜利路南段、滨海路北段、榆亚大道等现状不能满足交通要求、已经出现较为严重的交通拥堵的路段，实施原有道路改造，进行交通工程设计，对道路断面、节点类型、公交港湾站尺寸位置、行人过街设施和机动车出入口等交通设施进行全面改造（图 3-37）。对于新风桥、三亚大桥、临春桥等现有桥梁进行改扩建，提高瓶颈节点的通行能力。

②交叉口渠化改造。交叉口渠化水平较低是目前影响三亚老城区道路通行能力的重要因素之一，本次规划在对解放路沿线、榆亚大道大东海段、新风桥以及两侧节点进行交通工程设计时，按照实测的转向流量和道路周边的大比例地形图，根据现场踏勘交叉口周边的实际情况，进行交叉口渠化设计（图 3-38）。

③干路路段机动车出入口整治。在解放路、榆亚大道等交通压力较大的干路限制沿线单位向干路开设机动车出入口，特别是在交叉口上下游禁止机动车开口。尽量将机动车出入口移至横向的次干路或支路上，确需保留或无法向横向道路开口的机动车出入口可以考虑相互合并，减少数量。例如解放路将现状 73 个机动车出入口中的 20 个调整到支路或者进行合并（图 3-39）。

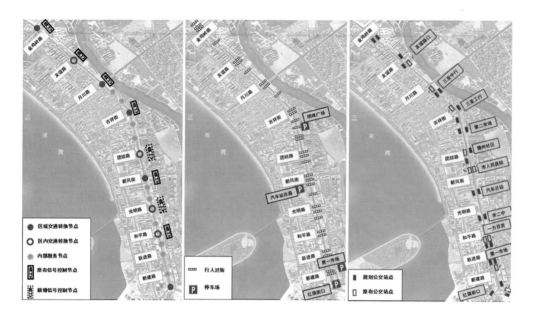

图 3-37 解放路沿线节点分类、过街设施、公交站点改造图
来源：中国城市规划设计研究院. 三亚市老城区综合交通整治规划 [R]. 2010.

图 3-38：三亚重点交叉口渠化方案图
来源：中国城市规划设计研究院. 三亚市老城区综合交通整治规划 [R]. 2010.

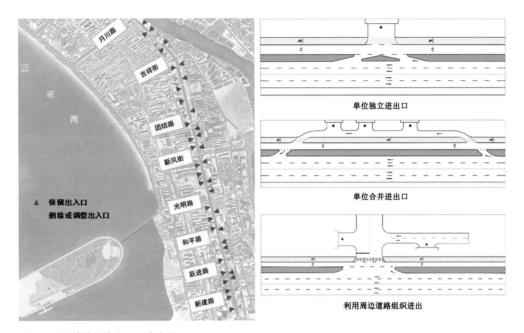

图 3-39 解放路沿线出入口改造图

来源：中国城市规划设计研究院 . 三亚市老城区综合交通整治规划 [R]. 2010.

三、三亚市海棠湾滨海绿化景观及步行道规划实践

（一）问题思考：城市优质公共空间的私有化

1. 问题：城市快速发展过程中，公共空间存问题

城市公共空间是城市空间的重要组成部分，是城市中面向公众开放并提供游憩、休闲、娱乐、交流等多种公共活动的重要场所，同时也是培养城市归属感、体现城市宜居性的重要源泉。但在我国日益加速的城市化进程中，由于受到指导思想、管理和市场经济规律等各方面因素的影响，城市公共空间的建设往往被忽略，公共空间尤其是优质公共资源普遍存在着"私有化"与"碎片化"的问题。

（1）城市公共空间"私有化"

近年来，城市公共空间成为各方争夺利益的焦点。在以资本为核心、以利润最大化为导向、以地方政府过于追求 GDP 与形象工程为特征的大背景下，城市建设往往屈从于资本，城市公共空间在生产或再造过程中产生了公共空间私有化、公共空间差别化、公共空间橱窗化等问题，这些问题的产生极大损害了公众的空间权益。

公共空间，尤其是旅游城市中优质公共资源的"私有化"问题在我国城市发展过程中频频出现，公共资源利用的不公平问题日益突出。城市优质公共资源"私有化"的不公平现象是社会不公平的缩影，这种不公平是建立在对资源占有及享有不均的基础上，不但没有照顾到低收入人群，反而侵占了大多数人的利益，成为造成社会系统内部不稳定的因素，阻碍了和谐社会的构建。

（2）城市公共空间"碎片化"

在我国城市空间高速膨胀和急速发展的过程中，城市公共空间建设相对滞后，城市建设用地挤占城市绿地的情况时有发生。公共空间的私有化与被挤占的现象导致城市公共空间呈斑块状布局，城市公共空间之间、公共空间与其他用地之间缺乏有机联系，很大程度地影响了城市空间网络的整体性，导致城市公共空间呈现"碎片化"特点。

2. 思考：城市逐步转型过程中，公共空间再释放

城市公共空间的品质直接反映出城市整体空间结构与居民生活环境的优劣，其"私有化"、"碎片化"等问题虽然是快速城市化过程中的普遍现象，但同时也是我们城市工作者需要深入研究并予以消除的，以此促进城市的良性发展，这也是"城

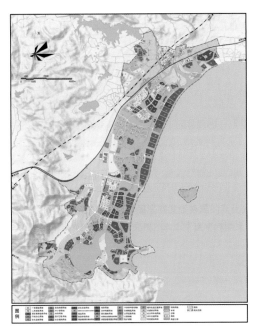
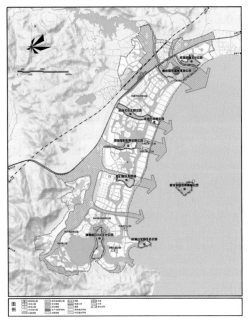

图 3- 40　海棠湾用地规划图　来源：自绘 　　　　　图 3-41　海棠湾绿地生态系统规划图　来源：自绘

市修补、生态修复"的目的所在。在城市转型发展过程中，要实现公共空间的"再释放"，需要从"增强公共性"、"增强系统性"两个方面考虑。

（1）增强公共性——私有化公共空间逐步开放

城市的公共空间资源作为重要的公共资源，理应成为各个社会阶层共享的资源，为社会公众的利益服务。增强城市公共空间的"公共性"，首先需要健全法律法规，建立一套既满足城市实体资源配置，又能有效促进非实体资源合理分配的规划体系，在制度层面保障公共空间的"公共性"；其次需要完善公共服务设施，植入公共性廊道，对已私有化的公共空间增强开放性，"拆违透绿"逐步置换用地，在实施层面保障公共空间的"再释放"。如杭州西湖的高档会所正在逐步转变为大众茶馆、湖畔讲堂等大众可进入的公共性场所（图 3-40）。

（2）增强系统性——建立完善的公共空间体系

需要创造完整的城市公共空间网络，提高城市公共空间的可达性，保护人在城市公共空间中活动的连续性，使公共空间真正成为市民生活的一部分，并逐渐建立起公共空间系统与其他功能区的友好联系。如新加坡引入"绿地连接器"的概念，利用一系列的线性绿地将各个开放空间、公园绿地联系起来，使散落斑块状的绿地系统发展，极大地增强了城市公共空间的系统性与可达性（图 3-41）。

（二）现状解析：三亚海棠湾公共岸线利用评估

三亚海棠湾位于海南岛南端，三亚市的东部，定位为"国家海岸"旅游度假区、世界级度假天堂，以及多元化的热带滨海旅游休闲度假区与国家级海洋科研、教育、博览基地。海棠湾拥有22公里长的岸线资源、14公里长的内河水系。经过十几年的发展，海棠湾目前已成为引领中国热带滨海旅游和高端现代服务业的核心地区。世界顶级的32家超五星级酒店每年接待数百万高端游客。海昌、亚特兰蒂斯等一批享誉全球的主题公园蓄势待发，尖端水平的健康产业已具规模，代表顶尖教育水平的中国人民大学附属中学、瑞士洛桑酒店管理学院、解放军总医院、恒大医疗、恒大体育等一批高端公共设施均已落户海棠湾。

1. 公共空间系统初成体系，但系统性与连通性较弱

当前海棠湾城市已建设用地占规划建设用地规模的30%以上，滨海一线地带已初步建设完成，酒店用地及基础设施用地（道路交通用地）实施比例较高，为海棠湾旅游度假区的全面建设奠定了基础。城市公共空间系统建设初具规模，公共空间系统中的"一湾"（滨海防护林及绿地）、"一带"（沿内河水系滨水绿带）实施效果显著，道路绿化已经基本覆盖。

在海棠湾的建设实施过程中，公共服务设施用地与绿地建设进度较酒店用地及基础实施稍缓，公共空间与岸线空间的连通性较弱。在横向联系方面，滨海一线与二线联系较弱，大型公园尚未实施，河道与海岸之间缺乏空间联系，绿地空间布局零散、系统性较差。在纵向联系方面，长达22公里的沙滩缺乏步行设施，没有提供相应的公共服务，连通性较差。

2. 公共岸线出现私有化倾向，公共海滩可达性较弱

当前海棠湾滨海酒店带中，已经投入使用和开工建设共计12家酒店，但酒店间通海绿廊尚未建设，部分海防林被砍伐修建酒店绿地供酒店住客享用，规划的大海之门公园和海洋之恋公园两个滨海公园被建设用地侵占。除通过酒店大堂进入海滩外，位于海棠湾北侧的海棠广场是当前市民与游客进入海滩的唯一途径，公共岸线出现私有化倾向，岸线资源可达性较弱。

3. 滨海公共岸线资源的"碎片化"

滨海公共岸线资源因其公共属性，在规划之初往往多用于广场、公园、商业设施等公共用途，但在建设过程中普遍存在着建设用地挤占绿地、公共服务设施与公共空间建设滞后等问题。这些问题导致滨海公共空间的系统性和连通较弱，

图 3-42　公共空间系统横向、纵向缺乏联系　来源：自绘

绿地空间零散布局与滨海岸线可达性差等问题普遍存在（图 3-42）。

（三）实践成果：穿针引线，织补空间——海棠湾滨海步道项目实践

为解决海棠湾滨海公共空间连通性与可达性不足的问题，落实三亚"双修、双城"的工作部署，我们编制了《三亚市海棠湾滨海绿化景观及步行道规划》，在海棠湾滨海一线地带规划了一条南至铁炉港、北到椰洲湿地、全长 25.52 公里的滨海慢行步道。规划坚持"生态文明为主线，绿色体验为基调，健康旅游为特色，特色文化为底蕴"的四大原则，南段（海岸大道与海棠北路交叉口以南，不包括301 医院段）长 5.35 公里，北段（海岸大道与海棠北路交叉口以北）长 20.17 公里，首期示范段约 1.73 公里。

1. 破解碎片化，增强系统性——建立"山、海、林、田、湖"完整的公共空间体系

《三亚市海棠湾滨海绿化景观及步行道规划》项目包括了海棠湾滨海步道与通海绿廊两部分内容。打通了海棠湾二线地带到滨海一线的 14 条面海通道，串联8 个滨海公园，贯通公共海岸与海棠河岸，串接 5 条绿楔，建立了海棠湾"山、海、林、田、湖"完整的公共空间体系，以期将海棠湾建设成为体现生态文明的滨海公共空间典范。

2. 破解私有化，增强公共性——具体选线对接开发商，滨海空间"再释放"

（1）协商——对步行道涉及的已开发地块与开发商进行协商

在选线过程中，我们对滨海步行道涉及的 16 个已营业或建设中的滨海一线酒店进行分析，把每段能够进行规划设计的范围进行了详细的梳理；并针对首期示范段涉及的 3 个酒店与开发商进行协商，在尽量避免干扰酒店度假空间的基础上，使步行道部分选线结合酒店现有滨海绿地空间，增强私有化空间的开放性，实现

滨海岸线公共空间的"再释放"（图 3-43、图 3-44）。

（2）选线——遵循低扰动原则

具体选线遵循低扰动原则，避让海防林木麻黄，避免干扰酒店度假空间，充分利用现状空间（图 3-45、图 3-46）。线路中将分为以下三种类型：

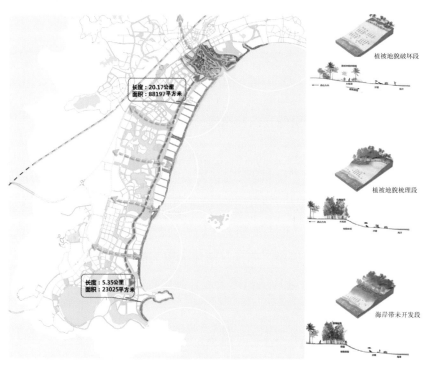

图 3-43　滨海步行道选线平面图　来源：自绘

图 3-44　滨海步道：打通滨海一线与二线，串接滨海公共岸线与海棠河　来源：自绘

原生植被破坏型：此类沿岸的酒店多建设较早，由于海岸管理条例未落实，酒店的建设破坏了原有沙坝地形及木麻黄林带。尽量不打扰酒店私有室外活动区，保证酒店室外空间的私密性；同时不在酒店沙滩运动区、阳伞区等为酒店住客提供服务的区域穿行；结合绿地边缘，设置低扰动穿行线路。

植被地貌梳理型：此类酒店多建于2013年以后，遵守了海岸管理条例，保留了沙坝地形，对木麻黄林带进行了梳理并设置了休闲木栈道。在保证酒店室外活动区私密性的前提下，绿道与酒店已建滨海木栈道相衔接。

图 3-45　选线结合现状步道　来源：自绘

图 3-46　灵活选线，营造多样的空间体验　来源：自绘

海岸带未开发型：此类地段基本保持了原有的地形地貌及植被特点，但景观效果较差。绿道选线位于木麻黄林邻近海滨一侧边缘，既保证酒店室外空间的私密性，也为绿道使用者提供一个较为开敞、可欣赏海景的步行空间。

3. 因地制宜，尊重原有植被与地形

步行道充分尊重原有植被与地形，采用低扰动打桩架空木栈道结构，做到景观生态可逆。整体岸段按所处位置与周边条件分为三种类型：北段与椰洲湿地公园相结合，对接湿地公园修建性详细规划图，步行道宽度在 2 ～ 3 米之间，尽量减少对湿地的影响；中段与滨海一线酒店和滨海绿带相结合，保留原有海防林，局部近人尺度结合观光道进行营造；南部与自然山体相结合，木栈道宽度为 2 米，局部结合现状步道，尽量减少对山体的破坏（图 3-47、图 3-48）。

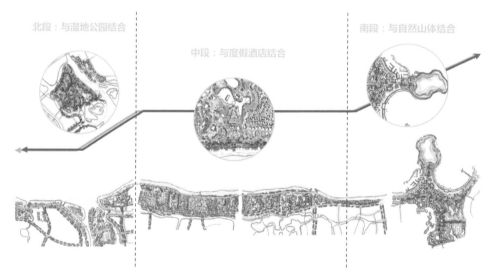

图 3-47　滨海步道分段　来源：自绘

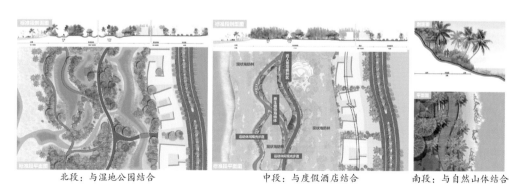

北段：与湿地公园结合　　　　　中段：与度假酒店结合　　　　南段：与自然山体结合

图 3-48　滨海步道分段断面图　来源：自绘

4. 根植本土——选用乡土植物

我们充分考虑海防林的生态功能，并与三亚市园林部门对接，所选苗木品种全部选择海南本土树种，如琼崖海棠、黄槿、金边露兜、大叶榄仁等；地被植物选择草海桐、马鞍藤、海刀豆、海芋等。这些植物既体现了海南本土特色，又适合海滩生长，起到良好的防风固沙、抵御台风的作用。同时结合海绵城市设计总体考虑，结合场地现状竖线条件设置下凹式绿地，结合栈道设置卵石边沟，共同形成海绵系统。

（四）实施效果——首期示范段建设情况

首期示范段工程位于海棠广场北侧，包括"海棠广场至索菲特酒店滨海步行道"与"三条通海绿廊"两大部分。其中，滨海步行道一级路宽 3 米，长 1300 米，二级路宽 2 米，长 1476 米；三条通海绿廊一级路宽 2.5 米，总长 1718 米，二级路宽 1.5 米，总长 742 米（图 3-49）。

图 3-49 首期示范段鸟瞰效果图　来源：自绘

作为游人进入海棠湾沙滩的门户地带，首期示范段工程以景观栈道为线索串联休憩节点，共同构建完整的滨海带状公园景观。通过木栈道的串联，将游人引入功能节点中。通过在林缘、林下、林中空地等区域布置小型科普场地与休憩空间，为游人提供一处亲近自然、亲近海洋的场所（图 3-50、图 3-51）。

图 3-50　首期示范段节点空间建设情况　来源：作者拍摄

图 3-51　首期示范段步道空间建设情况　来源：作者拍摄

四、月川村棚改项目

（一）问题思考

1. 城中村价值的再认识

在过去的一个时期，"城中村"因为低廉的生活成本吸纳了大量低收入人群的入住，使得城中村的环境一直得不到改善，从而被当作城市中藏污纳垢的毒瘤，往往被直接拆除。城中村作为"城市修补"的一个重点对象，其所蕴含的价值却长期被忽视。城中村作为城市空间中的原生聚落形态，相较快速规划建设的区域，较为完整地保存了城市发展演化的生态、人文、功能等信息，对发掘和弘扬城市特色具有重要的价值。

从生态角度来看，城中村所代表的传统聚落在对自然的改造上相对慎重，较少大规模的干预和破坏，与环境形成了较好的共生关系，对自然环境的景观价值也有基于朴素哲学观的合理利用。

从历史角度来看，未尝间断的演化过程使城中村蕴藏了大量的历史信息，除了被文物保护单位保存下来的历史建（构）筑物外，具有延续性的活动空间也有丰富的场所价值。

从社会角度来看，城中村现存的丰富多彩的居民活动也是其社会价值的一个重要组成部分，居民在传统空间中形成的生活范式，往往是最符合其空间逻辑的，而这种生活范式所具备的"仪式感"，正是给人以"乡愁"和身份认同的重要来源——这些都是在当代城市空间中很难找到的珍贵社会遗产。

2. 城中村价值的保存与弘扬

当前我国主流的城中村改造方式，即是完全拆除现有建筑，将之置换为容积率更高的高层住宅区。但是这样的改造模式，也不可避免地造成了以工业化建造的"标准空间"覆盖经漫长历史演化的"独特空间"的后果，使大量存在于生活细节之中的城市文化资源因为空间载体的变迁而逐渐湮灭，造成难以弥补的损失。

城中村所承载的信息对城市具有特殊的价值，应当在识别、提炼的基础上充分保留这些独特价值，使人民群众生活环境的改善与城市特色文化的保留相得益彰。

对城中村而言，除了文物古迹、历史建筑和古树名木这类已经在社会层面具有保护共识的对象之外，相对抽象的街巷脉络、活动场地也是重要特色信息的载体，应被纳入保护范围之中。针对抽象场所的保护也不应拘泥于传统的静态保护方式，而应该通过在规划设计方案之中赋予和植入新的功能来达到保护与利用的平衡。

（二）现状解析

1. 生态价值提取

月川村位于金鸡岭南侧，三亚河交汇处的北岸，两侧滨河，具有"近山临水、山水环抱"的优越环境区位，与南侧的丰兴隆公园隔河相望，是三亚山水生态相对敏感的区域，也是整个城市的生态景观核心区域。

2. 历史价值提取

（1）临川盐场的记忆

月川村是属于古临川里的历史村落，在郭沫若先生所纂的《崖州志》中即有提及，"月川，原名下村园。在三亚东南十里"。另据《三亚史》载，沿海自西向东为望楼里、番坊里、保平里、所三亚里、临川里；前四里是番民（回族）、疍民聚居的地方，他们"采鱼纳课"，也租佃民田农耕，由州河泊所管理，不设乡；临川里则以盐灶户为主体，受临川场盐课大使管辖。

过去三亚海盐的晒制，主要集中在州东临川盐场。三亚水和临川水（即今之临春河）交汇于毕潭港（今三亚港）汇入大海。临川水下游（今白鹭公园一带）有沙质河岸，可趁潮汐有规律的涨落闸海水晒盐，形成盐场。崖州的临川场，是明代琼州府六大盐场之一。

（2）传统村落的要素

与本地区其他的传统村落一样，月川村的中心位置也有一处村民聚集活动的空地。在这块"公共中心"周围有数百年的古榕树，可追溯到清代的关圣帝君庙；同时还有被视为村中"龙脉"的一口古井，都保存完好。

月川村同海南许多沿海村落一样，居民的祖上多是从大陆移民至此，不断繁衍生息。在月川，林姓村民最多，是村中第一大姓。据《月川族谱》记载，月川林姓共有五支，分别为廷魁公系、德舒公系、来甫公系、伯康公系与朝纷公系，各支谱系清晰，传承有序。各姓各支普遍建有宗祠，家族观念浓厚，村中的许多重要仪式都须在宗祠举行，以示有祖先见证。

（3）月川楼的往昔

在靠近村子中心的地方保存有一座民国时期的建筑，即著名的"月川楼"，是

图 3-52　月川村的历史遗存　来源：自绘

出身于月川的著名盐商林瑞川所修建的私人宅邸。林瑞川（1888-1974），字济航，月川村人，于1912年开始经商，以建造盐田为主，创办实业。作为当时崖县著名的实业家，林瑞川主张教育救国、实业救国，晚年居住于台湾期间仍然心系桑梓，临终时特嘱其后人回内地兴办实业。月川楼于1933年动工，1934年竣工，这栋中西合璧的建筑物是钢筋混凝土结构，不仅设计风格独特，融合了崖州传统民居与西洋建筑特点，且建筑材料全部从香港运来，是三亚地区近现代代表建筑之一。因为所处时代的治安混乱，特在庭院四角修建了防御用的炮楼。月川楼在当时的三亚乃至整个琼南地区远近闻名。时过境迁，如今月川楼原有的4座炮楼仅剩一处，但房屋的主体建构保存完好，仍然能见当年风采，可以说是三亚旧城范围内唯一保存较好的民国时期建筑，具有非常高的历史和文化价值（图3-52）。

　　3. 社会价值提取

　　三亚城市的快速发展吸引了相当数量的人口迁入，而月川村由于租金的低廉，为收入相对较少的外来务工人员满足了基本的居住需求，并提供了相应的社会服务网络。

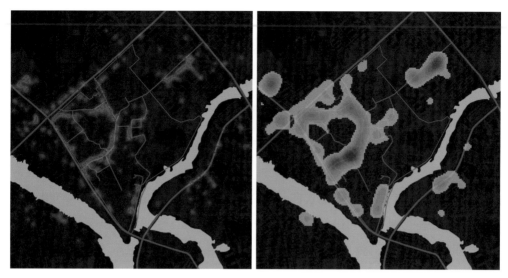

图 3-53　月川村内居民和游客行为分布　来源：自绘

以服务居民和游客的各类城市公共设施作为关键词在网络地图上进行检索，可以按关键词的类型得出相应的设施分布"热力图"，而热力的分布也可以较好体现出居民和游客在城市空间中的行为分布情况（图 3-53）。

（三）实践成果

1. 改造策略

（1）生态策略

月川位于三亚河的两河交汇地区，滨水空间的布局应遵循"滨水开敞、逐级跌落"的原则，应保持东西两河滨水空间的开敞性和连续性，保证滨水建筑界面的形象展示功能，改善滨水空间品质，并全面提升滨水区价值。

此外，应引导滨水建筑群的形态，使其向水面呈逐级跌落状，给滨水活动的人群提供良好的观景感受与城市图景。月川片区北临金鸡岭，建议打造月川与金鸡岭"望山廊道"，联系北侧金鸡岭、南侧水系及片区内部开敞空间。

（2）人文策略

保留并适度修缮月川楼、关圣帝君庙、宗祠等历史建筑以及古树、古井等历史文化要素，使其作为更新改造后的社区公共景观要素，并赋予其新的符合现代社区需求的功能且加以利用，为月川村民留下足以延续记忆和乡愁的标识物。

（3）功能策略

通过大数据分析的手段对月川现状的街巷活力进行识别与判断，选择其中活力最高的街巷空间，在改造提升的规划方案中以商业街道的形式予以保留，同时借鉴上海田子坊、厦门曾厝垵等成功的街区改造案例，使其成为以自主经营为主的、具有三亚地方特色的活力空间。

2.改造方案

（1）月川村改造的两个方案

基于当前的规划策略与月川村民的实际意愿等因素的综合考虑，根据对原有街巷空间保留程度的不同，制定了两个备选方案。

其中，方案一作为一个较为理想的愿景，完全保留了月川现有的街巷空间，以优化提升街道景观与市政公共设施为主，周边建筑在现有城市肌理的基础上主要采取自更新的方式（图3-54）。方案二作为一个折中方案，保留了现状一条最具有活力的主要街巷作为城市特色价值的集中展示空间，其他区域则采取整体更新改造的方案，力图在城市文化、村民意愿和资金投入方面取得综合平衡，使方案更易落实（图3-54）。

（2）月川滨河绿道方案与实践

月川的滨河景观属于三亚"城市绿链"绿地景观系统的一个组成部分，已经进入了施工阶段。"城市绿链"将月川过去较为碎片化的滨水绿地空间通过系统化的设计进行了有效整合，将在竣工后形成一处较为完整的滨水景观空间。

此外，在月川村自身的改造更新过程中，保留的街巷空间也将与滨河绿道相衔接，构成串联生态体验、历史体验与社会体验的完整休闲体验步行系统，使月川的景观体系与三亚城市空间完全融合成为一个有机整体。

□ 方案一：完全保留现有肌理

主要街巷
主要街巷：
对主要街巷进行修缮与空间织补

保留地块
保留地块：
片区内保留现状肌理，局部修缮

安置区
安置区：
村集体经营与村民安置

□ 方案二：保留老街，综合开发

活力老街
活力老街：
保留活力街区肌理，局部修缮

综合开发
综合开发：
内部地块进行综合开发

安置区
安置区：
村集体经营与村民安置

图 3-54　月川村改造方案一和方案二　来源：自绘

第二节　生态修复实践

一、抱坡岭山体生态修复

（一）问题思考：山与城，相克还是共生

1. 针对不同的地灾隐患提出相应的工程策略，保障城市安全

保障城市安全是所有山体修复的前提，规划将针对不同的地灾隐患提出不同的工程策略。首先，为解决安全问题采取的工程策略包括：地面平整、高危陡坡防治处理、松动危岩体防治处理、孤立岩体防治处理措施、岩堆防治处理、采石坑防治处理、泥浆淤泥池防治处理等。针对岩堆、采石坑、松散危岩体、孤立岩体、高危陡坡和临空断面、陡坎等不同的地质现状，采取针对性的措施恢复山体。其次，为了巩固效果，抱坡岭山体修复必须采用覆绿的方法。根据山体地貌地质特点，结合前面的植被选择，为达到覆绿效果，使用挂网喷播、V形槽和退台绿化三种复绿技术方法。40°~70°的边坡采用挂网喷播进行整体绿化；70°以上边坡利用 V 形槽加强山体绿化效果；10°~40°的边坡采用退台台阶上砌筑挡墙做种植槽，回填种植土进行种植绿化。通过工程措施基本可以解决抱坡岭山体滑坡、崩塌、泥石流、地面塌陷、地裂缝、地面沉降的地质灾害隐患。

2. 恢复山体生态系统，改善城市生态基底

依据生态学的相关理论，抱坡岭山体生态修复采用以自然修复自然的理念，恢复矿山开采被破坏的生态系统，恢复生物多样性，其主要措施就是植物群落营造，使生态系统恢复并维持在一个良好的 状态。因此，本次工作的核心策略就是制订植物选择标准。

第一，针对不同的土壤类型、不同的气候条件，选择适宜生长的树种。造林树种主要选用波罗蜜、文椰三号、花梨、沉香和海南红豆等生态乡土树种。25°以上坡地选用生态型乡土树种如花梨、沉香、海南红豆等生态林树种，在缓坡地、平地可以选用文椰三号、波罗蜜等景观型乡土经济树种。

第二，营造混交林，使得在既有生态效益的前提下，短期内又有一定的经济效益。

第三，草籽选用抗旱、抗热、耐践踏的百喜草、柱花草等进行撒播，有条件的地块也可选用专用组合草籽进行播撒。

第四，为了加快人工植被群落向自然群落的转型，最终进展演替至顶级群落，必须对覆植后的养护工程进行合理的设计。设计的内容包括：灌溉系统（浇水、蓄水、排水、施肥）和防护系统（防土层侵蚀、防风、防病虫害、防有害植物等）及其运作方式等。

通过覆植措施，基本可以解决抱坡岭山体生态失衡、生物多样性降低和环境污染问题。

3.完善山体城市服务功能，带动城市活力

抱坡岭片区未来不仅要修复、解决安全问题、生态问题等，更应从人与自然和谐共生的角度出发，营建山地公园，丰富抱坡岭所应承载的城市功能，完善周边地块的配套服务功能，真正形成三亚北部的活力中心，实现多元共赢的综合效益。为了实现这一目标，主要采用以下策略：

（1）定位——建立生态主题型的山体公园

通过对抱坡岭场地空间特质、资源要素和设计主题的分析，丰富抱坡岭片区的发展目标和功能定位。

首先是对场地空间特质的分析，具体包括城乡交融、过渡转接，景观优越、绿色生态，多元主体、建设杂乱等特质。结合片区的区位条件、周边情况和三亚市的要求，规划确定抱坡岭公园应发展成为新型城镇化背景下具有三亚特色的门户景观片区（图3-55）。

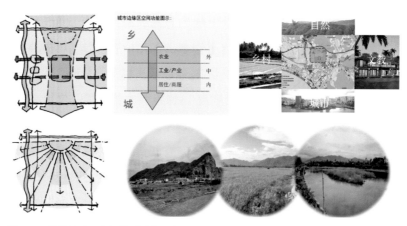

图3-55　抱坡岭公园空间特质分析　来源：自绘

其次是对场地及其周边要素的分析。其中，场地内的自然要素包括"山、水、田"，人文要素包括"筑、文、队（农场场队）"。此外，规划还分析了景观视廊、道路系统、基础设施、周边项等要素。

再次，结合抱坡岭公园的发展目标及要素分析，规划提出了片区的设计主题，包括"轴、台、园、门"。其中，"轴"构建由牛少坡、抱坡岭、月川湿地、鹿回头等开敞空间组成的城市的新中轴线，形成山水融城的空间格局；"台"根据抱坡岭公园现状地形地貌，结合高程高差，形成不同层次的都市看台；"园"表示把抱坡岭公园打造成三亚腹地的公园、乐园、田园、游园；"门"表示抱坡岭片区应依托独特的区位优势，突出其城市门户地位，建设成为三亚展示城市形象的新平台（图 3-56）。

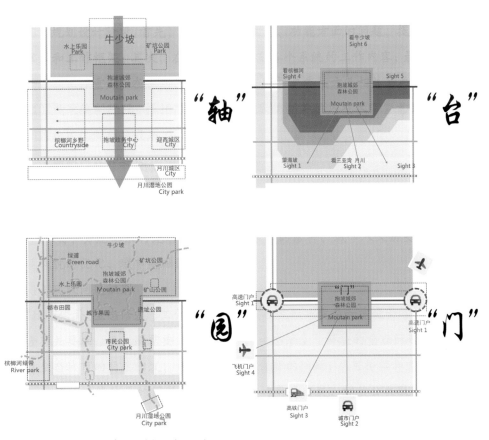

图 3-56 抱坡岭公园设计主题分析 来源：自绘

结合上述分析，规划确定抱坡岭公园的核心功能为生态环境优越的郊野公园、文化特色鲜明的主题游园、公共活动丰富的市民乐园及科技时尚融合的创意公园。力争通过设置生态型、主题型的抱坡岭公园，提升片区吸引力，填补山前地区旅游目的地的空白，成为丰富三亚城市功能、旅游功能的重要补充。

（2）系统——构建完善公园的结构和服务设施

结合抱坡岭公园的发展目标和功能定位，规划各类支撑体系，具体包括空间结构"一轴、一核、一节点、八片、多楔"、用地布局（科教用地、旅游商业服务用地、风情小镇用地、居住用地等）、交通系统（道路交通系统、慢性系统）、生态绿地系统、生态保护系统和市政基础设施系统（供水、雨水、污水、供电、通信、燃气、综合防灾）等方面。通过系统建设，使抱坡岭成为好用、可达、设施完善的片区（图3-57）。

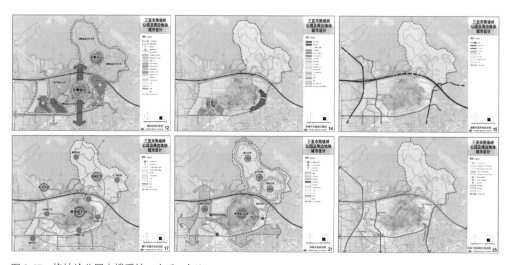

图3-57　抱坡岭公园支撑系统　来源：自绘

（3）内容——设置与山体资源相匹配的设施及活动

通过资源要素分析，利用城市设计手法，结合空间结构（"一轴三区"），策划各类丰富的活动，设置适用于市民、游客的各类场所（图3-58）。

首先，通过要素分析和国内外案例的研究，研究各类资源，可开展的活动。如结合片区自然山体资源，可设置山林步道、观景平台、体育活动、儿童游乐等

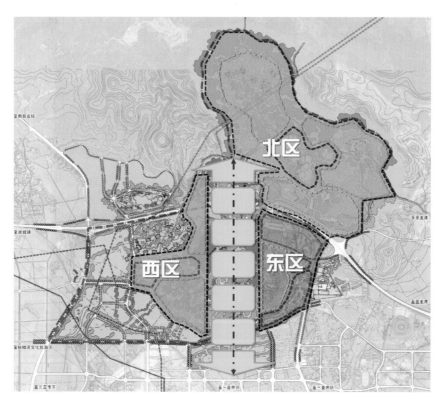

图 3-58　抱坡岭公园空间结构图　来源：自绘

设施；结合山林资源，可设置热带森林探险设施、热带水果采摘园、特色住宿、主题餐厅等设施。

其次，结合上述分析，利用城市设计空间结构落位活动、场所及配套设施。"抱坡岭公园中轴"可结合优越的自然条件，策划山地公园、矿山公园、登山步道、观景平台等活动，力争将其打造成公共活动丰富的市民乐园（图 3-59）。"抱坡岭公园北区"可结合矿坑修复区、森林等，设置森林公园、矿坑公园和汽车公园等三个主题公园。"抱坡岭公园东区"可结合工业遗址和三亚城市学院等周边文教设施，策划遗址公园、创意公园和文化风情园，力争将其打造成科技时尚融合的创意公园。"抱坡岭公园西区"可结合周边设施，策划特色风情小镇、特色居住区、特色商业服务等活动，力争将其打造成文化特色鲜明的主题游园（图 3-60）。

通过主题活动的策划、各类公园的落位和配套设施的规划，力争将抱坡岭打造成市民游客重要的活动场所。

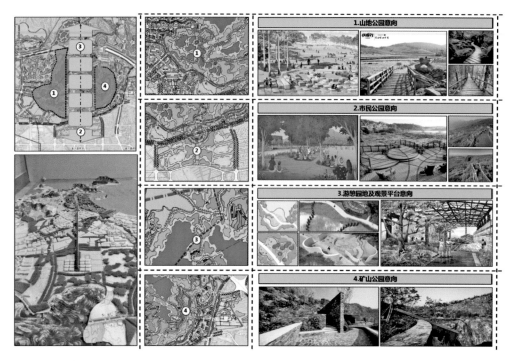

图 3-59　抱坡岭公园中轴策划的各类活动　来源：自绘

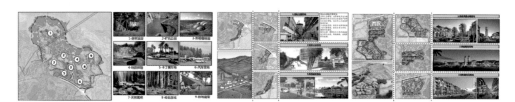

图 3-60　抱坡岭公园北区、东区、西区策划的各类活动　来源：自绘

（4）升级——明确山体周边地块产业发展方向及管控条件

以抱坡岭公园的总体定位及各片区所策划的活动为基础，研究周边地块现状业态，提出片区旅游服务配套产业升级发展的方向：对抱坡岭公园东侧及西侧的地块提出不同的业态规划要求，如规划中，东侧片区以北的原水泥厂的设备设施，发展会展产业、娱乐休闲产业等业态；中部重点发展科技研发产业、商务办公产业、培训教育产业、酒店配套产业等业态；南侧利用原水泥加工作业区布局特色风情园，重点发展旅游服务咨询产业、特色餐饮产业等业态（图 3-61）。

另外，为了更好地指导下一步开发建设，规划同样对片区设置了各类管控条件。

图 3-61 抱坡岭公园东区鸟瞰及效果图 来源：自绘

比如，规划严格限定了西部片区的用地类型、开发强度和开发高度。此外，规划还对片区的开敞空间、景观廊道、控制界面、海绵城市建设、环境艺术与公共艺术以及建筑风貌提出了严格的管控要求。

通过周边地块产业升级，完善片区的配套服务功能，同时丰富城市的旅游服务功能，使抱坡岭成为三亚的重要功能片区。

（二）实施效果

2016 年 6 月，住房和城乡建设部黄艳副部长在视察抱坡岭山体修复工程时指出：首先，三亚抱坡岭山体生态修复已经取得了明显的成效，下一步应重点围绕抱坡岭公园打造游客市民的活动场所；其次，目前，全国各地都在进行城市修补、修复、更新等相关工作，在这样的背景下，三亚开展了山体生态修复的工作，这项工作必须充分借鉴其他城市的经验，并融合当前最新的建设理念（比如城市设计理念、海绵城市理念、城市治理模式理念、投融资理念等），形成城市更新、修补方面新的技术方法和管理模式，成为全国其他城市开展此类工作的示范（图 3-62）。

图 3-62　黄艳副部长视察抱坡岭山体修复工程照片　来源：作者拍摄

1. 生态修复的示范区

抱坡岭公园目前覆绿面积达到 12 万平方米，片区内的土壤修复能力、物种多样性基本恢复，水土流失、环境污染问题基本解决（图 3-63）。

2. 活动丰富的中心区

随着抱坡岭公园功能定位的确定、策划活动的落位及地块产业的升级，未来抱坡岭地区将集聚大量人流，成为三亚北部的活力中心和展示三亚形象的门户地区（图 3-63）。

3. PPP 模式的试验区

抱坡岭公园总计投资 6000 万，目前已经完成投资 4500 万，并且都为社会资本投入。这种政府主导、市场参与的多元投资模式，为海南省特别是三亚市公共服务设施项目的市场化参与提供了有效的案例，尤其在合作方式、合同制定、政策支持等方面积累了充足的经验，形成了可复制可推广的模式（图 3-63）。

图 3-63　抱坡岭公园过去、现状修复及未来发展对比图　来源：自绘

二、月川生态绿道及两河景观规划实践

（一）问题思考

1. 问题："重局部轻系统"是当前城市绿地建设的不足

近年我国城市绿地建设取得了很大成绩，建设了大量城市公园绿地，但更多的是关注局部地区的绿色空间提升，各个公园相互联系较少，造成城市绿地破碎化，虽然局部地区生态环境得到改善，但在城市系统方面无法发挥基础性生态功能。

（1）绿地散碎化，生态效应未充分发挥，城市生态亚健康

绿地系统规划和城市绿地建设中聚焦在城市建设用地的配套上，忽视城区内外绿地的联系、城区内部绿地的生态性，长期的城市建设中城市建设用地优先，绿地填空，在城市中形成隔离、封闭、破碎、脆弱的绿地斑块。

（2）分散的绿地辐射范围窄，服务能力有限，难于全面融入市民生活

城乡居民对休闲生态绿地的游憩需求日益强烈，建成区中少而分散的绿地空间造成绿地服务功能不均，绿地服务半径不均。大型的绿色空间孤立地分布在郊野外，城市和郊区的开放空间之间缺乏相互联系的游憩系统组织，城市中缺乏人与人、人与自然的交流机会。

2. 思考：如何让绿色空间更健康，惠及更多人

波士顿"翡翠项链"是以河流为中心，以一条 60 ～ 300 米宽的绿色廊道，将河边湿地、综合公园、植物园、公共绿地、公园路等多种功能的绿地连接起来的绿色网络系统。城市任何地点不需要花很长时间就能到达公园，在公园系统中还为儿童设计了游戏场地，为残疾人士提供了游憩场所，道路宽敞有林荫，被波士顿人成为"翡翠项链"，对城市的健康发展起到了很好的引导作用。新加坡利用排水渠道、防护绿带和河道系统，把主要的公园、自然保护区、天然绿地、主要景点以及交通枢纽等连接起来。绿道作为串联城市绿色空间的廊道，联系散碎绿地以形成网络化系统。伦敦绿环通过不同类型的绿道叠加网络，包括作为休闲线路的步行绿道，以通勤为主兼顾有休闲功能的自行车绿道，以及可作为野生动物栖息地的生态绿道等。

国外的绿道建设与我们所处的时代不同，但是与我们的城市发展阶段相似。在城乡快速扩张、城市缺乏绿色空间、生态绿地少而零散的城市发展过程中，绿

道建设作为对绿色空间进行改造、提升、美化的公共产品出现。《中共中央、国务院关于进一步加强城市规划建设管理工作的若干意见》提出优化城市绿地布局,构建绿道系统,实现城市内外绿地连接贯通,将生态要素引入市区。如何通过更合理的绿色空间促进城市健康可持续发展,使绿地作为公共产品更好地服务市民,是城乡建设工作者需要思考和实践的问题。

3.通过绿道和绿廊建设,促进城市生态系统格局完善

(1)绿道和绿廊串联城市绿地节点,形成网络

从传统绿道的以绿道选"线"为主,转到营造"绿廊"空间。在以往的绿道建设中,往往强调对自行车道、步行道等线性空间的景观建设,而忽视对绿道所在绿色廊道空间的整体建设和提升。从对城市空间发挥更积极的意义来看,绿道应当成为绿色公共空间的纽带,联系破碎的生态斑块,增加生态及游憩用地,同时促进公园建设及周边城市地块的更新。

(2)恢复河流林网等自然廊道,发挥更大生态效益

通过绿道促进滨河空间的生态恢复、湿地系统的生态恢复、动植物廊道栖息地的保护,通过确保绿色廊道的贯通和宽度,最大程度地发挥绿道的生态功能,为生物提供栖息地,让破碎的斑块链接成体系,促进生物多样性保护,让城市回归自然,自然融于城市。

4.通过绿径和绿环建设,让绿色更好地为公众服务

(1)扩大绿地的服务半径,惠及更多市民

随着城市化的快速扩张,绿道能为户外活动提供所需的空间,并为居住在远离传统公园的市民提供接近自然的机会。绿道线路优先串联人口密集区域,提高绿色空间使用效益。同时,绿道建设也能吸引旅游者,为周边的旧城复兴、商业发展提供催化剂,促进周边房地产升值。

(2)形成绿色漫游空间,打造休闲健身绿环

规划绿道线路尽量成环、成网,通过建立慢行系统、提供标示解说系统、完善游憩系统,让周边社区的居民能顺利地、快速地使用绿道空间。如奥姆斯特德认为理想的通道格局是"城市的任何一个地方都毗邻公园道路,走在通道内能获得一种持续的消遣娱乐"。绿道成为居民的户外休闲空间、交往空间,为居民提供散步、慢跑、骑车、钓鱼的空间。

（二）月川绿道选址思考

1. 枢纽区域，山水环绕

月川片区位于三亚东河、西河交汇的扇形地带，是三亚市区重要的滨海二线腹地，向北与山体有着密切的联动关系，向南与滨海一线有着明显互动和支撑联系；是大三亚湾"美丽客厅"的重要支撑腹地，在未来的三亚市"山海相连"的宏观构思中有着不可替代的作用。

首先，月川片区是三亚实现"指状生长，山海相连"的中间枢纽地区，是实现海陆承接的重要片区。其次，月川片区与周边的抱坡岭中心、高铁站、活力中心、阳光海岸等几大重要城市功能区片联动特征明显，处于多元的城市发展环境中。再次，月川片区位于老城区域城市新区之间，各组团处于不同的发展阶段，面临多元的城市问题和机遇。

月川片区自然要素丰富，既有金鸡岭山体和湿地公园水系，又有滨水的红树林带，地形呈现为浅丘地貌，地势较为平坦，适于开展城市建设。金鸡岭位于月川片区的居中位置与外围的牛少坡、狗岭和鹿回头"三丘相映"，具有丰富的自然生态环境；与此同时，三亚西河和东河分别从月川片区两侧流过，形成了天然的半岛形态，在金鸡岭东侧有湿地公园的水面，水系形成了"环城碧水织四脉"的格局，给月川片区提供了良好的水体自然资源环境。

2. 绿地空间破碎，系统性有待强化

三亚绿地经过多年建设，取得了不少成就，制订了完整的绿地系统规划，但主要节点性绿地实施、联络型绿地廊道长期得不到重视，这方面应当成为下一阶段的建设重点（图3-64）。

（1）城市绿地呈斑块状分布

三亚绿地面临现状绿地呈斑块状分布，格局不连续，布局不均；部分规划绿地难以实现，市民对滨河、山体的感知度较低等问题。月川片区内大量规划绿地未实施，现状绿地呈破碎化状态，部分滨河区域垃圾堆积，治安较差，成为平时居民避而远之的地方。

（2）城市发展破坏自然山水的整体性

三亚的整体空间格局中山河、山海、河海之间联系不足，城市中的河流、山体之间缺乏相互联系，破坏自然生态过程。随着建成区的扩展，城市建设用地逐渐扩展到山前地带，山体周围用地发生了很大变化，浅山区域被建设用地侵占现

图 3-64　月川片区现状绿地与规划绿地对比图　来源：自绘

象明显。三亚河和临春河周边水系支流（如月川中轴区域）被填埋，红树林湿地逐渐减少。部分滨河区域被城中村、停车场挤占，成为城市的灰空间（图 3-65）。

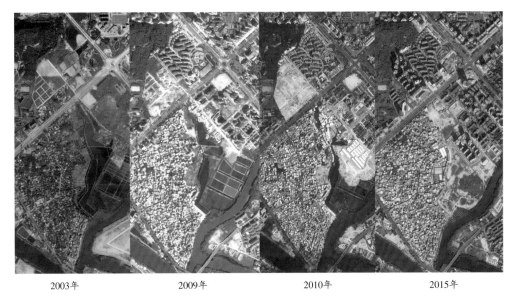

| 2003年 | 2009年 | 2010年 | 2015年 |

图 3-65　月川片区水系及浅山区域空间变化航拍图　来源：Google earth

3. 人口密集，游憩空间不足

（1）滨水空间开放性差，不易亲近

三亚市月川河、临春河穿城而过，使得城市风貌既有热带滨海城市的风情又有滨河城市的风韵，但是现状大部分滨水空间未进行景观梳理，可达性较差，游客和市民对滨水环境的感知性不强；现有驳岸设计考虑防洪功能为主，大部分进行水利工程的硬化处理，缺乏亲水性；部分河段被围进新建居住区中，仅供居住区内部居民使用，公共河岸私有化；已建部分滨水景观视觉质量较差，缺乏吸引力和凝聚力，滨水沿线缺乏可停留的空间（图 3-66）。

图 3- 66　滨河及居民密集区域缺少游憩空间　来源：刘圣维拍摄

（2）市民绿色休闲健身空间不足，贴身公园少

中心城区中绿地休闲建设空间较少，现有市民活动主要集中在三亚湾及两河的下游，绿地中的服务设施不足。月川片区周边以居住用地为主，区内分布有约十万居民。同时区域有月川村、丹州村两个城中村，人口密集；该片区现状仅建成中铁置业广场及巴哈马片区约10公顷的公共绿地，绿色空间严重不足，与此匹配的游憩设施也极为缺乏；绿色空间的品质较低，历史文化景观缺乏挖掘（图3-67）。

图3-67 滨河片区驳岸硬化，可达性差 来源：刘圣维拍摄

（三）规划策略

1. 规划"城市绿链"，修补中心城区绿色空间

（1）整合月川片区绿色空间，构筑生态网络

通过绿道整合滨河空间，形成连续的绿色开放空间，促进和提升红树林公园、东岸湿地公园、丰兴隆公园、巴哈马绿地、金鸡岭公园的建设，串联绿色空间，构建连续的生态廊道和游憩廊道。

（2）串联城市、公园、绿地、广场、滨海等魅力地区，让绿色更易亲近

规划绿道线路尽量成环、成网，方便居民使用进出。强调多样化的游赏方式，包括骑行、步行、亲水体验、红树林湿地科普等。绿道设计和选线环节上，充分依托现有的特色资源，构造登山揽海、山河相依、河海相连的绿色长廊，充分展示现有的自然节点、历史人文景观、城市公共空间、城乡居民点等，重要发展节点作为优先串联对象。

2. 滨河廊道生态修复，建立城市生态网络骨架

（1）恢复滨河开敞性和连续性，重塑滨水活力

恢复月川片区滨水空间的开敞性和连续性，提升滨水形象品质，形成滨水开敞的绿色景观空间，全面提升滨水区价值。

（2）恢复河流的自然过程，建设生态河道、生态河岸

将两河及周边绿地打造为一个系统性的绿色网络，从系统上解决雨水收集、净化、暴雨蓄滞等问题。对河道周边城市雨水管网进行梳理，根据汇水面积测算各雨水分区汇水量并根据汇水量确定河道内海绵设施种类与体量。

（3）保护与恢复两河的红树林湿地

规划对现状河道两侧红树林生长情况进行分级评价，作为恢复依据。通过"连"、"扩"、"整"、"用"四种技术措施进行红树林恢复。"连"：对沿岸不连续的红树林种植区域进行补植；"扩"：在不影响防洪的前提下，局部区域扩大红树林种植面积；"整"：对混入其他物种，且生长情况杂乱的红树林区域进行整理；"用"：结合游览组织，局部增加栈道等游赏设施。

（四）实践成果

1. 月川生态绿道

在该区域构筑绿环，为三亚中心城区提供一条"绿色项链"般的环状绿廊，同时为周边居民和游客提供一条休闲、健身及感受三亚红树林特色的休闲廊道（图3-68）。

（1）绿道串联，实现滨河绿色廊道贯通

通过拆墙透绿、收回被侵占的公共绿地等手段，实现贯通5公里、面积约10公顷的月川绿道一期，连接东岸湿地公园、红树林湿地公园、巴哈马公园、市民果园等公园节点，服务周边10个居住区及丹州村城中村，以红树林湿地恢复与展示为主要特色，有休闲游憩、体育健身、儿童游憩等服务功能。

（2）改造硬质驳岸，修复生态绿廊

设计在保留原有红树林的前提下，对原有场地硬质驳岸进行缓坡处理。通过补植木果楝、榕树等大型乔木，营造在滨水密林中体验漫步的空间（图3-69）。

（3）增加服务设施，营造绿色休闲游憩场所

在临近月川城中村的绿道线路中，与场地结合设计跳格子、滑梯等简单的儿童游憩设施，补充休憩功能（图3-70、图3-71）。

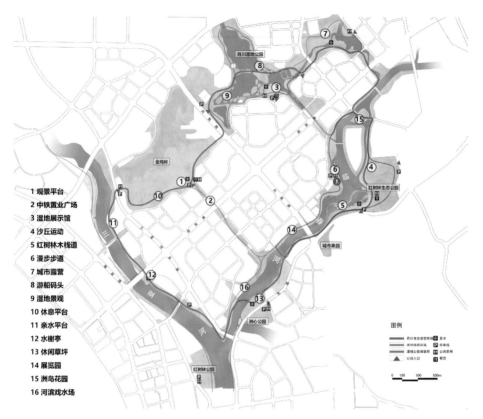

1 观景平台
2 中铁置业广场
3 湿地展示馆
4 沙丘运动
5 红树林木栈道
6 漫步步道
7 城市露营
8 游船码头
9 湿地景观
10 休息平台
11 亲水平台
12 水榭亭
13 休闲草坪
14 展览园
15 洲岛花园
16 河滨戏水场

图 3-68　月川绿道环线方案　来源：自绘

图 3-69　硬质驳岸改造　来源：自绘

图 3-70　营建绿色休闲场所　来源：作者拍摄及自绘

图 3-71　月川绿道建成效果　来源：王忠杰拍摄

（4）低扰动设计，减少对生境干扰

以低扰动的设计手法，降低对现状红树林生境的干扰，减少现状游步道宽度，增加绿化面积，减缓绿化坡度。梳理现状植被，保留长势良好的散尾葵、榕树等树种，补植雨树等植物，营造阴凉宜人的步行空间（图 3-72）。

图 3-72　低扰动设计——改造前后对比　来源：现场拍摄及自绘

2. 两河景观规划

三亚两河定位为以生态海绵理念为主导，以红树林景观为特色，集生态治理、旅游观光、市民休闲、科普教育等功能为一体的城市生态滨水开放空间。规划以"城市生态之脉"作为总体理念，以突出生态修复、强化功能整合、彰显地域特色作为规划原则，以"潮汐模式"的动态景观作为特色。两河像脉络一样在城市中延伸发展，通过对两河及周边公共绿地空间的生态化处理，集中解决红树林修复、市民休闲活动组织、滨河廊道贯通以及海绵设施布置的问题。将三亚两河打造成为"水上森林之河、浪漫休闲之岸、活力健康之廊、生态示范之带"（图 3-73、图 3-74）。

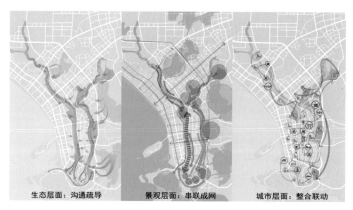

生态层面：沟通疏导　　　景观层面：串联成网　　　城市层面：整合联动

图 3-73　两河景观规划　来源：自绘

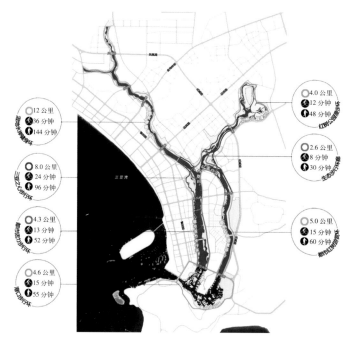

图 3-74　两河滨河绿道　来源：自绘

（1）恢复红树林生态系统

对河道中红树林及几处面积较大的集中绿地进行总体规划定位，依据游人干扰度对红树林进行划分，侧重生态栖息地、生态湿地净化、市民休闲、科普教育等不同功能，将红树林保护与利用有机结合。

（2）连通滨河绿道

重新整合滨河空间，解决私占河岸等问题，形成连续不断的滨水慢行绿道。强调多样化的游赏方式，包括骑行、步行、亲水体验等。根据不同的游赏体验，规划5条步行环，包括：都市活力步行环、都市红树林游赏环、三亚之心步行环、红树公园漫步环、湿地水岸健身环。

（3）修补景观空间

扩大滨河活动空间，将"点、线、面"有机组合。两河下游：以带状景观空间为主，打造连续滨河步行道及滨河广场。两河中心：打造标志性景观"两河绿心"，作为两河活动空间的核心区域。两河上游：采用散点式布局方式，形成多个主题内容的活动空间。

（4）打造海绵河岸

对河道周边城市雨水管网进行梳理，根据汇水面积测算各雨水分区汇水量，并根据汇水量确定河道内海绵设施种类与体量。将两河及周边绿地打造为一个系统性的海绵网络，从系统上解决雨水收集、净化、暴雨蓄滞等问题。

对紧邻河道的城市道路及公园绿地的地表径流收集。通过植草沟、下凹绿地、雨水花园等海绵设施，对地表径流进行收集，起到临时蓄滞的作用，减少暴雨季河道防洪的压力。

对从城市雨水管网排入河道的雨水的临时蓄滞与净化。在绿地空间较大的区域，设计系统海绵体系，收集城市雨水管网排水，并利用其打造生态湿地水系景观（图3-75）。

对城市管网中雨污混流的水体进行截流与生态湿地净化。通过潜流湿地的设计，对雨污混流水体进行生态净化。净化后的水体可作为公园绿化灌溉用水（图3-76）。

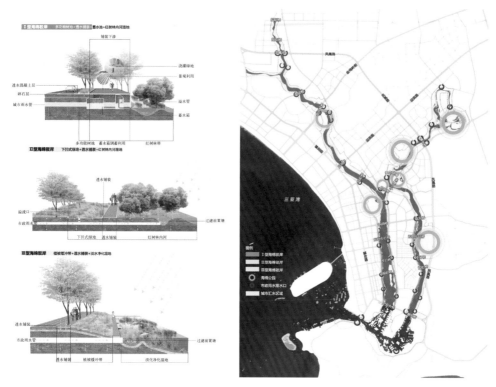

图 3-75　海绵河道改造　来源：自绘

图 3-76　两河河岸修复改造　来源：王忠杰摄影

三、丰兴隆生态公园设计实践

（一）问题思考

1. 重景观、轻生态的园林绿地设计价值导向

（1）景观导向、经济导向下的园林设计

在以往公园设计建造过程中，建设者与设计师通常都是从"景观"的角度出发，公园的定位、分区、功能布局都围绕着景观空间展开，强调人的视觉感受，强调形式上的美感，从而产生了一系列千奇百怪的创意（图3-77）。

图 3-77　目前常见的园林绿地形式　来源：http://www.dtfcw.com/html/special/201501/5620/1.html

尤其是在房地产业高速发展的近十年内，部分园林景观成为完全为地产服务的形式产品，平面构成、精致细节、高耗能、高维护的景观成为大家竞相追逐的对象。而本应发挥更大生态作用的城市大型公园绿地则成为带动房地产发展、拉升周边地价的最有效手段。因此公园的选址往往以经济价值优先作为第一考量标准，而不选在重要的生态节点上。

（2）园林绿地设计的价值回归

园林绿地的设计需要价值上的"回归"。古人造园所谓"虽由人作、宛自天开"，强调师法自然，这其中不仅是对自然山水的向往和追求，还有对于自然规律的敬畏。反观如今的大量公园建设中由于没能在人与自然之间找到平衡点，才出现大批的平庸之作，既没能满足人在公园绿地中寻找自然的诉求，亦未能实现公园绿地在城市中应发挥的生态价值，入眼的都是刻意而为的"设计"。

早在 20 世纪 70 年代，英国学者麦克哈格就在《设计结合自然》一书中批判了西方长久以来以人为中心的价值观，强调人与自然的结合，他提出设计应当在一个长远的历史角度看待过程，以取得利益的最大化。随着我国快速发展，环境问题日益凸显，人们普遍对于生态价值的认识也促进了生态设计广泛应用于各个

领域，公园绿地设计亦是如此。在未来公园绿地设计中，我们是否应该以生态价值为导向，该如何平衡人与自然，该如何寻找到设计与自然的结合点，这些正是我们在丰兴隆生态公园实践中的探索。

2. 生态设计在园林绿地中的思考

(1)"形式主义"与"自然规律"

在国家倡导生态文明建设的大背景下，尽管"生态"二字得到越来越多人的关注，但真正深入地探索和挖掘生态本质，并将其应用于园林绿地设计的案例却为数不多。"生态"更多时候成为一种设计行业的时尚。

虽然生态设计定义从广义和狭义角度不尽一致，不同的领域也有不同认知，但其本质是对自然规律的尊重与顺应，是对景观表象背后的生态过程的探究。只有深入理解了这种生态过程，我们才能解释"为什么红树林会生长在城市之中"、"为什么这里会成为候鸟迁徙的廊道"等一系列的问题，进而才能把握生态设计的分寸与尺度，顺势而为，营造真正的生态景观。

带着这样的思考，我们经审视发现，国内许多"生态公园"其实并不生态。可以看到许多作品是建设者为了迎合"生态"理念而刻意打造，破坏了场地乃至区域原有的生态格局，营造出一番人们主观追求的"生态景象"，并通过大量人力、财力进行后期维护。这样流于形式、本末倒置的案例随处可见。

(2)"千园一面"与"地域特色"

我们在不同的地区还常常会看到千篇一律的"生态设计"，同样的手法、同样的元素，被设计师拼凑组合在不同的地域环境之中，它们更像是一个个标签被贴在任何一个公园的角落里，似乎这样就标志着这个公园的设计是以生态为本，似乎这样的公园就能赶上时代倡导的生态潮流了。而结果就是"千城一面"的城市中，随处可见被冠以生态之名的"千园一面"的园林绿地。这样的做法同样误导着使用者对于生态内涵的深刻认识。

生态强调的是生物生存的状态以及和周边环境的关系，那么这就决定了生态是具有明确的地域特色的。在公园绿地设计当中，我们要考虑的是绿地的综合价值，生态是其中重要的一部分。而从生态角度出发，我们需要明确具体地块与周边环境的生态关系，明确其所存在的实际问题，并且按照自然发展规律对其进行生态设计，这就更加体现了每一个公园绿地的生态设计都具有其独有的地域特色。

值得一提的是，在公园绿地设计中那些由于过去的人类活动而受到破坏的生态环境，通过有针对性的生态修复设计，发挥其生态价值的这一过程，也是延续地域文脉、展示地域特色和重现场地记忆的过程。这也是我们在三亚园林景观设计建造过程中持续关注的。

（3）"小园林"与"大生态"

而随着城市建设发展中对园林绿地的重视，以及园林类型多样化的趋势，园林绿地所承载的生态作用就愈发凸显。尤其是以河道、山体、湖体为主体的大型公园的增多，使得园林绿地所承载的生态功能日益综合。

这样就要求园林设计不能只考虑用地内部的"小生态"，不能局限于"小园林"的打造，而应从城市角度出发，考虑园林在生态层面对城市的作用。缓解城市防洪压力、净化合流制溢流污染、保证城市综合水安全等都是园林在城市中应起到的"大生态"作用。

（二）丰兴隆公园选址思考

丰兴隆公园的选址经过了深入的思考（图3-78），从生态效益、公共空间、交通组织等多方面出发，将公园的综合效益最大化。

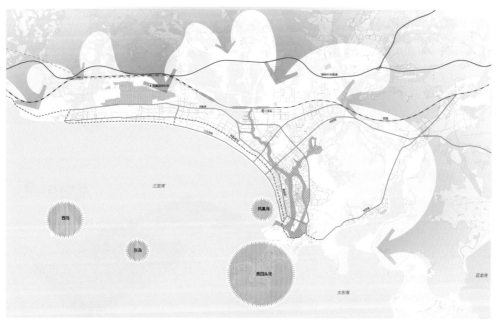

图3-78　三亚两河区位图　来源：自绘

1. 生态层面：两河交汇、生态咽喉

三亚两河交汇口位于三亚主城区的中心，空间上联系了不同的城市片区与组团。同时这里也是三亚两河沿线公共绿地资源分布最集中的区域，是两河生态系统的咽喉要道。多元的城市界面、充足的绿地空间、纷杂的生态矛盾，使其成为两河景观整治修复的"生态咽喉"。

2. 空间层面：居民聚集、空间短缺

两河交汇口周边的城市用地以大面积居住用地为主，居民对户外公共开放空间的需求迫切。而此区域虽然规划绿地空间充足，但违建侵占、建设滞后、设施不足等问题严重，不仅无法满足居民的使用需求，而且大大制约了这一地区的更新与发展。

3. 交通层面：河桥穿行、交通混乱

现状用地被河道和城市交通分成了5个相对独立的区域，交通组织混乱，人车混行严重，大大降低了公园绿地的使用效率，而且存在很大的安全隐患。

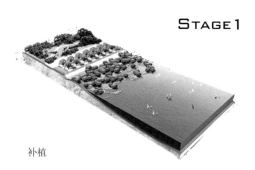

补植

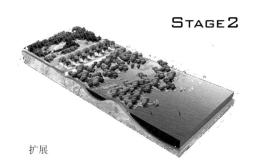

扩展

（三）设计策略

1. 综合性生态修复

（1）红树林生态系统的恢复

红树林是三亚两河最突出的景观标志，红树林生态系统的恢复是两河生态修复工作的重点。针对现状不同驳岸用地条件，采用不同的恢复措施，同时结合景观游览组织，打造集生态保护、科普教育、游览观光等功能于一体的红树林生态系统（图3-79）。

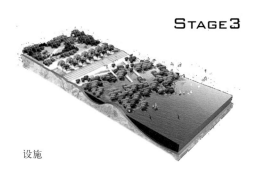

设施

图 3-79 红树林恢复模式图 来源：自绘

（2）乡土植物群落的构建

植物种植上突出热带地区植物特色，以"浓、密、荫"的复层种植形式为主，选用当地乡土树种，突出主题性植物空间的打造。

2. 水环境系统修复与海绵设施相结合

（1）生态海绵设施的应用与示范

公园作为海绵城市的重要示范点，设计过程中充分考虑雨水分区收集利用的设计方法。结合树根状的路网与水网形态，布置多种海绵设施，充分起到示范作用。

（2）合流制溢流污染的生态处理

在两河大的海绵系统之下，公园内海绵设施重点采用景观化的手法解决河道水体污染问题。设计具有净化功能的雨水净化系统，处理因城市管理及管网建设不健全所产生的合流制溢流对河道水体的污染。

（3）适应三亚特殊气候条件的水调蓄循环系统

三亚雨旱季分布极其鲜明，旱季蒸发量极大、雨季降水集中。为长期保证园内水质水量，结合海绵设施，建立一套水调蓄循环系统。将中水管网引入园内，同时通过景观化的工程措施，打造可以应对不同季节特征的水循环系统，同时体现中水回用的理念。

3. 人性化场所的构建

（1）环形步行桥串联缝合破碎空间

设计一条完整不间断的步行绿道环廊系统，沟通串联被河道和城市道路分割的绿地空间，构建人性化的游览组织系统。

（2）符合地域特色的人性化设施设计

结合三亚旅游季与淡季分明的特色，设计可满足不同功能的"潮汐模式"景观。同时考虑三亚长年高温、日照强烈的特点，公园设计充分考虑遮阳、降温设施的布置。

（四）实践成果

1. 公园定位

公园用地面积 16 公顷，定位为具有生态示范性的，以市民活动、科普教育为主的城市生态公园。公园设计充分体现规划理念的落实，具有极强的推广意义。

2. 实施重点

（1）建立生态水调蓄循环系统

对丰兴隆公园内的水资源、水环境与水安全的问题进行研究，建立雨水处理

图 3-80　工作人员进行公园方案讨论　来源：作者拍摄

系统及景观河道水质水量保障体系（图 3-80）。

①水质净化系统（雨水与尾水）。雨水通过地下混凝土雨水预处理池（No.2，400 立方米）预处理后，排入蓄水型生态滤池（No.1，2700 平方米）中。通过滤池净化后，雨水排入水体，其蓄水功能能保证其在非雨时期对水体的补给。另外将区域附近污水处理厂排出的尾水作为水体补水第二水资源，通过生态滤池净化后排入水体补水（图 3-81～图 3-83）。

图 3-81　厌氧沉淀　来源：自绘

图 3-82　曝气充氧　来源：自绘

图 3-83　人工植物槽＋人工湿地植物塘　来源：自绘

②水循环系统（含分配水系统）。为保证水质的稳定，结合生态滤池的净化功能，建立水循环系统，保证水体的流动性，同时净化水质。其中包括循环泵站（No.3，1个），循环管网（No.6，520米），在水循环管网上增设取水点，便于外部水资源利用，如绿化灌溉、洗车等。

③中水回用系统。在山脚下建立山体蓄水池（No.8，100*15米），收集并蓄留山上流下的洁净雨水以在枯水期对水体进行补给。在水体东边建立地下调蓄系统（No.5，1500立方米），蓄留水体的溢流水，用以在枯水期对水体的补给。

④水体的生态化处理。沿水体驳岸依据生态工法方式建造生态驳岸（No.4，3200平方米），减少水体因为水位变化对其岸线景观产生的负面影响，同时减少因滑坡对水体污染的可能性（图3-84）。

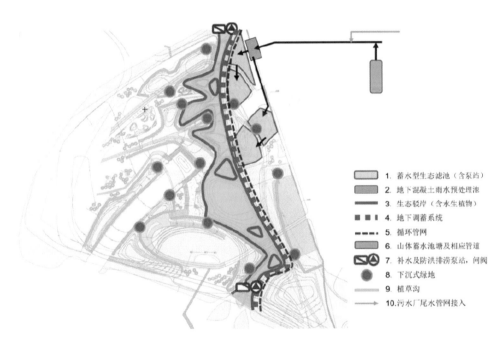

1. 蓄水型生态滤池（含泵站）
2. 地下混凝土雨水预处理池
3. 生态驳岸（含水生植物）
4. 地下调蓄系统
5. 循环管网
6. 山体蓄水池塘及相应管道
7. 补水及防洪排涝泵站，闸阀
8. 下沉式绿地
9. 植草沟
10. 污水厂尾水管网接入

图3-84 丰兴隆公园海绵系统图 来源：自绘

⑤补水及防洪排涝的泵站与阀闸等控制设施。为达到项目地防洪排涝的要求，在水体的南北与外部水系衔接处设立泵站与阀闸（No. 10，2个），保证在暴雨重现期与高潮汐重现期情况下区域的防洪排涝安全。其泵站也用以抽取地下调蓄系统中的水来补给水体。

⑥下沉式绿地与植草沟。以海绵城市设计为指导，在公园中设置的下沉式绿地（No. 11，2000平方米）与植草沟（No. 12，1500平方米），将公园中收集的屋顶、道路与绿地的雨水通过海绵城市设施收集、净化、调蓄并回补至水体。同时下渗的雨水能降低土壤可能的盐碱问题（图3-85、图3-86）。

（2）恢复红树林生态系统

通过滨河滩地塑造，营造适宜红树林生长的环境，根据水体含盐量，确定红树林种植种类。部分地段结合景观设计，形成岛状形态，木栈道穿插其中，将生态恢复与景观游览有机结合。

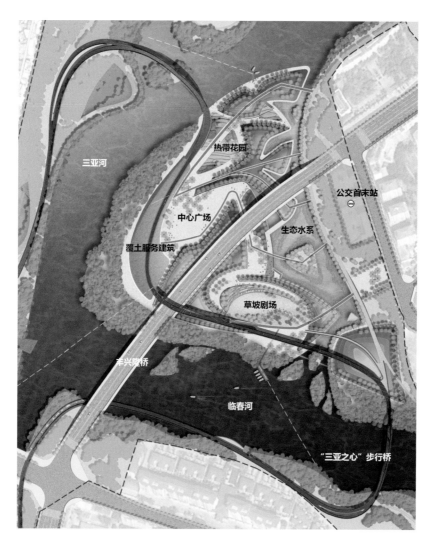

图 3-85　丰兴隆公园平面图　来源：自绘

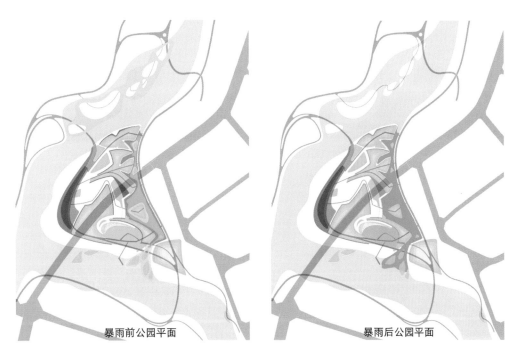

暴雨前公园平面　　　　　　　　　　　　　　　暴雨后公园平面

图 3-86　丰兴隆公园暴雨前后对比图　来源：自绘

（3）突出热带植物特色

丰兴隆公园植物种植突出三亚热带地区特色。整体选用三亚本地树种，棕榈科植物与阔叶乔木搭配，灌木地被密植。丰兴隆公园打造热带花园，以兰花作为主要品种，多种混合搭配，形成特色兰花园。临春河西岸设计雨林花园，通过小空间精细化种植，打造特色城市雨林景观。

（4）联通滨河绿道

设计三亚"美丽之环"步行桥，串联丰兴隆公园在内的两河交汇口多处绿地。步行桥全长 2700 米，分为空中栈桥、水上栈道、园路、建筑屋顶四种形态，变化灵活。将河口绿地合理串联，可高处远眺，可林间漫步，可贴水而行，创造丰富的游览体验。考虑三亚气候炎热，步行桥过水部分设计遮阳棚，并结合设计攀缘植物、喷雾设备以及夜景照明（图 3-87、图 3-88）。

图 3-87　丰兴隆公园建设修复中　来源：王忠杰摄影

图 3-88　工作人员在丰兴隆公园的维修建设工地　来源：作者摄影

四、红树林生态保护修复与生物多样性构建

（一）问题思考

随着城市化进程的不断加快，以经济为主导的城市建设往往忽视了自然生态环境的保护，城市一些生态敏感区域，诸如森林、河流、湖泊、沟渠、沼泽地、自然湿地，很容易遭到城市建设的抹杀，但是这些生态敏感区域既是城市自然生态系统的重要组成部分，也集中了城市最为重要的生物多样性，因此保护和修复这些生态敏感区域是城市可持续发展的重要保障。

1. 城市快速建设侵占自然生态空间

城市快速建设侵占河流、湖泊、沟渠、沼泽地、自然湿地等生态敏感区域，出现了江河断流、洪涝、污染、湖泊萎缩、地下水位下降等系列生态问题，城市生态系统和部分地区生态环境开始恶化，影响了城市的健康可持续发展。

2. 城市生物多样性衰退严重

生物多样性是人类赖以生存的物质基础，但快速的城市化导致越来越多的自然生态系统转化为城市用地，过度开发带来的环境污染和外来种的引入等原因，城市中的栖息地正在以惊人的速度从我们的身边消失，城市生物多样性正急剧减少，给城市生态系统带来极大压力，影响了城市生态环境的稳定和发展。

（二）价值取向

在以往城市发展过程中，我们重经济、轻生态、过度侵占自然生态空间的方式是要付出沉重的代价的，我们应以谨慎的态度、清醒的头脑、长远的眼光，正确认识自然的作用和价值，因为自然生态环境和生物多样性是城市的本底，是城市的财富，更是城市持续发展的保障。

1. 自然生态环境是城市持续健康发展的保障

"人的自然健康是绿色发展的首要前提，而生态环境是人的自然健康的最基本保障"。我们要尊重自然，保护城市生态环境，将生态系统的人为干扰减少到最低程度。城市应该被融入当地的自然生态环境之中，而不是凌驾于它们之上，城市应该轻轻地放在整个生态系统中间，而不应造成整个生态系统的毁灭。

2. 生物多样性是城市重要的自然本底及物质财富

生物多样性是人类赖以生存和发展的物质基础，作为一种重要的可再生资源，

对维护生态系统的稳定、提升生态承载力和生态系统的服务功能起着不容忽视的作用。每个国家和地区都同时拥有物质财富、文化财富和生物财富（生物多样性）三种财富形式，城市发展的价值不应仅仅体现在促进城市物质财富的积累、城市文化财富的塑造，还应保护城市生物财富，为城市生态环境的建设贡献力量，实现自身的生态价值。

（三）技术方法

1. 识别城市关键生态要素，正确认识生态价值

每个城市都有各自的自然本底特色，在城市修复过程中，我们首先应该研究城市自然生态系统特征，科学识别城市中关键性的、起到基础作用的、敏感性的生态要素，客观而又前瞻性地认识其独特的生态价值，为保护和修复做好基础保障性工作。

2. 加强核心生态资源保护，科学引导城市建设

转变以往城市建设优先的方式，坚持生态优先的原则，强化核心生态资源的保护，划定生态红线，控制城市开发建设，科学引导生态保护与城市建设协同发展，做到生态、经济和社会效益的合理平衡。

3. 系统性修复，促进生态系统的自我修复与调节

科学认知生态系统的自然过程，识别各相关生态要素，不局限于单个地块，对影响生态系统周边区域进行系统修复，保证生态系统的完整性；以自然为美，尊重原生乡土植被，维护生境系统的稳定性和安全性；采取最小干预、低扰动的修复方法，减少对人为过程的过分依赖，充分发挥生态系统的自我修复、自我调节和逆向演替功能，促进生态系统的可持续性。

（四）项目实践

1. 在三亚生态修复工作中选取红树林的原因

（1）红树林是城市重要的生态基础设施，具有保障城市安全的生态功能

红树林是生长在热带、亚热带海岸潮间带的特有的木本植物群落，是海湾、河口地区生态系统的重要组成部分，具有防风消浪、促淤保滩、固岸护堤、净化海水和空气等作用，对维护海湾、河口地区的生态平衡起着不可替代的重要作用，是天然的"海岸卫士"。

（2）三亚红树林是我国热带典型植物，具有维护生物多样性的重要作用

三亚红树林是我国分布最南（南海岛礁除外）的红树林，成林历史较长，植株高大，嗜热型种类多，是热带的典型植物。同时由于红树林内潮沟发达，能吸引大量的鱼、虾、蟹、贝等生物来此觅食栖息、繁衍后代，红树林还是候鸟的越冬场地和迁徙中转站，更是各种海鸟生产繁殖的场所。因此三亚红树林对于维护生物多样性具有重要的作用。

（3）城市建设导致红树林规模急剧减少，保护与修复工作迫在眉睫

长期以来，由于城市的快速发展，加上人们对红树林的重要作用认识不足，忽视了对沿海滩涂红树林的建设和保护，致使红树林遭到严重人为破坏，出现随意采伐、围垦、养殖和城市建设侵占等现象，导致红树林面积急剧减少，严重破坏了沿海滩涂地区的生态环境；同时红树林生态系统退化，部分红树物种呈现濒危性和珍稀性的特征，因此生态保护与修复工作刻不容缓。

2. 存在问题

（1）红树林生态空间被严重侵占

三亚红树林面积萎缩的主要原因有围垦、城市建设、水产养殖、城市排污、船舶兴波等，其中影响最大的是城市建设侵占，另外城市未来发展也将对红树林产生影响，如榆林河地区已建成的棕榈滩项目以及三亚河凤凰水城对沿河红树林生态空间蚕食；铁炉港地区城市发展环湖布局、游艇基地对滩涂清淤等未来发展都将会对红树林资源带来破坏。目前，三亚市的红树林主要分布在三亚河—临春河、榆林河、亚龙湾青梅港、铁炉港等河岸及入海口，有林面积104.93公顷，近30年减少了约80%（图3-89）。

图3-89　红树林生态空间被侵占　来源：刘华拍摄

（2）生境系统呈现退化现象

红树林保护区外围直接与城市建设用地相接，缺少外围建设控制，生态系统的自然过程遭到破坏，生境逐步退化，部分濒危红树物种面临衰弱甚至死亡现象。主要原因有上游城市建设阻隔导致淡水补充不足，下游人工码头影响了自然潮汐过程导致纳潮量不足，城市污水过量直排导致水质富营养化严重等。

3.举措或做法

（1）明确目标

保护三亚红树林的珍稀濒危物种、生物多样性、红树林湿地生态系统的完整性及丰富多样的自然景观；加强红树林宜林地区域生态修复，营造鸟类栖息环境，维护海岸生态安全，塑造良好城市风貌；加强科研、监测力度，积极开展国际交流合作；发展生态旅游，打造红树林生态旅游精品景区，使红树林成为三亚生态旅游品牌、中国热带红树林基因库、国际候鸟中转站和海岸修复的示范窗口。

在未来 10 年，三亚市恢复性营造红树林面积 550 公顷，使全市红树林面积增加到 695 公顷（10425 亩），基本上恢复到 1980 年代的规模，并建立省级红树林自然保护区 1 个，市级红树林自然保护区 2 个，国家级城市红树林湿地公园 1 个，红树林湿地公园 1 个，红树林沿海防护林带 2 条及河道红树林景观林带若干。

（2）系统全面普查资源，摸清本底，做好生态价值评估

为保证科学性和真实性，规划采取多学科、多专业、多团队合作的方式，深入现场，开展红树林资源普查工作，全面掌握资源状况，并根据资源特点做好生态价值评估，为红树林生态保护与利用提供科学依据。规划通过分析场地周边气温、水温、波浪能以及底质等因子的相关数据，根据对红树的生长所需条件的重要性排列确定各因子评价值，运用 yaahp 计算权重，用 GIS 进行叠置分析，结果是：三亚红树林宜林地高适宜区主要分布在铁炉港、青梅港、榆林河、三亚河区域；中适宜区主要分布在宁远河河口区域；低适宜区主要分布在宁远河中游、红塘湾内河、三亚河上游、海棠湾内河。

（3）科学认知自然过程，协调建设，划定生态保护红线

红树林生态系统是由适宜的咸淡水文条件、盐度、温度、平缓的淤泥滩地、栖息的动物等因素共同作用的复杂生态系统，缺少任何条件都会破坏生态系统的完整性。因此本次规划经过科学分析和研究，将影响生态因素的城市建设、围塘养殖等予以腾退，将生态资源价值较高的区域纳入生态红线进行严格的保护保育和恢复，主要包括铁炉港红树林自然保护区、青梅港红树林自然保护区、三亚河

红树林自然保护区、榆林河国家城市湿地公园及宁远河河口红树林湿地公园。同时在生态红线外围设立建设协调区，对建设强度、建筑高度、污水排放、光污染、噪声污染等进行严格控制。

（4）立足资源生态价值，统筹发展，建立保护与利用体系

根据全市红树林宜林地情况、资源分布特征以及区域发展情况，本着保护与利用协调发展的原则，将三亚市红树林资源划分为红树林自然保护区、红树林湿地公园、红树林防护林带以及红树林景观林带4类，构筑完整的红树林生态保护和可持续利用的发展体系，有利于保护红树林完整生态系统，维护海岸生态安全，提升城市景观风貌，促进城市生态旅游发展。

红树林自然保护区是对现状红树林资源最为集中区域、生态价值最高区域、红树林生长最适宜区域进行严格保护与培育，主要保护红树林及湿地生态系统、候鸟及其栖息地和珍稀濒危野生动植物及其栖息分布地。

红树林湿地公园是红树林生长适宜区域，是与城市发展关系密切的区域，通过红树林湿地公园的建设改善区域生态环境，提升城市形象，塑造生态旅游品牌，促进生态、经济、社会协调发展（图 3-90）。

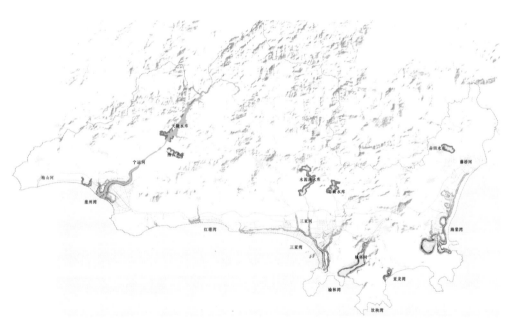

图 3-90　三亚红树林宜林地分布　来源：自绘

红树林防护林带是在适宜的海岸和河口地区种植红树林带，与海岸的木麻黄林构成完善的沿海防护林带，减弱海潮、风浪的冲击，有效地保护堤围的安全，维护海湾、河口地区的生态平衡。

红树林景观林带是在三亚一些潮汐河道种植红树林，既能形成自然化的河岸形式，恢复河流的生物多样性，又能美化河道景观，提升城市形象。

（5）根据宜林地条件，选择乡土树种，提出针对性修复措施

根据不同区域的宜林地级别及造林立地条件，提出滩涂造林、养殖塘造林、盐田造林、河道与海堤防浪林造林等不同的生态修复模式（图3-91）。主要修复措施包括：

①选择乡土红树物种，合理搭配树种，提高造林成效。三亚红树林群落按海滩高程从低潮带到高潮带的分布情况为：以白骨壤为主的红树林带→以红海榄为主的红树林带→以海莲、秋茄、木榄为主的红树林带→以海漆、黄槿为主的红树林带。

②加强上游淡水补充、下游潮水侵淹频率和时间，恢复自然潮汐水文过程，营造适宜的盐度环境条件。

③针对养殖塘进行破垄造滩，针对硬质河道通过人工措施固坡造滩，营造适宜的滩涂条件（图3-92）。

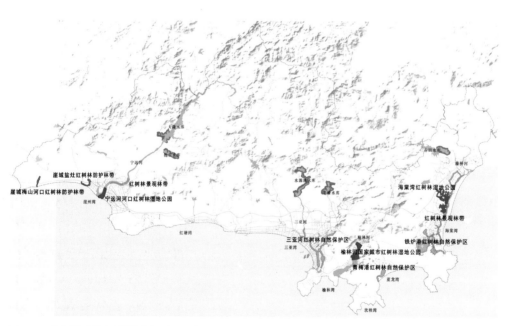

图3-91　红树林总体布局规划图　来源：自绘

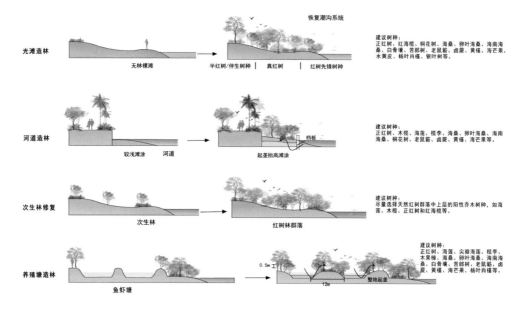

图 3-92　红树林修复模式　来源：自绘

（五）实施效果

目前，三亚市林业局已经组织开展三亚河沿岸红树林生态修复工程，主要对三亚河凤凰水城至三亚大桥沿线（含临春河）111.7 亩的红树林断带区域进行修复造林工程，其中：凤凰水城区域 17.7 亩，山屿湖区域 47.7 亩，金鸡桥至五中区域 35.3 亩，五中至三亚大桥区域 11 亩（图 3-93 ～图 3-95）。

图 3-93　红树林实施进展　来源：刘华拍摄

图 3-94　三亚河红树林保护　来源：王忠杰拍摄

图 3-95　红树林现场调研　来源：白杨拍摄

第四章　治理篇

一、背景及认识

2015 年 12 月 20 日至 21 日，中央城市工作会议在北京举行。习近平总书记在会上发表重要讲话，分析当前城市发展面临的形势，明确做好城市工作的指导思想、总体思路、重点任务。李克强总理在讲话中论述了当前城市工作的重点，提出了做好城市工作的具体部署，并作总结讲话。在谈到工作部署时，会议特别强调了要"统筹规划、建设、管理三大环节，提高城市工作的系统性。抓城市工作，一定要抓住城市管理和服务这个重点，不断完善城市管理和服务，彻底改变粗放型管理方式，让人民群众在城市生活得更方便、更舒心、更美好"。

2015 年 12 月 24 日，在《中共中央国务院关于深入推进城市执法体制改革改进城市管理工作的指导意见》中指出，"改革开放以来，我国城镇化快速发展，城市规模不断扩大，建设水平逐步提高，保障城市健康运行的任务日益繁重，加强和改善城市管理的需求日益迫切，城市管理工作的地位和作用日益突出"，"改进城市管理工作，是落实'四个全面'战略布局的内在要求，是提高政府治理能力的重要举措，是增进民生福祉的现实需要，是促进城市发展转型的必然选择"。这些内容，要求我们从新的角度去审视城市治理，去思考城市规划、建设与治理的内在关系。

2016 年 2 月 6 日，在《中共中央国务院关于进一步加强城市规划建设管理工作的若干意见》中也指出，"务必清醒地看到，城市规划建设管理中还存在一些突出问题"，提出"积极适应和引领经济发展新常态，把城市规划好、建设好、管理好，对促进以人为核心的新型城镇化发展，建设美丽中国，实现'两个一百年'奋斗目标和中华民族伟大复兴的中国梦具有重要现实意义和深远历史意义"。在创新城市治理方式的要求中，提出了要"推进依法治理城市。适应城市规划建设管理新形势和新要求，加强重点领域法律法规的立改废释，形成覆盖城市规划建设管理全过程的法律法规制度。……以加强和改进城市规划建设管理来满足人民群众日益增长的物质文化需要，以提升市民文明素质推动城市治理水平的不断提高"。

附：

《中共中央国务院关于深入推进城市执法体制改革改进城市管理工作的指导意见》（2015 年 12 月 24 日）

……

一、总体要求

（一）指导思想。深入贯彻党的十八大和十八届二中、三中、四中、五中全会及中央城镇化工作会议、中央城市工作会议精神，以"四个全面"战略布局为引领，牢固树立创新、协调、绿色、开放、共享的发展理念，以城市管理现代化为指向，以理顺体制机制为途径，将城市管理执法体制改革作为推进城市发展方式转变的重要手段，与简政放权、放管结合、转变政府职能、规范行政权力运行等有机结合，构建权责明晰、服务为先、管理优化、执法规范、安全有序的城市管理体制，推动城市管理走向城市治理，促进城市运行高效有序，实现城市让生活更美好。

（二）基本原则

——坚持以人为本。牢固树立为人民管理城市的理念，强化宗旨意识和服务意识，落实惠民和便民措施，以群众满意为标准，切实解决社会各界最关心、最直接、最现实的问题，努力消除各种"城市病"。

——坚持依法治理。完善执法制度，改进执法方式，提高执法素养，把严格规范公正文明执法的要求落实到城市管理执法全过程。

——坚持源头治理。增强城市规划、建设、管理的科学性、系统性和协调性，综合考虑公共秩序管理和群众生产生活需要，合理安排各类公共设施和空间布局，加强对城市规划、建设实施情况的评估和反馈。变被动管理为主动服务，变末端执法为源头治理，从源头上预防和减少违法违规行为。

——坚持权责一致。明确城市管理和执法职责边界，制定权力清单，落实执法责任，权随事走、人随事调、费随事转，实现事权和支出相适应、权力和责任相统一。合理划分城市管理事权，实行属地管理，明确市、县政府在城市管理和执法中负主体责任，充实一线人员力量，落实执法运行经费，将工作重点放在基层。

——坚持协调创新。加强政策措施的配套衔接，强化部门联动配合，有序推进相关工作。以网格化管理、社会化服务为方向，以智慧城市建设为契机，充分发挥现代信息技术的优势，加快形成与经济社会发展相匹配的城市管理能力。

……

《中共中央 国务院关于进一步加强城市规划建设管理工作的若干意见》（2016年2月6日）

　　城市是经济社会发展和人民生产生活的重要载体，是现代文明的标志。新中国成立特别是改革开放以来，我国城市规划建设管理工作成就显著，城市规划法律法规和实施机制基本形成，基础设施明显改善，公共服务和管理水平持续提升，在促进经济社会发展、优化城乡布局、完善城市功能、增进民生福祉等方面发挥了重要作用。同时务必清醒地看到，城市规划建设管理中还存在一些突出问题：城市规划前瞻性、严肃性、强制性和公开性不够，城市建筑贪大、媚洋、求怪等乱象丛生，特色缺失，文化传承堪忧；城市建设盲目追求规模扩张，节约集约程度不高；依法治理城市力度不够，违法建设、大拆大建问题突出，公共产品和服务供给不足，环境污染、交通拥堵等"城市病"蔓延加重。

　　积极适应和引领经济发展新常态，把城市规划好、建设好、管理好，对促进以人为核心的新型城镇化发展，建设美丽中国，实现"两个一百年"奋斗目标和中华民族伟大复兴的中国梦具有重要现实意义和深远历史意义。为进一步加强和改进城市规划建设管理工作，解决制约城市科学发展的突出矛盾和深层次问题，开创城市现代化建设新局面，现提出以下意见。

　　一、总体要求

　　（一）指导思想。全面贯彻党的十八大和十八届三中、四中、五中全会及中央城镇化工作会议、中央城市工作会议精神，深入贯彻习近平总书记系列重要讲话精神，按照"五位一体"总体布局和"四个全面"战略布局，牢固树立和贯彻落实创新、协调、绿色、开放、共享的发展理念，认识、尊重、顺应城市发展规律，更好发挥法治的引领和规范作用，依法规划、建设和管理城市，贯彻"适用、经济、绿色、美观"的建筑方针，着力转变城市发展方式，着力塑造城市特色风貌，着力提升城市环境质量，着力创新城市管理服务，走出一条中国特色城市发展道路。

　　（二）总体目标。实现城市有序建设、适度开发、高效运行，努力打造和谐宜居、富有活力、各具特色的现代化城市，让人民生活更美好。

　　（三）基本原则。坚持依法治理与文明共建相结合，坚持规划先行与建管并重相结合，坚持改革创新与传承保护相结合，坚持统筹布局与分类指导相结合，坚持完善功能与宜居宜业相结合，坚持集约高效与安全便利相结合。

　　……

"城市修补、生态修复"工作正处于当前社会转型期、城市转型发展背景下，这不仅仅是一项规划工作、一件技术工作，更是一项需要实效的工作，是与建设、管理密切结合的工作，整个工作从组织到实施过程涉及诸多方面，将会是城市综合治理水平的体现。因此可以说，"城市修补、生态修复"工作的试点探索，也是探索新的城市治理方式（图4-1）、提升治理绩效、推动精细化管理等的一个持续过程。

　　"城市修补、生态修复"工作在近期内的许多着眼点在于快速提升城市的物质空间环境品质，但同时也应该认识到，"城市修补、生态修复"工作绝不止于物质空间。"城市修补、生态修复"工作涉及城市规划、建设到管理的全过程，既是物质空间环境的修复、修补，也是软环境（社会、文化、行政等）的修复、修补。

　　"城市修补、生态修复"工作，不是外在的形象工程，而是走向内在的民生工程；不是量上的拓展建新，而是品质的营造提升；不是单一的就事论事，而是综合的系统梳理。它使城市品质提升，风貌形象优化，体现了城市由量向质转型发展的趋势和要求。

行人乱穿马路

街道环境差

广告牌匾杂乱

自行车非机动车占道随意行驶

图4-1　与城市治理有关的问题图片　来源：http://image.baidu.com/search/index?tn=baiduimage&ps=1&ct=201326592&lm=-1&cl=2&nc=1&ie=utf8&word=%E8%87%AA%E8%A1%8C%E8%BD%A6%E5%8D%A0%E9%81%93

而与此同时，这项工作也不仅是项目安排、工作计划，也是有关城市发展建设法规制度的逐步完善和优化，体现的是城市综合治理能力和执行能力的提升，以及城市文明的发展进步。总而言之，这项工作也正是一个城市"内外兼修"的过程。

基于城市治理的视角，从三亚作为试点城市的实践经验来看，至少涉及规划引领、设计支撑、政府统筹、社会动员、市民觉悟、依法依规、共修共享等一系列与城市管理治理密切相关的方面。

二、规划引领

"城市修补、生态修复"工作涉及方方面面，不止于物质空间，但最终工作推进效果、实施实效却应回归空间，回归到人们看得见、摸得着、可感知、可体会的物质空间上来。最终"城市修补、生态修复"工作的开展，需要依据"城市修补、生态修复"专项规划的任务安排，协调国民经济和社会发展等相关规划目标，制订近期实施方案和年度行动计划，建立城市"城市修补、生态修复"项目库，明确项目类型、数量、规模和建设时序等。这些工作的开展，涉及城市治理、管理，但都需要规划做引领（图 4-2）。

"城市修补、生态修复"工作的具体开展，还有赖于一个思路清晰的整体规划

图4-2 中规院定期开展各级工作人员的"城市修补、生态修复"工作会议　来源：作者拍摄

的引领，这个规划是"城市修补、生态修复"工作总的思路引导以及技术支撑。三亚的"城市修补、生态修复"工作开展之初便着手制定整体的规划，并且随着工作的开展进行了双向反馈、深化完善。在"城市修补、生态修复"规划的技术工作中，可总结出以下4点方法和经验：

第一，整体把握，系统梳理。三亚"城市修补、生态修复"工作采用了总体城市设计的思路和方法。生态修复结合区域生态要素的解析，确定区域生态格局和重要的生态敏感区域等，结合对历年来的生态环境演变情况分析，确定需要重点修复的内容。城市修补也运用总体城市设计的方法，对城市空间格局中的各类要素进行系统梳理，确定三亚市总体空间结构，以及山、河、城、海相融合的城市形态特征。进而在此基础上确定城市高度形态、色彩风貌，以及城市绿地景观、公共空间、视线视廊等系统的总体要求，从整体系统层面上为城市修补工作提供支撑。三亚作为热带海滨风景旅游城市，无论生态格局还是总体空间结构都有其自身的特色特征；但无论何种城市，在开展"城市修补、生态修复"工作时，整体把握、系统梳理都是首先需要关注的，这是工作开展的基础。

第二，全面统筹，重点示范。三亚的"城市修补、生态修复"工作，是在总体城市设计的基础上，进一步结合问题提出近期修复、修补重点。三亚"生态修复"以山体、河流廊道、海岸带等为重点，并分别提出了修复策略和措施。"城市修补"以六大方面修补为重点，即城市形态、城市色彩及立面、广告牌匾、绿地景观、夜景照明、违建拆除；同时结合城市总体空间结构，提出近期"一湾两河三路"的工作重点，通过近期11项重点实施性项目来落实和示范"生态修复城市修补"工作的综合要求。不同的城市，工作重点可能不同，需要因地制宜、因时制宜，结合自身突出问题和目标导向，考虑综合性、时效性，统筹确定需要着重开展的工作。例如三亚近期的工作开展围绕"一湾两河三路"，即综合考虑了民生性、时效性、系统性等因素。

第三，专业融合，综合效应。城市问题往往是错综复杂的，"城市修补"与"生态修复"也不是相互割裂而是统一融合的，"城市修补、生态修复"作为一项强调实施、实效的工作，也会涉及诸多的技术、专业及它们之间的融合问题。

因此，在"城市修补、生态修复"具体开展的示范性工作中，一方面要体现多专业融合协作、综合性解决处理问题的综合性示范效应。如两河沿岸的丰兴隆桥头公园项目，位于三亚河、临春河交界之处，无论从生态价值上还是城市功能上都具有重要意义。工作中既结合城市规划对城市绿地公园、公共活动场所、绿

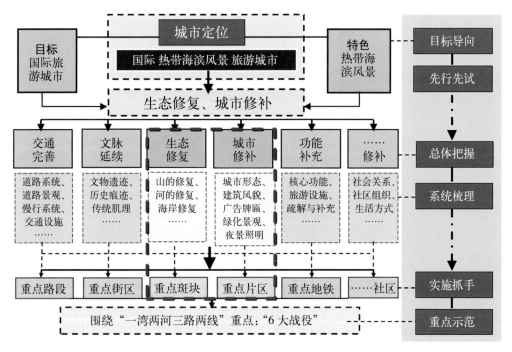

图4-3　三亚"城市修补、生态修复"工作内容框架（过程中略有调整）　来源：自绘

道建设等进行修补，也体现了河道生态修复、红树林保护及修复、排污口治理等方面工作，还融入了"海绵城市"建设理念要求，在渗透地面、雨水收集及利用等方面结合绿化景观进行了设计，使其成为体现城市核心位置的生态绿心、活力公园。另一方面，实施性的工作也要体现"城市修补、生态修复"的综合性效益。例如抱坡岭山体修复的工作，不仅仅是单纯的生态修复、地灾治理工作，也是城市绿地公园系统、绿化景观和公共活动场所的修补，引入公共活动、打造优美景观，做到了"还绿于民、还景于民"，对周边城市建设用地价值提升、功能转型发展起到了积极作用，产生了综合效益。

第四，长期行动，分期实施。从城市的发展规律中可以认识到，城市"城市修补、生态修复"工作是一个长期的过程。三亚"城市修补、生态修复"工作自开展以来，按照"近期治乱增绿、中期更新提升、远景增光添彩"的时序，将动态推进、渐进实施的工作方法融合到实践当中。近一年来，主要在重点地段开展了广告整治、绿地修复、违章建筑拆除等"治乱"工作，结合三亚的"城市治理管理年"行动，切实打击违法违规行为、严肃城市建设管理规则。此外，2015年下半年，除了已经开展的工作外，"城市修补、生态修复"工作组也对 2016 年的工作计划进行了初步梳理，并在三亚市的"多规合一"、"十三五"重点项目库等文件中进行了充分了融合和体现。在三亚城市发展目标的导向下，中期的"城市修补、生态修复"工作会进一步关注整体生态环境提升、城市功能的修补和完善（包括旧城更新和棚户区改造）、城市交通系统修补和管理、城市文脉的延续等方面的工作；远期则将进一步结合三亚市的地域文化特色以及重要的公共性场所和项目建设，围绕精品城市建设，通过"城市修补、生态修复"理念的贯彻实施，力争形成更多的城市亮点和活力点。

制定规则，时间做功（图 4-3）。应该认识到，城市"城市修补、生态修复"正如城市发展一样，不是一蹴而就的，而是一个微创而渐进的过程，既要遵从城市的发展规律和节奏，又要在不同周期内进行及时的跟踪引导，以确保发展各阶段性目标的达成。按照统筹渐进的原则，合理确定"城市修补、生态修复"工作目标，梳理"城市修补、生态修复"工作体系，提出各类城市问题的修复和修补的途径，明确工作重点和时序安排，落实近期实施的各类"城市修补、生态修复"重点工程。

三、设计支撑

　　"城市修补、生态修复"应作为未来城市特别是老城区规划、建设、管理工作的重点之一，无论在宏观、中观还是微观层面，都应当鼓励运用城市设计的方法来进行"城市修补、生态修复"的相关工作。城市设计是落实城市规划、指导建筑设计、塑造城市特色风貌、营造城市空间环境品质的有效手段。大到宏观层面的城市空间格局、整体形态，中观层面的特色片区、绿地广场开敞空间、建筑风貌，小到微观层面的街道环境、街道家具、公共艺术等，都离不开城市设计的支撑。

　　在规划引领之下，"城市修补、生态修复"的很多工作，特别是在实施层面的一系列事项，需要更多地运用设计的手段和方法去落实。无论是场地设计、建筑设计、园林景观设计，还是工程设计，都需要具备城市设计的思路、运用城市设计的方法理念，使城市空间具有人文的内涵、具备人本的关怀。通过设计的支撑，来实现提升空间环境品质、打造宜居城市环境的目的。

　　结合三亚的实践，"城市修补、生态修复"规划设计的编制应结合各自城市特色和突出问题，综合运用城市设计方法（图4-4），因地制宜、因时制宜，注重以下一些内容和要求。初步拟定的相关规划设计工作指引（框架）如下（详见附文）。

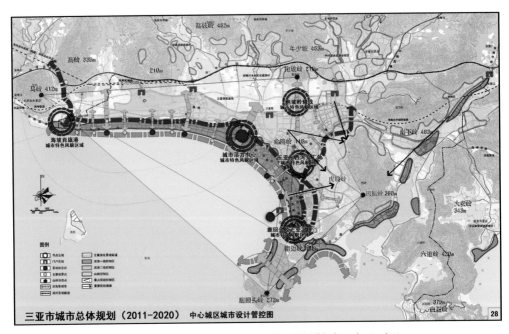

图4-4　三亚"城市修补、生态修复"工作开展是基于总体城市设计框架　来源：自绘

附："城市修补、生态修复"规划设计工作指引（框架）

一、总则

1. 为规范"城市修补、生态修复"项目的编制工作，加强项目的技术质量管理，特制订统一技术措施。

2. "城市修补、生态修复"项目指城市面临一系列突出问题和挑战的现实下，面向城市应当实现和期望的高端目标所采取的一系列工作举措，用来"缝补"现实与理想的差距，建立从充满问题的现实到实现理想城市空间的途径。项目主要通过系统性地梳理城市在生态、功能方面的一系列问题，从而实现恢复城市生态环境、完善城市功能体系、促进城市社会和谐、延续城市人文历史、优化城市景观风貌的目的。

3. "城市修补、生态修复"项目的规划范围一般为城市建成区范围。生态修复包括山的修复、河的修复、海的修复等内容；城市修补包括城市空间形态和天际线、城市及建筑色彩、城市广告牌匾、城市绿化景观、城市夜景照明、城市违章建设拆除、城市交通修补、城市文脉修补和文化延续、城市功能修补和城市更新等内容。

4. "城市修补、生态修复"项目的编制应当遵循以下基本原则：

（1）生态优先、民生为本的原则："城市修补、生态修复"生态优先应当是作为城市发展以及各项工作开展的重要原则；此外，还应关注城市中不同的人的各种合理需求，注重民生效益。

（2）综合统筹、系统梳理的原则：要从城市整体层面对城市格局、功能结构、整体形态、风貌特色、环境空间、系统支撑等各方面进行总体把控、系统梳理，从而通过各种管控、指引、策略等来对城市发展建设提出要求，提升城市环境空间品质，提升城市内涵发展水平。

（3）持续开展、渐进实施的原则："城市修补、生态修复"工作应当有近、中、远期的差别化安排。近期可以以治乱增绿等为主，考虑可操作性；中远期则需要更多地开展内涵式更新提升、增光添彩等。

（4）因地制宜、因时制宜的原则："城市修补、生态修复"工作需要根据不同地区城市的特色、不同发展阶段城市的特征来确定工作的具体策略和措施。

二、编制程序和要求

1. 编制组织和要求

（1）编制"城市修补、生态修复"项目应根据项目的规模大小与难易程度组成项目组，项目组由若干城市规划专业人员与相关专业人员组成，其项目负责人的确定应符合相应的管理规定。

（2）项目编制过程中，如需与其他单位合作完成，承担单位应委托具有相应的城市规划专业或工程专业资质的单位编制，并负责对其完成的成果进行审核。

2.编制阶段和要求

"城市修补、生态修复"项目的编制一般分为项目准备、前期调研、规划设计、成果编制等4个阶段：

（1）项目准备阶段：为加强"城市修补、生态修复"项目的科学性和针对性，在项目准备阶段应根据委托方意图和规划管理部门要求，就项目背景、技术路线、项目内容和深度、成果表达方式、咨询费用收取标准、项目组织等事项与委托方充分沟通后拟订项目准备书。

（2）前期调研阶段：对项目所在地区进行实地踏勘，收集基础和相关资料，研究相关案例，走访政府管理部门、实施主体和市民等各相关利益群体，并进行综合分析和研究。

（3）规划设计阶段：首先，分析城市在生态、功能方面的问题，提出规划原则、技术路线和工作框架；其次，在此基础上确定各个系统的工作内容；最后，提出项目库和近期工作重点。在规划设计阶段，始终保持与委托方及相关利益群体的沟通。

（4）成果编制阶段：根据项目评审意见和编制单位内技术审查意见完善方案，并按合同约定编制项目成果。

三、编制内容和要求

1.编制内容和要求

"城市修补、生态修复"项目的基本编制内容包括现状问题识别、城市生态环境修复、城市功能体系的完善、公共设施体系的修补、城市人文历史的延续、城市景观风貌的优化、城市基础设施的提升。

（1）现状问题识别

"城市修补、生态修复"工作的开展，需要研究城市发展和建设面临的核心问题，并结合有关要求，来识别需要"城市修补、生态修复"解决的重点问题。

从生态城市的角度出发，评估现状环境保护的问题；从可持续和宜居城市的角度出发，评估功能体系的问题；从和谐社会的角度出发，评估公共服务体系问题；从文化传承角度出发，评估物质性文化遗产和非物质文化遗产的保护问题；从城市风貌角度出发，评估整体形态、建筑风貌、建筑色彩、夜景照明等问题；从城市支撑系统角度出发，评估交通系统、基础设施的问题。

（2）城市生态环境修复

生态系统的构建：通过生态本底（城市空间格局、山水格局等）、重要生态控制点（林地、草地、水域等）、生态廊道（山、水、林、田）的分析，分析城市生态系统。

识别生态系统修复要素，提出治理手段：在构建的城市生态体系中，要识别出山体、水环境、棕地、绿地这四个关键要素，并提出不同的治理手段。

山体修复类型可分为风景游憩型、生态恢复型和再生利用型。规划应在绿化工程、植被工程、植被管理方面提出具体策略。

水环境修复分为河湖的修复和滨海生态的修复。在河湖修复中，规划应针对恢复生物多样性、治理水污染、河道修复等方面提出具体策略；在滨海生态修复中，规划应针对海岸修复、滨海湿地修复、海岛修复等方面提出具体策略。

棕地修复类型分为工业废弃地修复、垃圾填埋场修复。规划应针对植被恢复、污染物处理、土壤治理等方面提出具体策略。

绿地修复中，规划应针对修复城市生态网络、完善结构性绿地布局、系统修复动植物生境、恢复城市生物多样性等方面提出具体策略和管控要求。

（3）城市功能体系完善

促进产业转型升级：规划根据城市发展目标，筛选出主导产业和淘汰产业，提出相关主导产业持续转型升级的目标和策略，从而提高城市的核心竞争力。

完善城市各类生活性功能：规划应完善商业、休闲、娱乐、文化、教育等各类生活功能。

（4）公共设施体系的修补

完善公共设施体系：规划应通过完善公共服务体系，优化公共服务布局，来修补片区级、社区级、小区级服务体系，提高使用效率。

（5）历史文脉的延续

保护和传承城市或片区在历史演变过程中形成的传统文化、地方习俗、城市形态、空间肌理、功能结构、景观特色和街区风貌等。

根据地形、地貌和气候等条件，考虑生态安全和物种保护等因素，利用自然山水等景观资源，妥善处理建成环境与自然环境的协调关系，提出合理的城市形态和空间格局。

（6）景观风貌的优化

城市空间形态和天际线：基于总体城市设计要求和现实突出问题，加强对建筑高度形态的管控。首先，规划应针对不同的高度管控区提出不同的管控策略；其次，规划应针对建筑界面及空间形态控制提出详细的管控策略。

城市建筑色彩：梳理色彩脉络（城市色彩、自然景观色彩、历史人文色彩），总结现状问题，提出色彩修补的目标和具体策略（构建城市色谱、确立分区管控和分类管控方法）。

城市广告牌匾：梳理现状问题，规划应针对在集中展示区、一般引导区和严格控制区的各类广告牌匾的悬挂位置和具体尺寸的管控要求。

城市绿化景观：梳理现状问题，规划应针对被侵占的绿地、私有化的绿地、设施不足的绿地、生态破坏的绿地、现状建设的绿地，结合城市绿地系统结构提出不同的修补策略。

城市夜景照明：梳理现状问题，规划应针对重要滨水岸线、道路、门户节点、重要商业街区、公共建筑等方面提出不同的策略。

（7）基础设施的提升

交通设施的修补：在梳理现状交通体系问题基础上，规划应在完善次支道路系统、步行与自行车系统、停车设施、整治公共交通与轨道交通系统、整治机动车交通体系提出详细的策略。

市政基础设施的修补：在梳理现状基础设施问题的基础上，规划应在市政规划各专项以及海绵城市建设、综合管廊建设等方面提出具体的策略。

（8）实施途径

提出"城市修补、生态修复"的行动设想及项目建议，明确项目、资金、实施主体、时间、空间等要素的相互关系，并对近期重大建设项目提出规划设计要求。

四、政府统筹

　　"城市修补、生态修复"工作是一项长期的工作，也是城市在常态发展和常态的行政架构组织下开展的一项工作。在城市转型发展大背景下，这项工作有可能将成为城市政府的一项常态化工作，因此，政府的统筹是工作开展的最基本前提。三亚作为全国试点开展了这项工作，经过这一年多来的试点工作，在常态化的工作组织、实施机制方面，总结出如下两点经验（图4-5）：

　　第一，行政统筹、综合协调。要在政府常设架构下，充分发挥自上而下行政统筹的力度，加强综合协调能力，推动工作的开展。"城市修补、生态修复"工作开展之初，住房和城乡建设部与三亚市委市政府主要领导成立了"城市修补、生态修复"工作联合领导小组来指导开展这项工作。而在地方具体工作的推进中，三亚市成立了以书记、市长为主要领导的"城市修补、生态修复"工作领导小组，负责整体部署和统筹；同时在规划局设领导小组办公室，负责具体协调推进各项工

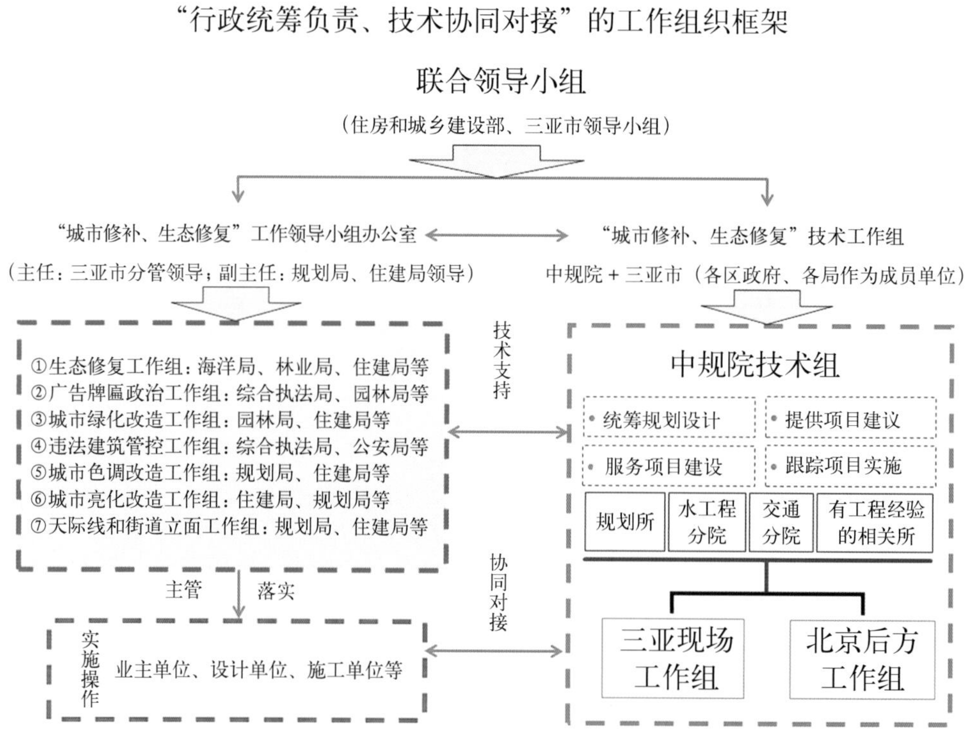

"行政统筹负责、技术协同对接"的工作组织框架

联合领导小组

（住房和城乡建设部、三亚市领导小组）

"城市修补、生态修复"工作领导小组办公室 ←→ "城市修补、生态修复"技术工作组

（主任：三亚市分管领导；副主任：规划局、住建局领导） 中规院＋三亚市（各区政府、各局作为成员单位）

①生态修复工作组：海洋局、林业局、住建局等
②广告牌匾政治工作组：综合执法局、园林局等
③城市绿化改造工作组：园林局、住建局等
④违法建筑管控工作组：综合执法局、公安局等
⑤城市色调改造工作组：规划局、住建局等
⑥城市亮化改造工作组：住建局、规划局等
⑦天际线和街道立面工作组：规划局、住建局等

技术支持

中规院技术组

· 统筹规划设计　　· 提供项目建议
· 服务项目建设　　· 跟踪项目实施

规划所 / 水工程分院 / 交通分院 / 有工程经验的相关所

主管　落实

协同对接

实施操作　业主单位、设计单位、施工单位等

三亚现场工作组　　北京后方工作组

图4-5　三亚"城市修补、生态修复"工作组织框架　来源：自绘

作；领导小组办公室下，分设与"城市修补、生态修复"相关的各工作组，分别由海洋局、园林局、规划局、综合执法局等相关部门作为牵头单位，主管落实各项工作。与此同时，由技术单位（中国城市规划设计研究院）牵头成立技术工作组，相关各局的技术部门作为成员单位，由技术组统筹规划设计、提供项目建议、服务项目建设、跟踪项目实施。技术工作组对"城市修补、生态修复"工作领导小组办公室提供技术支持，并协同对接有关实施操作方面工作。整个工作组织按照"行政统筹负责、技术协同对接"的模式，协同推进相关工作。

第二，责任落实、任务成库。"城市修补、生态修复"工作不仅是规划工作，更是一项具有实施性、实效性的工作，其内容丰富、覆盖面广，是一个相对庞大的项目计划，需要投入的行政管理精力也是巨大的。工作开展后，三亚并没有重新组织单独的行政管理部门，而是根据"城市修补、生态修复"的不同方面，在"城市修补、生态修复"总体规划引导下，形成了作为实施抓手的工作清单（图4-6），并将具体任务分解到与城市建设相关的各局、各单位，将责任分项落实，既保证了各部门可以共同参与、共同分担，又保证了各项目随时跟踪、及时对接（图4-7）。这种责任落实方式也体现了一个城市的管理水平和政府的治理能力，需要各个部门建立起顺畅、便捷的沟通渠道，及时对接、各担其责。三亚作为试点城市，在这方面的先行探索意义，不仅是工作技术方法上的试点探索，也是城市综合管理能力方面的试点探索。

简要总结以上内容，即结合城市治理的要求，在工作的组织开展上首先要强化组织领导，要结合实际，加强城市"城市修补、生态修复"工作组织领导顶层设计、统筹协调和政策配套；明确牵头单位、工作职责，形成部门协同、上下联动的组织体系和长效机制；统筹好各项工作安排和部门分工，制订详细的工作方案；细化任务，明确时限和要求，逐级落实责任。

同时，结合工作的开展，也需要建立长效的监督机制。住房和城乡建设部负责会同有关部门、技术机构定期、不定期对各省城市"城市修补、生态修复"工作进行督导巡视，定期向社会通报城市"城市修补、生态修复"工作成效进展、问题经验。各省住建部门应建立相应的监督机制，通过日常监督与专项检查结合、第三方机构综合评估等方式，强化对"城市修补、生态修复"工作督查落实。

	项目名称	工作内容	时间进度计划 6月	7月	8月	9月	10月	11月	12月	责任部门	设计单位
1	《三亚市生态修复城市修补总体规划》	1)生态修复：包括对城市山、河、湿地、海岸带等要素的保护和修复。（重点工作内容）2)城市修补：包括对城市形态、天际线轮廓、城市色彩、建筑风格、绿化景观、广告牌匾、城市夜景照明等系统的指引要求。（重点工作内容六大战役内容：城市形态、天际线轮廓修补、城市色彩修补、广告牌匾的整治、绿化景观的修补、城市夜景照明修补、继续拆除违章建设）	6月提出初步方案	分项指导同步推进	分项指导同步推进，实施项目指引	分项指导同步推进，实施项目指引	分项指导同步推进，月底完成初步成果	实施反馈，修改完善成果	12月最终成果	市规划局	中规院
2	《三亚解放路（南段）综合环境建设规划》	首先以三亚河西半岛中部的解放路南段（解放一路）的街区连接起来，设计生态修复城市修补工作要求，重点进行街道线行营造景观整治，建筑风貌、立面、色彩优化，街道步行行道树修补、绿化景观提升，夜景照明完善等方面的工作	6月提交初步方案	7月开始重点地段示范实施	8月重点节点示范	9月提交最终成果	重点示范跟踪指导实施	重点示范跟踪指导实施	重点示范跟踪指导实施	市规划局	中规院
3	《三亚市中心城区水系综合规划》	宏观部分主要是确定中心城区的水系结构，确定水系连通的方案中观部分的工作内容是对中心城区水系的保护和开发利用提出细部设计；微观部分是分段提出水系及滨水地区的景观设计导则，分为改造导引和新建导引两种方式进行，对滨水区域的设计开发提出明确导则	6月现场调研	7月中旬成果汇报完成1-2个重点区域导则	8月中旬完成中观成果，完成宏观中观规划内容	9月底完成并提交最终成果	重点示范跟踪指导实施	重点示范跟踪指导实施	重点示范跟踪指导实施	市水务局	土人规划
4	《三亚市综合管廊专项规划》	1.综合管廊规划建设的目标、原则、技术要求。2.国内外综合管廊规划建设案例分析。3.综合管廊建设需求分析。4.综合管廊系统布局规划。5.综合管廊断面形式与位置。6.综合管廊附属设施规划。7.综合管廊与其他建设项目协调。8.投资估算规模与实施安排。9.综合管廊运营管理与维护		确定近期实施成果	提交中间成果	提交纲要成果	基本完成最终成果	对接指导实施，双向反馈	完成最终成果	市住建局	中规院
5	《三亚市海绵城市建设总体规划》	1.主要问题分析。2.规划目标及具体指标。3.针对建筑与小区、城市道路、绿地与广场等提出海绵城市建设的实施要求和实施效果衡量。指导相关工程设计。4.结合水系和绿地调蓄、雨水湿地等设施调蓄、净化经滚雨水，对于城市雨水管渠的水系入口、城市道路的排水口提出海绵城市建设要求等	6月现场调研	7月提出详细经济参数，为实时性项目提供参考	提交纲要成果	基本完成最终成果	对接指导实施项目，双向反馈	对接指导实施项目，完成最终成果		市住建局	中规院
6	《环三亚湾岸线修复整体规划》	通过对三亚市重点岸线泥沙（平衡）黑化，海滩侵蚀等现状与历史调查，提出适当措施，控制、修复海岸侵蚀	项目启动	完成调查评估	规划方案及沟通交流	规划编制完成，通过详审会	提交规划成果			市海洋局	（琼州学院）南京大学或南京水科院

	项目名称	工作内容	时间进度计划 6月 上旬	6月 中旬	6月 下旬	7月 上旬	7月 中旬	7月 下旬	8月 上旬	8月 中旬	8月 下旬	9月	责任部门	设计单位
1	《三亚市春光路临春岭城市果园景观施工图设计》	城市果园位于东河与邻春岭之间，将山体与水系连接起来，设计一方面会发挥公园的连续作用，成为整个城市绿地系统的必要补充，同时也会为市民休闲提供一个理想的目的地。工作内容包括概念方案设计、方案深化、扩初设计、施工图	现场工作	方案设计	完成方案和初步方案汇报	设计推进	完成修改方案	7月22日方案修改汇报	施工图设计	施工图设计汇报	8月底前完成施工图，指导施工，开始建设	指导施工，开始建设	市住建局	待确定
2	《三亚市春光路红树林生态公园规划方案及施工图设计》	场地破坏严重，设计将会在恢复红树林生境的同时，将科普休闲活动结合进去。工作内容包括概念方案设计、方案深化、扩初设计、施工图	现场工作	方案设计	完成方案和初步方案汇报	设计推进	完成修改方案	7月22日修改方案汇报	施工图设计	施工图设计汇报	8月底前完成施工图，指导施工，开始建设	指导施工，开始建设	市住建局	待确定
3	《三亚市鹿回头广场升级改造工程概念规划设计方案及施工图设计》	地下车库、地下的人防设计、滨水栈道、铺装广场、构筑物、配套小商业、景观水体、植物绿化、海绵城市专项设计、市政专项设计、码头方案、提岸方案、水上喷泉方案等	现场工作	方案设计	完成方案和初步方案汇报	设计推进	完成修改方案	修改方案	施工图设计	施工图设计汇报	8月底前完成施工图，指导施工，开始建设	指导施工，开始建设	市住建局	UI公司和雅克设计机构
4	《三亚市大东海广场升级改造工程概念规划设计方案及施工图设计》	城市馆（不含场馆室内设计）（含旅游咨询点）、地下的人防设计、地下停车场、配套小商业、广场铺装、景观水体、构筑物、绿化、市政专项设计、海绵城市专项设计	现场工作	方案设计	完成方案和初步方案汇报	设计推进	完成修改方案	修改方案	施工图设计	施工图设计汇报	8月底前完成施工图，指导施工，开始建设	指导施工，开始建设	市住建局	UI公司和雅克设计机构
5	《三亚东、西两河景观施工图设计》	按照海绵城市的总体要求，将两河四岸作为实施海绵城市的主要抓手，结合滨水地区的特点，综合考虑滨路的景观品质提升、市政管养、雨洪管理、行人的舒适使用、河道污染治理等方面要求，通过合理的设置海绵城市设施进行综合管网与环境景观的整合规划与设计	现场工作	方案设计	完成方案和初步方案汇报	设计推进	确定施工设计段落	7月20日施工图汇报	8月确定施工图设计	施工图设计汇报	8月底前完成施工图，指导施工，开始建设	指导施工，开始建设	市住建局	中规院
6	《三亚市白鹭公园生态恢复和景观提升工程施工图设计》	通过对现有公园空间的梳理，创造良好白鹭生境的同时满足市民休闲需求，打造人与自然和谐共处的城市生态公园。工作内容包括概念方案设计、方案深化、扩初设计、施工图	现场工作	方案设计	完成方案和初步方案汇报	设计推进	完成修改方案	修改方案	施工图设计	施工图设计汇报	8月底前完成施工图，指导施工，开始建设	指导施工，开始建设	市园林局	土人规划
7	《三亚市凤凰路景观提升工程施工图设计》	在明确凤凰路整体定位的基础上，形成对道路景观的整体设想，提出设计理念，满足城市通勤功能需求的同时，提升城市整体形象的同时发挥其生态功能。工作内容包括：整体概念方案、深化设计、扩初设计及施工图设计	现场工作	方案设计	完成初步方案汇报	设计推进	完成修改方案	修改方案	施工图设计	施工图设计汇报	8月底前完成施工图，指导施工，开始建设	指导施工，开始建设	市园林局	土人规划
8	《三亚市迎宾路景观提升工程施工图设计》	按照海绵城市的总体要求，综合考虑道路的景观品质提升、雨洪管理、绿色街道景观、行人的舒适使用等方面，进行综合的规划设计。分析道路两侧的绿化景观的问题：根据道路功能的不同，确定各区段功能的主题和形象定位，选择	现场工作	方案设计	完成初步方案汇报	7月5日初步方案汇报	设计推进	设计推进	确定修改方案	8月15日汇报修改方案	8月底前完成施工图，指导施工，开始建设	指导施工，开始建设	市住林局	中规院
9	《三亚市榆亚路景观提升工程施工图设计》	特色树种和花卉、灌木、草地连道地树，反映主体城市目标，合理地设置海绵城市的设施，完成施工图设计	现场工作	方案设计	完成初步方案汇报	7月5日初步方案汇报	设计推进	设计推进	确定修改方案	8月汇报修改施工	8月底前完成施工图，指导施工，开始建设	指导施工，开始建设	市住林局	中规院
10	《三亚市月川湿地公园景观施工图设计》	利用现有湿地资源，结合现状条件，最小干预为原则，保护与恢复为目标，创造一个集生态与休闲一体的城市湿地公园。工作内容包括概念方案设计、方案深化、施工图	现场工作	方案设计	完成初步方案汇报	设计推进	完成修改方案	7月22日施工图设计汇报	施工图设计	8月底前完成施工图-指导施工，开始建设	指导施工，开始建设	市住林局	土人规划
11	《解放路（南段）示范段施工图设计》	以光明路和解放路交叉口一带两侧约200米左右的区段，作为近期实施范段，体现综合环境建设要求	现场工作	方案设计	设计推进	施工图设计	施工图设计汇报	完成施工图	跟踪对接指导实施	指导施工，开始建设			市住林局	中规院

图4-6 三亚"城市修补、生态修复"部分规划设计及实施工作列表 来源：自绘

图4-7　中规院规划工作人员与三亚政府各部门进行工作对接和讨论　来源：作者拍摄

五、社会动员

　　"人民城市为人民"，城市管理、治理工作中应当体现"以人为本"的理念，而城市"城市修补、生态修复"工作更是与市民利益、公共活动息息相关，工作过程中必然应注重广泛、深入、全面的公众关注与参与。这项工作也需要积极动员广大群众、整个社会的关注和参与。工作中要积极主动地去了解群众所想、所需、所急，去解决城市中的人面临的一些现实问题。三亚"城市修补、生态修复"的工作，既是专业技术人员的一项工作，同时也是一个多方互动的平台，规划师等技术人员在其中需要起到组织、传播、协调的作用，要积极了解群众诉求，动员社会力量参与（图4-8）。

　　在三亚"城市修补、生态修复"工作中，技术组通过网络媒体等渠道发放了大量调研问卷，征求公众意见，以发现三亚最突出的城市问题；此外还通过驻场工作、实地踏勘、走访座谈等，既与市民有了更多的交流机会，又能更切身地体

图4-8　三亚"城市修补、生态修复"工作中的公众参与和交流　来源：作者拍摄

会市民生活，深入了解这座城市的内涵。例如解放路示范段的修补改造方案制定过程中，规划局专门组织相关业主召开会议征求改造意见，业主们听取了改造初步方案、提出了一些疑问和建议，最终达成了实施改造的共识，保证了工作顺利开展。

媒体的介绍和宣传也是社会动员的重要手段。三亚城市"城市修补、生态修复"在工作过程中还进行了充分的宣讲宣传，以让广大社会公众都了解这项工作是什么，要做什么，可以带来什么样的效果。中国城市规划设计研究院技术组在工作中对行政管理部门召开多场"城市修补、生态修复"理论研讨宣传会，相关部门也采用电视、报纸、网络、微信公众平台、户外展板等媒体对公众进行广泛宣传，普及"城市修补、生态修复"的理念、公布"城市修补、生态修复"的成效，使全市上下形成了高度共识。因此，在未来"城市修补、生态修复"工作推广中，也需要注重利用各种电视媒体、网络平台、报纸传媒等媒介，通过开设专门网站、微信宣传、新闻报道、报纸专栏、出版丛书、期刊专刊等方式，广泛宣传并推广"城市修补、生态修复"理念，从民生、生态的角度，积极宣传各地优秀的工作经验和做法，强化示范效应，凝聚社会共识，为持续推进各地的城市"城市修补、生态修复"工作营造良好的社会环境和舆论氛围（图4-9）。

此外，三亚的"城市修补、生态修复"工作还应充分发挥市场的作用，考虑逐步吸取广大社会资金的进入，使社会人士共同参与到这项工作中来。例如，在三亚抱坡岭山体修复的工作中，即争取到临近地块业主单位的资金参与到山体修复和公园建设的工作中来；此外将来在有关河道生态修复、绿地修补、建筑立面色彩修补、综合环境建设等方面，也将考虑逐步吸纳相关业主单位资金、其他社会资金在一定的规则下参与到这项工作中来。

图 4-9　有关三亚"城市修补、生态修复"工作的媒体报道

来源：http://news.0898.net/GB/368630/372647/372990/index.html;http://news.hainan.net/
gundong/2015/11/17/2618800.shtml；http://www.v4.cc/News-1858470.html;http://hi.people.cn/GB/
n2/2016/0726/c231190-28730251.html

六、市民觉悟

　　"人民城市人民建"，城市的规划、建设、管理，既需要了解公众的意愿，也需要广大公众的积极参与，更需要通过这种亲身的参与和体会，进一步激发市民的责任与觉悟，提升城市的文明素质。

　　《中共中央 国务院关于进一步加强城市规划建设管理工作的若干意见》中提到，"提高市民文明素质。以加强和改进城市规划建设管理来满足人民群众日益增长的物质文化需要，以提升市民文明素质推动城市治理水平的不断提高。……促进市民形成良好的道德素养和社会风尚，提高企业、社会组织和市民参与城市治理的意识和能力。……建立完善市民行为规范，增强市民法治意识"。一个时代的精神会反映在城市物质空间上，而反过来，城市空间也可以塑造人的精神品格。"城市修补、生态修复"工作，既是一项以人为本、提升市民生活物质空间环境品质的工作，同时也应是一项对市民起到教育作用、提高市民觉悟、提升市民文明素质、促进城市文明发展的工作。

　　"城市修补、生态修复"作为未来关系城市发展建设、有关社会民生的一项综合性工作，城市政府、社会公众、相关单位等的角色和作用应当逐步明晰，而工作开展的方式也应当更加可持续化，避免出现短时期、运动式的特征，避免"政府部门埋头干、群众企业旁边看"情况的再现。城市政府的作用应当由主导逐渐走向引导，先期所做的各项工作从示范逐渐走向推广；同时也要发动、鼓励广大社会公众以及相关单位、企业等，从常常会出现的"袖手旁观"现象到愿意干、一起干，积极主动参与到这项工作中来（图4-10）。

图4-10　三亚"城市修补、生态修复"工作中市民和志愿者参加的植树活动　来源：作者拍摄

七、依法依规

《中共中央国务院关于深入推进城市执法体制改革改进城市管理工作的指导意见》中的"完善保障机制"中要求："健全法律法规。加强城市管理和执法方面的立法工作，完善配套法规和规章，实现深化改革与法治保障有机统一，发挥立法对改革的引领和规范作用。有立法权的城市要根据立法法的规定，加快制定城市管理执法方面的地方性法规、规章，明晰城市管理执法范围、程序等内容，规范城市管理执法的权力和责任。……加快制定修订一批城市管理和综合执法方面的标准，形成完备的标准体系。"

从"城市修补、生态修复"工作的开展来看，要实现统筹规划、建设、管理，切实提升城市治理和精细化管理的水平，法律法规、相关管理规定等的保障支撑是关键。

（一）法律法规保障

结合"城市修补、生态修复"工作的要求，有条件的地区应结合实际逐步推进一些地方立法工作，来保障"城市修补、生态修复"的工作成果。

"城市修补、生态修复"工作作为一种与城市治理、公共管理密切相关的工作，需要尽快开展相应的地方立法工作，以获得相应的行政权力和执行依据，从而避免法律执行上对现有法律的滥用、监督机制的缺位等问题。在这方面，可参照与这项工作类似的城市更新相关工作。如深圳、广州、上海等城市设置了城市更新管理机构，在地方立法上做出了一些较为切实的工作。深圳 2009 年颁布了地方政府规章《深圳市城市更新办法》，并于 2010 年出台《深圳市城市更新办法实施细则》，而更高层次的地方立法《深圳市城市更新条例》已经列入立法计划中。此外，上海市规划和国土资源管理局也于 2015 年 2 月颁布了《上海市城市更新规划实施办法（试行）》的征求意见稿。广州市于 2016 年 1 月颁布了《广州市城市更新办法》。关于城市更新的立法工作正在持续开展并逐步完善。

因此，想要在城市"城市修补、生态修复"工作及城市更新工作中最大程度促进公众参与，保障和实现城市公共利益，切实提升居民的生活环境质量，实现城市的可持续发展，都要依赖于相关立法工作的不断完善，这方面工作任重而道远。与此同时，有关"城市修补、生态修复"中的重要成果，特别是一些底线性要素、一些核心要素，如绿地广场、河道山体、其他重要生态要素等，也需要通过立法

图 4-11　三亚立法保护的白鹭公园　来源：左图：http://tourism.hainan.gov.cn/Goverment/jiaodianxinwen/
lvyouyaowen/201509/t20150923_64307.htm，右图：作者拍摄

的手段来加以保护和保障。

　　在这方面，这次三亚"城市修补、生态修复"工作中就特别注重立法工作的开展。以白鹭公园为例，海南省三亚市 2015 年 6 月 1 日获得地方立法权后，第一部地方性法规即为保护城市公园而建立。9 月 24 日，三亚市首部地方性法规《三亚市白鹭公园保护管理规定》获得海南省五届人大常委会第十七次会议表决通过，将于2015 年 12 月 1 日起正式实施（图 4-11）。

　　2014 年 1 月，国务院批复同意三亚市撤镇设区，三亚成为新修改的《立法》公布实施后全国首批开始行使地方立法权的城市。三亚市在广泛征求社会各界建议和充分论证后，将白鹭公园列为取得地方立法权后的首个立法项目。白鹭公园是三亚的城市公园，位于临春河畔，地处三亚河红树林保护区的边缘，占地面积26.7 公顷，其中水域面积 9.6 公顷。2002 年初步建成开放后，是市民和游客的主要休闲场所之一，也是三亚市中心城区实行开放性管理的城市公园之一。因其地理位置突出，环境优雅，红树林资源丰富，不仅成为白鹭的栖息地之一，也是市民主要的休闲场所。

　　近年来，随着三亚市的高速发展，城市土地尤其是市中心土地成为越来越稀缺的资源，为了守住三亚市为数不多的公园绿地，有必要立法明确白鹭公园的功能定位，提升白鹭公园的规划用地调整的审批标准，限制公园绿地改变用途。《三亚市白鹭公园保护管理规定》对白鹭公园性质和功能定位、用地和规划保护、保护管理体制进行丰富完善，对商业活动及游园行为进行约束，明确白鹭公园的主管部门，并制定了相应惩罚措施。将白鹭公园定位为公益性的城市基础设施，是改善区域性生态环境的公共绿地，是供公众游览、休憩、观赏的场所。白鹭公园的保护管理区域为：东至凤凰路，西至临春河岸，南至椰景蓝岸小区，北至新风路、

图 4-12   三亚将进一步扩大立法保护范围，将核心资源要素纳入法律保护   来源：自绘

图书馆。《规定》明确指出，"经批准的白鹭公园规划不得擅自变更；任何单位和个人不得侵占依法确定的白鹭公园用地或者擅自改变其使用性质；任何单位和个人不得在白鹭公园内建设住宅、会所、办公楼以及其他与公园功能无关的建筑物、构筑物及临时设施；白鹭公园的建设、保护和管理等所需经费列入本级财政预算"。

　　三亚市立法保护白鹭公园真正实现了让景于民、让绿于民，切实提高了广大人民群众的生活幸福指数。三亚市应持续用足用好立法权限，继白鹭公园保护和管理立法后，还将对城乡建设与管理、环境保护、历史文化保护等方面的事项制定地方性法规，推进山体保护、三亚湾管理、城市河道生态体系管理、海岸线生态体系保护等城市建设管理的立法工作（图 4-12）。

（二）相关管理规定支撑

　　在法律法规之下，还需要进一步完善配合"城市修补、生态修复"工作的各部门相关管理规定，细化保障"城市修补、生态修复"工作实施的各项技术标准和导则指引等内容。

　　"城市修补、生态修复"工作作为一种存量更新式的规划建设形式，是在基本上不新增城市建设用地（经济容量）的基础上实现城市建成环境的提升。要在"城市修补、生态修复"工作中实现城市建成环境综合品质的提升，就要保证各责任主体单位在"城市修补、生态修复"工作的推进中达到各自的优化和提升。这就需要政府的各个责任主体单位建立健全相应的配合"城市修补、生态修复"工作的管理规定，从规范化管理的角度出发，对基础设施建设、公共服务设施建设、公共绿地建设、建筑审批、广告牌匾审批等一系列城市"城市修补、生态修复"工作提供管理审批方面的依据，实现空间环境的优化、绿化环境的提升、道路交通的改善、文化传承及创新等综合品质的提升，真正做到精细化的管理和审批，保证"城市修补、生态修复"工作取得成效。

"城市修补、生态修复"是针对现状城市发展中存在的各方面问题，采取适当的方法进行修复、完善、更新及改造。"修复"和"修补"作为重要的技术方法，对城市"城市修补、生态修复"工作成功与否起到关键作用。在修复和修补的原则策略制定的过程中，需要采取正确的技术方法和建设指引以保证所制定的原则、策略的正确性。因此，需要在"城市修补、生态修复"工作的推进过程中通过实践工作和经验总结，同步推进相关的各项技术标准和建设导则的制定，为"城市修补、生态修复"工作提供相应的管理标准和技术指引。三亚在这次"城市修补、生态修复"工作中，为实现城市治理水平的提升，在相关管理规定、制度建设完善方面进行了大量的工作，后续工作也还在进一步开展中。

为进一步加强对城市发展建设的规划管理，确保三亚市"生态修复、城市修补"总体规划的有效实施，结合《三亚市城市总体规划（2011-2020年）》、《三亚市"城市修补、生态修复"总体规划》以及三亚市实际情况，进一步拟定《三亚市"城市修补、生态修复"建设标准指引》（以下简称《指引》），对三亚市城市"城市修补、生态修复"工作的开展提供相应的建设标准和主要依据。

指引主要包含两大部分，即"生态修复"建设标准指引和"城市修补"建设标准指引。其中生态修复建设标准指引包括对山的保护和修复、河及河流廊道的保护和修复、海岸及海的保护和修复以及城市废弃地的修复等四部分主要内容。"城市修补"建设标准指引包括对建筑高度天际线、建筑色彩风貌、户外广告牌匾设置、城市绿地景观、城市夜景照明以及违章建筑拆除等六部分主要内容。该《指引》尽量以量化和建设标准的方式，对三亚市"城市修补、生态修复"工作中的具体规划建设提出标准指引和量化依据，从技术层面保障城市"城市修补、生态修复"工作的开展和推进，也以此为指导，配合政府各相关部门来深化和制定相关的标准规定。

在前述《指引》基础上，如针对现状建筑风貌杂乱的问题，结合当前城市工作的要求，三亚着手制定《三亚市建筑风貌管理办法》。为落实住房和城乡建设部和省市领导关于加强城乡规划管理全面提升城乡建设品质，做好"城市修补、生态修复"工作，加强三亚市建筑风貌的管控，打造国际化热带滨海旅游精品城市，成为全国城市转型发展的试点市，根据市领导工作部署，结合三亚市实际，三亚市规划局于 2015 年 10 月牵头起草《三亚市建筑风貌管理办法》（以下简称《办法》）。《办法》从规划部门审批和管理的角度出发，通过对城市建筑的空间形态、建筑风格、建筑色彩、立面效果等有关建筑风貌内容进行审核，使其成为有效的规范和管控城市建筑风貌的重要依据（图 4-13）。

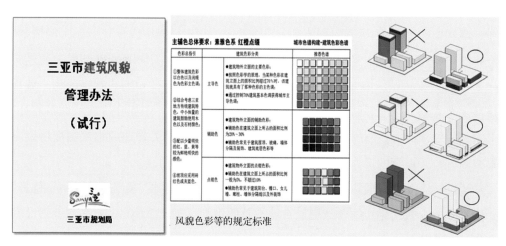

图 4-13　三亚市建筑风貌管理办法　来源：自绘

《办法》希望对城市风貌管控起到的主要作用包括以下四个方面。第一，总体引导：对城市建筑总体风貌起到指引作用。本《办法》希望通过对城市建筑风貌在建筑风形态、形体组合、色彩、材质、特色元素等方面提出总体的指引及要求，从而对城市建筑总体风貌起到管控和指引作用。第二，底线控制：杜绝风貌不良、丑陋的建筑产生。本《办法》将重点放在对风貌底线的控制上，也就是通过明确的条文禁止风貌不良、甚至丑陋的建筑产生。例如建筑色彩方面"禁止使用深色为主色调，并且禁止大面积使用高纯度高饱和度的色彩"；建筑材质方面"禁止采用大面积高反射系数的材料"等。第三，鼓励创新：避免限制过死，鼓励有约束的创新。本《办法》同样保持"鼓励创新"的原则。避免将建筑风貌限制地过死，鼓励有约束条件的创新，尤其是鼓励大型公共建筑、标志性建筑以及生态节能等新理念建筑在设计、技术、材料等方面的创新，打造三亚的特色精品。第四，采用图例以及举例示意的形式便于理解和执行。通过以上四个方面的作用，协助城乡规划主管部门组织编制城市风貌规划和建筑风貌技术导则，核发建设项目规划设计条件中提出建筑风貌控制的设计要求，并监督和规范规划编制单位应在控制性详细规划成果中落实建筑风格、风貌特色等建筑风貌的内容，重点区域应增加城市风貌规划图则。同时结合《办法》中对城市建筑风貌的相关规定，市城乡规划主管部门应组织专家对建筑设计方案中建筑空间形态、建筑风格、建筑色彩、立面效果等有关建筑风貌内容进行咨询或评审；特殊地段、重要区域、重大项目的建筑设计方案应提交市城乡规划委员会进行审议，强化对三亚市建筑风貌的审批和管控。

同时，进一步在《三亚市建筑风貌管理办法》的基础上，主要针对建筑风貌指引和管控的技术性问题提出的建筑风貌综合性技术标准，制定《三亚市建筑风貌技术标准》（以下简称《标准》）。《标准》的主要内容包括对三亚市的主要建筑风格、建筑形态、建筑形体组合、建筑色彩、建筑材质、主要建筑元素以及历史文化建筑提出相应的指引和管控；并且在规划项目审核和建筑方案审查过程中，提出针对建筑风貌相关内容及成果的特定要求。《标准》以"易于理解"为主要编制原则进行制定，因此采取了图文结合的方式，多用图例及图表，通过举例的形式直观地示范什么是建筑风貌好的范例，什么是建筑风貌不好的案例。条文采用明确而简洁的法规条文形式，对建筑风貌的主要方面提出明确的标准要求；而条文解释采用图文结合的方式，详细而直观地通过图片案例以及相关文字要求，对建筑风貌提出管控与指引。本《标准》的制定从技术管理方面对三亚市的建筑审批和管控提供了一定的技术支撑，为三亚市"城市修补、生态修复"工作中关于城市风貌整治工作的有效推进提供了技术标准上的重要依据。

针对户外广告杂乱的突出问题，三亚进行了《三亚市户外广告设置技术标准》的制定工作。在三亚"城市修补、生态修复"工作总体思路中，提出关于城市修补的"六大战役"，其中明确将广告牌匾整治列为重要的一项工作，并且积极推进了广告牌匾的整治工作。此次"城市修补、生态修复"工作不仅仅是一个短期的整治工程，而是希望结合整治工作探索建立一个长效的机制，指导后续工作的开展。因此，希望通过制度的建设以及标准的完善建立健全制度保障，保证"城市修补、生态修复"工作的开展。因此，此次编制《三亚市户外广告设置技术标准》（以下简称《技术标准》）对此后广告牌匾整治规划的制定以及相应整治工作的施工及建设具有重要的指导和规范意义。

三亚市现状建筑户外广告牌匾的主要问题体现在三个方面。首先，影响环境品质：沿街广告牌匾大小各异，形式不一，色彩杂乱，材质低劣，设置随意且缺乏必要的维护，严重影响建筑风貌品质。其次，破坏空间安全：沿路设置，横幅或独立式广告，破坏步行空间，影响街道环境及交通安全。最后，在管理方面存在问题：三亚自2006年起就陆续出台了关于户外广告设施设置的管理办法以及技术标准，并进行过多次修订与完善，但由于各方面的原因，现状广告牌匾的管理依旧存在诸多问题，没能得到很好的执行。本次制定《三亚市建筑户外广告牌匾设置技术标准》，希望结合实际工作，使其更加具有针对性且更加完善和细化，便于操作和管理（图4-14）。

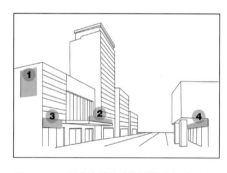
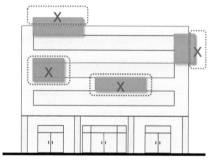

图4-14　三亚市户外广告设置技术标准　来源：自绘

此次《技术标准》的主要原则包括四个方面。第一，尊重延续、完善补充："新标准"与"原标准"的关系。"新标准"在尊重和延续"原标准"主要内容的基础上，更加有针对性地对建筑户外广告牌匾这种特定广告设施的位置、尺寸、颜色、材质、形式等方面提出了进一步细化的要求；并且在原有标准的基础上增加了更多图示化的内容，便于理解。第二，问题导向、突出重点：针对现状问题，提出重点整治要求。从三亚"城市修补、生态修复"——广告牌匾整治工作中出现的具体问题入手，更加有针对性和突出重点地解决三亚市广告牌匾目前存在的问题，以条文的形式明确指出哪些位置不能设置广告，以及对广告设置的具体要求，有效指导整治工作的开展。第三，图文结合、易于理解：多用图例、举例示意。采用结合尺寸标注的图示形式以及举例示意的方式，直观而明确地对广告牌匾的设置位置、形式及尺寸等方面提出标准要求。第四，实时操作、指导示范：制订近期行动计划并予以示范。面向实时操作，制订广告牌匾近期整治的行动计划；结合近期拟定实施的主要街道及街区，进行指导示范。

《技术标准》的内容组成包括两部分：条文及条文解释。条文采用明确而简洁的规范条文形式，对建筑户外广告牌匾设置的主要方面提出明确的标准和要求；条文解释采用图文结合的方式，详细而直观地通过图示及尺寸标注以及相关文字要求，对广告的设置提出管控与指引。

以上仅是一部分正在开展的法规标准等的工作。三亚各相关部门，包括规划局、住建局、交通局、林业局、园林局等，也都在结合各局职能，大力推进这方面相关工作（图 4-15）。

关于"城市修补、生态修复"工作：

- 《三亚市白鹭公园保护管理规定》（已获得海南省五届人大常委会第十七次会议表决通过并实施）
- 《三亚市"生态修复、城市修补"建设标准指引》（规划局，已完成初稿，现征求各单位意见）
- 《三亚市建筑风貌管理办法》（规划局，已完成初稿，现征求各单位意见）
- 《三亚市建筑风貌技术标准》（规划局，已完成初稿，现征求各单位意见）
- 《三亚市建筑户外广告牌匾设置标准》（规划局，已完成初稿，征求各单位意见）
- 《三亚市公交站点设施管理暂行规定》（交通局，已完成初稿，现征求各单位意见）
- 《三亚市山体保护条例（草案）》（林业局，市政府常务会已通过，现上报市人大审议）
- 《三亚市绿线管理办法》（园林局，已完成初稿，现征求各单位意见）
- 《三亚市河道生态保护管理规定》（水务局，市政府常务会已通过，现上报市人大审议）

关于"双城"工作：

- 《三亚市海绵城市建设技术导则和管理暂行办法》（规划局，已完成初稿，现征求各单位意见）
- 《三亚市城市综合管廊建设技术导则和三亚市城市地下综合管廊规划建设管理暂行办法》（住建局，已完成初稿，现征求各单位意见）

图 4-15 三亚结合"城市修补、生态修复"的部分相关法律法规、标准规范完善工作情况（截至2016 年 6 月）来源：自绘

八、共修共享

"城市，让生活更美好"，人们为了更好地生活来到城市。当前在社会进步、城市发展的转型期，毋庸置疑，以人为本、让人民群众有更多的"获得感"应该是当下城市治理所应关注的。城市治理并不仅仅是政府公共部门的"内部事务"，正所谓"人民城市人民建、人民城市为人民"，"人人为我、我为人人"。

"城市修补、生态修复"工作是创造优美环境、文明城市的过程，也是更新观念的过程。城市，是全体市民共同的家。城市提供的公共空间环境就是最普惠的公共物品，营造优良的宜居环境就是最大的民生。"城市修补、生态修复"工作是为了人民群众，成果由人民群众共享，但也得依靠人民群众来共建共修，开展"城市修补、生态修复"工作需要全体市民的参与，而不仅仅是政府部门的事。中央城市工作会议精神中提到，"统筹城市规划、建设、管理三大环节，提高城市工作的系统性"，"统筹政府、社会、市民三大主体，提高各方推动城市发展的积极性。……鼓励企业和市民通过各种方式参与城市建设、管理，真正实现城市共治共管、共建共享"（图4-16）。"城市修补、生态修复"工作需要广大公众的积极参与，也需要通过这种参与、沟通、协商、互动，推动广大公众在这个过程中分担责任、承担义务，推动社会的发展、文明的进步。这个提升城市治理水平的过程，也是"共修共享"城市的过程。只有我们每一位市民增强主人翁意识，树立依法依规的意识，规范自身行为，城市治理才会不断取得新进展，城市面貌才会日新月异，人居环境才会不断得以改善和提高。

在当前城市发展转型宏观背景下，"城市修补、生态修复"工作是一项系统性、综合性、持续性的工作，这不仅仅是物质空间环境的修补、修复，也是涉及城市治理的各项法规制度等软环境的修补、修复；它不止于城市物质空间环境，还要回归和落脚于城市物质空间环境。城市如同一个有机生命体，"城市修补、生态修复"工作正是针对当前突出的"城市病"的问题。同时我们也应认识到，"城市修补、生态修复"工作绝不仅仅是一项"头痛医头、脚痛医脚"的事情，这是一项需要系统梳理、综合治理、持续提升的工作，也是一项需要"内外兼修"的工作。

另外，从"城市修补、生态修复"工作所具有的社会意义来说，它不仅仅是针对城市物质空间环境的修补、修复和完善，也是对城市社会发展、文明进步过程的一个修补、完善。因为，只有当每一个"城市人"都积极地融入城市发展、社会进步过程中，我们的城市才能"让生活更美好"！

图 4-16　三亚市全民参与城市管理专题网　来源：http://qmcg.sanya.gov.cn/

第五章　**总结篇**

"城市修补""生态修复"是中央城市工作会议确定的重要任务，是以解决我国城市发展存在的主要问题为导向，其深层的涵义是推动城市治理方式的改革，建立城市健康发展的长效机制，真正实现城市规划建设管理的转型发展。

　　在"一个规律、五个统筹"的原则之下，"城市修补、生态修复"要推进形成一种新的带有方向性的城市发展。所谓"方向性"，是指一种新的社会价值，即以推进经济、政治、文化、社会、生态建设"五位一体"总体布局为目标，突破过去那种以追求环境品质提升为主、甚至是以单纯的视觉效果改善为目标的环境整治模式，探索建立城市的整体性治理模式，谋求更加全面、更加整体的发展。城市规划作为重要的政府职能，应在这个过程中发挥无可替代的作用。

一、"城市修补、生态修复"的政策含义

（一）基本的政策要求

　　在城乡规划建设的专业领域，尽管大家可以靠着过去的工作经验，对"城市修补""生态修复"这两个术语望文生义，但作为一项新的城市政策，"城市修补、生态修复"有着许多技术层面无法包含的意义。

　　中央城市工作会议的召开标志着我国城市发展进入一个新时期。城市规划建设管理在认识、尊重、顺应城市发展规律的基础上，统筹五个方面的关系，其中在"统筹生产、生活、生态三大布局，提高城市发展的宜居性"中提到"要大力开展生态修复，让城市再现绿水青山"，这是推进生态文明建设和绿色发展的基本要求。在"统筹规划、建设、管理三大环节，提高城市工作的系统性"中，强调了"要加强城市设计，提倡城市修补"，接着强调了"加强城市的空间立体性、平面协调性、风貌整体性、文脉延续性等方面的规划和管控，留住城市特有的地域环境、文化特色、建筑风格等'基因'"❶，这一段实际上明确了城市内涵式发展的一种途径，即通过"城市修补"，来传承、延续和塑造地域的和文化的城市特色，城市设计方法的采用对做好"城市修补"是必要的。

　　2016 年 2 月 6 日《中共中央国务院关于进一步加强城市规划建设管理工作的若干意见》（即大家熟知的中央 6 号文件）进一步明确了"生态修复"和"城市修补"工作的背景。该文件第 21 条提出"恢复城市自然生态。制定并实施生态修复工作

---

❶　引自 2015 年《中央城市工作会议》新闻通稿。

方案，有计划有步骤地修复被破坏的山体、河流、湿地、植被，积极推进采矿废弃地修复和再利用，治理污染土地，恢复城市自然生态"。第8条提出"保护历史文化风貌。有序实施城市修补和有机更新，解决老城区环境品质下降、空间秩序混乱、历史文化遗产损毁等问题，促进建筑物、街道立面、天际线、色彩和环境更加协调、优美"。由此，文件明确了"城市修补、生态修复"作为一项新的政策在营造城市宜居环境、塑造特色风貌方面的基本意图。

随着"城市修补、生态修复"工作的推开，住房和城乡建设部推出了第二批和第三批试点城市，加上第一批的三亚市，共58座城市，根据自身实际制定"城市修补、生态修复"的方案，探索治理城市病、改善人居环境、转变城市发展方式的有效手段，试点要求按照推进绿色发展的理念和要求，探索总结更多可复制、可推广的经验❶。

从上述几个文件学习可以清楚地看到，"城市修补、生态修复"是新时期一项重要的城市政策，推进生态文明建设、形成绿色发展方式和生活方式、营造宜居环境、塑造特色风貌，构成了"城市修补、生态修复"政策的基本维度。

（二）"城市修补"和"生态修复"是一个整体

基于实践我们认识到，开展"城市修补、生态修复"，应当正确理解和把握"城市修补"与"生态修复"之间的整体关系。

"城市修补"与"生态修复"之间是一个不应分割的整体。"生态修复"并非新的概念。1973年美国召开了"受损生态系统恢复"国际会议，第一次专门讨论受损生态系统的恢复和重建问题。自20世纪80年代以来，退化生态系统的恢复重建、生态系统健康诊断及生态系统保育的理论与技术等也已成为生态学研究的热点❷。一般意义上，生态修复是通过解除生态系统所承受的超负荷压力，并采取必要的人工措施，依靠生态系统本身的自动适应、自组织和自调控能力，按生态系统自身规律演替，逐步使退化、受损或彻底破坏的生态系统恢复功能的过程。

将生态修复的概念引入到城市工作的范畴中，其意义不仅是指对在城市范围内的生态系统受损的山水林田湖海（海岸与近海海域）进行修复，更为重要的是

---

❶ 引自住房城乡建设部建规〔2017〕147号文件《住房城乡建设部关于将保定等38个城市列为第三批生态修复城市修补试点城市的通知》。

❷ 刘国彬等. 水土保持生态修复的若干科学问题 [J]. 水土保持学报，2005，19（6）：126-130.

以生态学的观点，重新建立城市与自然的关系，扭转一个错误的、但长期影响人们的认识，即"城市是人类生活的地方，而非城市区域则是自然存在的地方"。这种感知上的分割深刻影响了那种不仅要控制自然，还要控制人类行为的愿望❶。（城市的）生态修复关键在于从城市依托的山水林田湖海的宏观尺度到城市内部的建筑、所有公共空间与环境等细微之处，通过系统施治，使整体上偏离了自然状态或原有演变轨迹的城市生态系统，停止退化并逐步恢复到健康状态，重新建立起城市与自然的和谐关系。因此，理解城市的"生态修复"，不能只局限在专业的修复工程技术方面。

在城市可持续发展的整体意义上，城市范围开展的"生态修复"同"城市修补"密切相关：一部分"生态修复"的行动同时具有"城市修补"的作用，而"城市修补"的过程，从生态技术的采用到协调优化城市功能结构的系列行动，很大程度可视为促进城市与自然和谐共生的"生态修复"的过程。如果将"生态修复"与"城市修补"人为割裂，会降低这项工作的系统性和实际收效。

认识到城市修补与生态修复的整体关系是极为重要的。在三亚的试点工作中，抱坡岭的山体修复是一个典型的案例。我们注意到，当介绍这项工作时，具体负责这个项目的主管部门和规划局在话语上是有差别的。前者会侧重讲如何消除被破坏山体的地质灾害隐患、工程方案、植被维护等内容，规划部门则会强调这一生态修复项目在修复工程的设计之外，如何考虑将修复后的空间纳入城市生活，注入城市功能。实际上，修复后的抱坡岭是城市公园的一部分，是城市总体规划所确定的三亚市城市副中心的重要组成。抱坡岭地区的生态修复是落实三亚城市副中心建设的步骤，具有城市功能修补和城市结构完善的综合意义。同样，三亚湾的海岸修复，在采取补沙固沙等工程措施的同时，采用多种当地草本植物，丰富了沙滩和岸线的绿色景观，加上沿线拆违和建筑管理的加强，使沙滩和海岸线的生态修复同海滨公共空间的城市修补行动密切结合在一起，环境效应和社会效应才相得益彰。

在实践中，"城市修补"与"生态修复"之间的整体关系，在规划设计工作的前期就应当得到充分的谋划，在项目内容设置上得到体现。

---

❶ 迈克尔·哈夫. 城市与自然过程：迈向可持续性的基础 [M]. 北京：中国建筑工业出版社，2012：6-13.

二、迈向城市的整体性治理

（一）什么才是真正要解决的问题？

住房和城乡建设部在推动三亚"城市修补、生态修复"试点工作之初，就和三亚市协商提出9个方面的任务，即山体、河流、海岸3个方面的"生态修复"，以及城市形态和轮廓天际线、建筑色彩风貌、城市广告牌匾、城市绿化景观、城市夜景亮化、拆除违规建设等6个方面的"城市修补"。在中规院的协助下，三亚市围绕这9个方面的任务筛选了13项重点项目，即抱坡岭山体修复工程、三亚湾原生植被保护及生态恢复工程、三亚市两河四岸景观项目、三亚市市民果园公园、三亚红树林保护区生态修复工程、三亚市榆亚路和迎宾路示范段景观提升工程、三亚市月川生态绿道、丰兴隆生态公园、解放路示范段道路设计改造工程及周边地区综合环境整治工程、海棠湾滨海步道工程、三亚市城市照明示范工程，此外包括截污工程在内的三亚河专项治理提前展开。可以说，项目化的认识路径大致主导了整个工作的组织和实施过程。

但是，回顾三亚"城市修补、生态修复"为期一年半的试点工作，有一系列的问题是值得深思的：上述重点项目的集合就是"城市修补、生态修复"政策要包含的主要内容吗？"城市修补、生态修复"政策和这些项目是什么关系？在推进生态文明建设、形成绿色发展方式和生活方式、营造宜居环境、塑造特色风貌的政策背景下，什么才是"城市修补、生态修复"政策想要真正解决的问题？

"城市修补、生态修复"政策的提出，根本上是针对我国城市发展存在的主要问题，例如：城市发展方式粗放，人口资源环境的矛盾加深，生态系统破坏严重；人民群众生活不便，公共产品和服务供给不够；基础设施薄弱、环境污染、交通拥堵、综合防灾能力不足等问题不断加重；半城市化问题严重，城市内部经济社会发展不平衡；城市特色缺失，文化传承堪忧；规划前瞻性、严肃性、强制性和公开性不够；依法治理城市力度不够，违法建设、大拆大建问题突出 ❶。这些问题在我国经济社会发展的特定阶段非常突出，说明我们距离城市发展规律的认识、尊重和顺应还有很大差距，在城市治理能力和治理体系的现代化建设方面仍要下很大功夫。因此，如果仅仅从技术角度来理解"城市修补、生态修复"的意义，行动的结果可能难以使这些盘根错节的城市问题获得综合解决。如果将"城市修补、生态修复"

---

❶ 根据《中共中央国务院关于进一步加强城市规划建设管理工作的若干意见》和其他相关研究整理。

当作城市政策作全面综合的审视，人们恐怕就不会简单地以为"城市修补、生态修复"只是一场新的城市环境整治运动了。

（二）以整体性治理推动城市转型

以三亚解放路示范段道路设计改造及周边地区综合环境整治工程为例。解放路是一条 20 世纪 90 年代建成的商业街，我们在近 5km 长的解放路选取了 425m 作为试点段。改革开放初期，许多城市商业街商业服务功能与交通功能混合，后来尽管建成了一批步行商业街，但是许多城市碍于道路系统的限制和交通组织的难度，无法实现商业街完全步行化，解放路便是如此。不过，市民对于商业街的购物环境品质的要求已经完全不同于过去，安全便捷舒适的购物环境如何营造出来，成为解放路综合整治的主要目标之一。解放路示范段的最初工作目标是针对街道立面、建筑色彩、广告牌匾、灯光照明、车辆停放等方面问题的环境整治。这些环境要素长期失于管理，杂乱无章：步行道成了电动车停车场；商户把骑楼通道分割后占为己有，用来扩大经营面积；道路两侧的建筑从底层到顶楼，广告牌匾五花八门，色彩和大小尺寸随意，建筑立面完全丧失美感；步行道上各市政部门分管的变电箱、电信设备随处可见；短短 425m 长的街道上违法建设也是比比皆是。拥挤、嘈杂、不安成了这条街道的突出特点，市民们对此似乎也习以为常，三亚市民体验中的城市街道塑造了他们对城市的认识和对市民身份的认知。

对解放路示范段的综合环境整治，我们确定了以"城市修补"为主、"生态修复"为辅的整治策略。在市委市政府的推动下，实施效果很好，无论商户、购物人群、周边居民都很接受，人们惊奇的发现，他们几代人生活的三亚城市也可以有这样好品质的空间环境，也可以惬意地坐在树下的座椅上享受傍晚凉爽的微风，也可以享受到一份商业街道的舒适和优雅。周围的人们急切地打听这样的整治什么时候可以延伸到他们所在的区段。

当我们回头总结这项工作时，不应忘记以下这些问题：为什么解放路两侧的建筑色彩管理失序？为什么广告牌杂乱无章？为什么街道上机动车停车会失于管理？为什么商业街曾经花费精力美化和亮化的工程，过几年会面临全面的整治？为什么违法建设可以大行其道？为什么人防部门牵头的商业街地下人防工程（兼有机动车停放功能）虽然出发点不错，但却迟迟无法完工，不仅没有及时解决商业街停车问题，反倒加剧了这条街道的交通拥堵和环境混乱，给商户的正常经营带来麻烦？…… 我们走访调查中发现，实事求是地讲，政府各个主管部门在自己的管理职能范围里，从来没有放弃对这条商业街的管理责任，但是这条历史并不久远的城市主街，为什么退化成为空间秩序紊乱、街道品质不高的地区呢？

一条像解放路这样商业和交通功能混合的街道，虽然空间范围不大，但政府、市场、社会的力量在此都有集中而丰富的体现，一段街道简直就是一座城市的缩影。在这条街道上，三大治理主体做不到"同心同向行动"，政府有形之手、市场无形之手、市民勤劳之手做不到"同向发力"，商店的经营者、购物者（步行的、骑车的）都是以自己的便利和利益为中心的，无人会顾忌这条街道的杂乱。

用城市治理理论来解释，城市空间秩序紊乱的根本原因在于城市空间的治理基础发生了转变。在社会主义市场经济的发展过程中，公共空间和私人空间背后的公权力和私权利不断分离和融合，私人权利在扩展，市场力量在膨胀，而过去公共管理的方式逐渐丧失效能，这从一个方面导致了城市空间权力结构的碎片化。另外，加剧城市空间权力结构碎片化的原因是政府机构内部的条块分割❶，政府各个主管部门和有关的公共部门按照分工独立运作，虽然专业化程度高，也能解决些市民关心的"小规模"局部问题，但是彼此之间协调不够，一旦涉及复杂问题，政府部门分散化治理的不足就暴露出来。例如：人防部门一家的沿街地下工程，涉及市政、公交、交管、住建、园林等部门的协调，而这只是这条街道上的一项事务而已。就人防办牵头建设的人防工程来说，要同商业街交通问题的解决、购物环境改善乃至建筑立面色彩和广告牌匾的整治统筹开展，几乎是做不到的。如果对整条街道进行全面的综合整治，相对是一项"大规模"的工作了，在部门各司其责的同时，必须进行整体性的协调和整合，解决好政府部门在城市空间管理上无法形成合力的问题。

回想解放路示范段"城市修补、生态修复"工作的开展，解决城市空间秩序紊乱的问题有两个出路：一是采取过去那种运动式的方法，突击改善一下街道环境，毕其功于一役；二是以问题为导向，着眼于改进城市治理的模式，把政府、市场、市民的积极性调动起来，同时建立政府各个主管部门的协同和整合机制，从根本上健全保障城市良性运转的机制。如果我们选择前者，环境整治会流于表面文章，没有长效机制的保障，再赏心悦目的效果也会随着时间淡去，城市规划建设管理工作也难以获得真正的转型发展，对城市而言，则失去了全面提升的历史机遇。

---

❶ 李利文. 中国城市空间的治理逻辑——基于权利结构碎片化的理论视角 [J]. 华中科技大学学报（社会科学版），2016，30（3）：38-46.

一个城市的"城市修补、生态修复"工作,综合环境整治只是治标,如果要治本,非从城市治理的模式上突破不可。一方面,对于不断扩展的私权利来说,要推动形成政府与社会多元力量的共治共管、共建共享,形成良好的合作和服务关系;另一方面,针对政府机构内部部门之间条块分割、无法形成合力的情况,在公共管理中建立城市的整体性治理机制。而所谓整体性治理,就是指政府机构通过组织间充分沟通与合作,达成有效协同和整合,彼此的政策目标连续一致,政策执行手段相互强化,达到合作无间地去实现共同目标的治理行动❶。

这一重要性在丰兴隆生态公园项目实施中也得到一定证明。丰兴隆生态公园所在地块位于三亚东西两河交汇的地带,从城市设计的角度来认识,这个两河交汇的节点是城市空间和活动的关键节点,营造高品质公共空间的区位条件很好。但是过去重视不够,被规划的几条交通性干道切割,使这个节点空间破碎,步行交通可达性很差,像废弃地一样撂荒在那里很多年。规划的公共绿地长久得不到实施,是城市建设中的常见问题。把规划图纸上的公共绿地建成献给市民,需要市委、市政府下决心。当然,要营造好这个公共空间,靠住建局一家是难以完成的,因为临河,三亚东西两河的水环境治理还是个大问题,非水务、园林、发改、农业几个局委办合力完成不可。三亚河上游农村养殖业的污染源治理,要靠发改委和农业部门制定具体的政策推动上游农业地区产业结构的调整,放弃畜禽养殖业。规划局的作用更不用说,在统筹三亚东西两河的所有绿化空间和滨水空间的系统布局和相关市政基础设施的规划布局方面,规划局需要拿出一个整体的系统方案,丰兴隆生态公园只是其中一个节点而已,它的规划设计逻辑来自于绿化空间、滨水空间、道路交通系统的支持。总之,作为"城市修补、生态修复"重点项目,丰兴隆生态公园的规划建设是多部门合作的结果,既有修复生态的意义,也有修补城市公共空间的价值。政府机构通过组织间充分沟通与合作协同发力,责任都落实到人,而且人大、政协也发挥了监督作用,推动了项目的实施。

由此再回到上面提到的问题:如果将"城市修补、生态修复"当作政策来全面综合地审视,应认识到这项城市政策的实质是要求以改革的精神,探索建立适应于城市转型发展、高质量发展所需要的治理模式,"城市修补、生态修复"不是要重走过去二三十年环境整治的老路。在任何一个"城市修补、生态修复"重点项目实施中,如果我们能够获得改进城市治理的有效经验,那么就可能推广到整座

---

❶ 这个定义是 Perri 6 等给出的。原文在 Towards Holistic Governance: The New Reform Agenda. Basingstoke: Palgrave, 2002. 转引自:卢守权,刘晶晶 . 2017 (3): 51-54.

城市，来解决好上述那些复杂的城市问题。推动实现城市整体性治理，才是"城市修补、生态修复"政策的应有之意。

三、整体性治理下的"城市修补、生态修复"

（一）"城市修补、生态修复"是完善城市治理的过程

"治理"在西方的理论中一直被定义为"关注管理，不依赖于政府权威资源，在公共事务领域实现集体行动"❶，但在我国，城市治理中的政府作用是极为重要的。中央城市工作会议提出"统筹政府、社会、市民三大主体，提高各方推动城市发展的积极性""城市发展要善于调动各方面的积极性、主动性、创造性""政府要创新城市治理方式""鼓励企业和市民通过各种方式参与城市建设、管理，真正实现城市共治共管、共建共享"，就明确了城市治理结构内主体之间的基本关系。

迈向"整体性治理"，有三个重要的组织基础：一是政府机构的文化、结构以及能力是以民众最担忧的问题为取向；二是政府尽管有部门的功能分工，但可以按照需要合作解决的问题来组织安排；三是政府各部门、专业、层级以及机构之间的整合运作是必要的❷。虽然我们有自己的国情，但是在加强政府各部门、各专业、各层级之间协调整合的总体趋势上，整体性治理对我们提升城市治理是有价值的方向。"以人民为中心的发展思想"从政治上决定了我们建立城市整体性治理是有优势、有基础的。要推动城市整体性治理，接下来的协调和整合，取决于市委、市政府充分的认识和坚定的决心。

做好"城市修补、生态修复"，从了解识别人民群众最关心的问题，到重点项目优先性排序，再到项目实施，都需要对政府的功能进行整合，以便更有效地解决人民群众最关心的问题。在市政府—区政府—街道—居委建立自上而下的常规的层级关系的同时，需要搭建必要的横向关系，重视建立平行的协商机制。

上面提到的解放路示范段的综合整治项目实施过程中，市政府—区政府—街道—居委自上而下的目标传导是很有效的，在市委书记和市长的强力推动下，很

---

❶ Pierre，Jon. 陈文等译. 城市政体理论、城市治理理论和比较城市政治 [J]. 国外理论动态，2015（12）：59-70.

❷ Perri 6 提出整体性治理的理论见解，是相对于过去功能性分工的传统官僚制（1980 年前）和采取私人部门形态管理的新公共管理（1980-2000）而言的。前者强调的是按章办事、讲求层级和集中授权，后者虽有政府功能的部分整合，但讲求绩效标准和单位分权。引自：竺乾威. 从新公共管理到整体性治理 [J]. 中国行政管理，2008（10）：57.

快对工作目标形成高度认同，吉阳区政府和街道、居委都行动起来，认真做好相关群众的工作。但我们注意到在当下城市治理机制中的两个薄弱环节：一是政府各个主管部门之间的协同和整合；二是在主管部门、不同专业的业主单位之间、外来商户、本地居民、施工企业、规划设计机构之间的协商和沟通。可以说，城市治理中横向关系的有效建立成为必须弥补的短板。

在协调社会各种力量、实现集体目标的过程中，业主单位、商户、居民、施工企业的反应是需要高度重视的。由于前期规划设计方案的公众参与和批准前的公示工作不到位，带来了商户和居民的焦虑。虽然从程序上来讲通过了法定的公示环节，但是由于事先没有足够的基层动员，利益相关人没有意识到这些项目对于自己的影响，开工之后，民意上有很大的反弹，浇筑钢筋混凝土的施工现场夜间被屡屡破坏，市政府主管部门、区政府、街道和居委的工作人员带上规划设计人员，只好再返回去挨家挨户听取意见，最大程度地取得了居民和商户的支持，当然设计方案也做了很多的妥协修改。值得高兴的是，解放路示范段的整治效果最大程度得到了广大群众的赞赏，当初不够配合的商户和居民也都转而成为"城市修补、生态修复"的拥护者。事情虽然过去了，但从完善城市治理的角度，如何从中吸取经验教训，如何补齐管理中的短板，仍是一个有挑战性的话题。

推动"城市修补、生态修复"的过程，是落实"城市修补、生态修复"政策的过程，应跨出实施重点工程项目的视界，从城市治理的全局做系统谋划，补齐管理短板，提升城市治理的整体水平。在纵向层层传导的行政管理模式基础上，重视健全横向的平行协商机制，不断完善城市治理，使得纵向的层级间传导关系和横向的平行协商关系能够交叉运作、相辅相成。只有这样，"城市修补、生态修复"政策的落实才可能成为推动城市转型发展的有力手段。

（二）发挥规划的协调整合作用

开展"城市修补、生态修复"实践的理想状态，是借此促进城市整体性治理模式的建立，这个政策机遇对大部分城市政府来讲仍然是一个挑战。长期以来，城市的综合环境治理往往通过抓几个亮点，选择性地做些以点带面的工作，取得一些效果后便浅尝辄止。今天，"城市修补、生态修复"工作希望通过补短板，综合解决城市的突出问题，全局性、整体性地提升城市治理的水平，促进城市治理模式的转型，但是可能由于治理理念的滞后、治理机制和手段的陈旧，以及治理主体和机制的路径依赖，"短板治理的实践仍然带有强烈的'亮点'工程的痕迹"，

"依然带有明显的运动式和项目化治理特征" ❶，会致使"城市修补、生态修复"政策的实施囿于过去城市治理的困境，所以，没有管理意识上的突破，行动上难以取得实质性的突破。要突破困境，很大程度有赖于城市党政部门领导的政策水平和工作魄力。

在迈向城市整体性治理、推动城市转型发展的道路上，城市规划的作用无可替代，并且责无旁贷，因为这是由城市规划三个方面的整体性所决定的。

1. 价值的整体性

我国城市面临的转型发展是综合的，在城市与自然的关系、经济的活力、产业的发展、社会的治理、公共物品和基础设施的供给、空间场所的营造等方面都有着丰富的意义，我国城市发展的阶段特征决定了这一点。因此，城市规划工作者在思想认识上不能停留在过去那种环境整治的工作模式上，在"城市修补、生态修复"的实践中要有正确的价值取向，以重整自然环境、重振经济活力、重理社会善治、重铸文化认同、重塑空间场所、重建优质设施的"六重原则"，充分发挥城市规划本身的综合作用，发掘同多专业广泛合作的潜力，来研究统筹相关的工作。

2. 作用的整体性

城市规划作为城市政府的一个综合部门，在"城市修补、生态修复"过程中，整合的作用极为重要，包括四个方面：一是对工作目标的整合，在理解"城市修补、生态修复"的政策要求前提下，对纵向各层级的工作目标和横向各部门、各利益相关方的发展意图进行统筹，最大程度地形成对集体目标的认同；二是对地域空间的整合，城市政府为解决人民群众关心的突出问题制定方案时，空间部署是一项技术性和政策性很强的工作，规划可以发挥引领作用，将项目的空间布局做出合理的安排。在三亚试点工作中，通过梳理有关项目，明确"城市特色地区"作为开展城市设计的重点地区，是目前一个阶段"城市修补、生态修复"的重点地区；三是专业技术的整合，城市规划设计、风景园林、道路交通工程、市政工程、环境工程、建筑设计、照明工程等多方面的专业人才通力合作，制定融汇多专业知识和技术的解决方案；四是对"城市修补、生态修复"重点项目的整合，把各个部门初步提出的项目计划进行筛选比对，该合并的合并，该暂时搁置的搁置，得到一个有问题针对性、有对策综合性的项目清单，少而精，使政府各部门不各行其是，

---

❶ 彭勃. 从"抓亮点"到"补短板"：整体性城市治理的障碍与路径 [J]. 社会科学，2017（1）：3-10.

不拉长战线，做到聚焦重点。落实"城市修补、生态修复"政策，项目多、投入大未见得就合理，在决策中应以项目解决城市问题针对性强、系统性强为追求的方向。在三亚试点工作中，随着对这项政策认识的加深，我们动态调整了一部分项目，例如在三亚两河四岸景观整治项目、东岸河道拓宽工程、东岸湿地公园项目基础上，过程中研究补充了月川生态绿道项目，网状的生态绿道使原计划的三个项目之间的联系得到加强，功能的完整性和系统性更优于初期，最大程度地改善了金鸡岭和三亚河之间广大地区的环境品质，居民日常生活中健身休闲的公共空间得到全面拓展和优化，居民对环境改善效果的体验大大增强。

3. 平台的整体性

在专业的技术保障基础上，城市规划作为政府的职能，有条件成为城市整体性治理的基础平台。在总结三亚"城市修补、生态修复"试点经验时，我们提出城市规划的四个平台作用：一是为政府科学决策搭建了一个研究咨询平台；二是提供一个多专业协同的技术支撑平台；三是为"城市修补、生态修复"重点项目的落地实施提供一个现场服务平台；四是在"城市修补、生态修复"过程中为城市决策者、政府部门管理人员、街道和居委社区工作人员、项目影响到的居民和企事业单位营造一个协商沟通平台。这个协商沟通的平台作用，对于促进城市整体性治理来讲意义重大。推进"城市修补、生态修复"，需要动员全社会，加强组织领导，形成政府主导、部门协同、上下联动的组织体系。城市规划通过贯彻全过程深入细致的工作，可以同时在调节治理结构的纵向关系和横向关系方面发挥作用。尤为重要的是，在横向平行协商关系的建立方面，城市规划工作者可以在政府各部门之间、政府部门和所有利益相关者之间架设桥梁，使沟通更加顺畅、更加高效。

总之，"城市修补、生态修复"作为中央城市工作会议确定的一项重要政策，旨在推进生态文明建设，形成绿色发展方式和生活方式，营造城市宜居环境，塑造特色风貌，针对性地解决城市发展存在的主要问题，使我国城市走上高质量发展的道路。要建立起有效解决城市问题的长效机制，取决于在城市治理层面推动改革，真正实现城市规划建设管理的转型发展。

"一个规律、五个统筹"是城市规划工作者做好"城市修补、生态修复"的基本遵循。城市规划作为政府的重要职能，在迈向城市的整体性治理过程中，要发挥好四个整合作用和四个平台作用。

改善和提升城市治理水平是实现国家治理能力和治理体系现代化的重要一环。要扭转那种把"城市修补、生态修复"理解为实施一系列孤立的综合环境整治项目、单纯改善物质环境品质的认识，超越工程项目的思维，探索建立城市整体性治理模式，这就意味着"城市修补、生态修复"要有新的视野、新的理念、新的方法。

附录一 "城市修补、生态修复"系列项目参与人员名单

规划设计总负责人：张兵

技术指导：孙安军、杨保军、李晓江

1. 三亚市"城市修补、生态修复"总体规划及城市色彩、广告牌匾专题研究

院主管总工：张兵

编制单位：城市更新研究所

所级管理：邓东、闵希莹

项目组成员：范嗣斌、谷鲁奇、张佳、刘元、姜欣辰、缪杨兵、李荣、胥明明、菅泓博、李艳钊

三亚方面参加人：黄海雄、高中贵、何大哲、吴坤苗、宋春丽、雷青青

2. 三亚市绿道系统规划

院主管总工：张兵

编制单位：风景园林和景观研究分院

所级管理：王忠杰、束晨阳

项目组成员：丁戎、白杨、刘圣维、郝钰、李阳、程志敏、程梦倩

三亚方面参加人：蓝文全、黎俊、侯迎华、孙庆东

3. 三亚市红树林保护与生态修复规划

院主管总工：张兵

编制单位：风景园林和景观研究分院

所级管理：贾建中、束晨阳

项目组成员：王忠杰、白杨、刘华、程梦倩、刘圣维、郝钰、丁戎、李阳

三亚方面参加人：朱传华、罗金环、林贵生、刘俊、唐梓钧、蔡开朗

4. 三亚市城市夜景照明专项规划

院主管总工：张兵

编制单位：照明中心（深圳分院）

所级管理：王泽坚、梁峥

项目组成员：冯凯、刘璎、范嗣斌、张霞、王忠杰、杨艳梅、张佳、杨洋、马浩然

三亚参加人：黄海雄、高中贵、吴坤苗、宋春丽、聂竹君

5. 三亚湾岸线利用规划及交通整治规划

院主管总工：张兵

编制单位：城市交通研究分院

所级管理：戴继峰、杨忠华

项目组成员：翟宁、李晗、王昊、周乐、杜恒、苏腾

三亚方面参加人：黄海雄、高中贵、何大哲、吴坤苗、雷青青、宋春丽、罗德峰、聂竹君

6. 三亚市解放路（南段）综合环境建设规划

院主管总工：张兵

编制单位：城市更新研究所

所级管理：邓东、闵希莹

项目组成员：范嗣斌、谷鲁奇、张佳、张帆、李荣、姜欣辰、胥明明、刘元、郝凌佳

三亚方面参加人：黄海雄、高中贵、何大哲、雷青青、颜涛

7. 三亚市山体修复专题研究

院主管总工：张兵

编制单位：风景园林和景观研究分院

所级管理：贾建中、束晨阳

项目组成员：王玉圳、刘宁京、孙培博、吴岩、金悦

8. 三亚市主城区城乡结合部污水设施建设专题研究

编制单位：城镇水务与工程研究分院

所级管理：孔彦鸿、黄继军

项目组成员：杨新宇、张车琼、由阳、闫明星、张奕雯

三亚方面参加人：高中贵、吴坤苗、宋春丽、聂竹君

9. 三亚市地下综合管廊专项规划

院主管总工：张兵、杨明松

编制单位：城镇水务与工程研究分院

所级管理：孔彦鸿、郝天文

项目组成员：张全、黄继军、黄俊、闫明星、孙增峰、杨阳、吕金燕

三亚方面参加人：高中贵、吴坤苗、宋春丽、聂竹君

10. 三亚市海绵城市建设总体规划

院主管总工：张兵、杨明松

编制单位：城镇水务与工程研究分院

所级管理：孔彦鸿、郝天文

项目组成员：张全、黄继军、张车琼、由阳、杨新宇、吕金燕、周慧、张奕雯、黄俊

三亚方面参加人：高中贵、吴坤苗、宋春丽、聂竹君

城市修补实践

11. 三亚市解放路（示范段）综合环境建设项目

院主管总工：张兵

编制单位：北京公司建筑设计所、照明中心（深圳分院）

所级管理：周勇、康琳

项目组成员：赵珺、吴晔、王冶、郑进、何晓君、王丹江、秦斌、李慧宁、莫晶晶、张迪、阚晓丹、徐亚楠、孙书同、万操、戴鹭、梁铮、刘缨、冯凯

三亚方面参加人：王铁明、吴墨凯、华煜、洪宇

12. 三亚市解放路（光明路至和平路段）路面升级改造工程

院主管总工：张兵

编制单位：北京公司建筑设计所、城市交通研究分院、风景园林和景观研究分院

所级管理：周勇、康琳

项目组成员：赵晅、吴晔、王亚婧、王冶、郑进、房亮、杜恒、李晗、马浩然、蒋莹、牛铜钢

三亚方面参加人：王铁明、吴墨凯、华煜、洪宇

13.三亚市解放路（光明路至和平路段）路面升级改造工程交通规划及道路初步设计

院主管总工：张兵

编制单位：城市交通研究分院

所级管理：戴继峰

项目组成员：李晗、杜恒、周乐

三亚方面参加人：王铁明、吴墨凯、华煜、洪宇

14. 三亚市城市照明示范段工程项目

院主管总工：张兵

编制单位：照明中心（深圳分院）

所级管理：周勇、梁峥

项目组成员：赵晅、刘缨、冯凯、杨洋、梁铮、郑进、张霞、杨艳梅

三亚方面参加人：黄海雄、高中贵、吴坤苗、宋春丽、聂竹君

15. 三亚市棚户区改造重点片区规划

院主管总工：张兵

编制单位：北京公司城市设计所

所级管理：胡耀文、慕野

项目组成员：刘世晖、徐钰清、郭嘉盛、郝凌佳、赵权

三亚方面参加人：黄海雄、何大哲、雷青青、张宏

生态修复实践

16. 三亚市抱坡岭公园及周边地块城市设计

编制单位：城市更新研究所

所级管理：范嗣斌、顾建波

项目组成员：刘元、姜欣辰、李晓晖、张春洋、孔星宇、胡彦、李锦嫱

三亚方面参加人：蒋明清、黄海雄、常成云、黄睿

17. 三亚市两河四岸景观整治修复规划设计

院主管总工：张兵

编制单位：风景园林和景观研究分院、照明中心（深圳分院）

所级管理：韩炳越、束晨阳

项目组成员：王忠杰、马浩然、郭榕榕、牛铜钢、王坤、舒斌龙、齐莎莎、高倩倩、林旻、梁峥、陆懿蕾、鲁丽萍、冯凯

三亚方面参加人：王铁明、朱文灼、潘国雅

18. 三亚市两河四岸景观整治修复工程项目

院主管总工：张兵

编制单位：风景园林和景观研究分院、城镇水务与工程研究分院

所级管理：韩炳越、束晨阳、任希岩

项目组成员：王忠杰、马浩然、高均海、牛铜钢、舒斌龙、齐莎莎、高倩倩、梁峥、刘缨、蒋莹、徐丹丹、鲁丽萍、周瑾、蒋艳灵、孙道成

三亚方面参加人：王铁明、朱文灼、潘国雅

19. 三亚市月川生态绿道工程

院主管总工：张兵

编制单位：风景园林和景观研究分院

所级管理：王忠杰、白杨

项目组成员：刘圣维、丁戎、马浩然、牛铜钢、郝钰、舒斌龙、程梦倩、程志敏、齐莎莎、高倩倩

三亚方面参加人：蓝文全、黎俊、侯迎华、孙庆东

20. 三亚市海棠湾滨海绿化景观及步行道规划

编制单位：北京公司城市设计所

所级管理：胡耀文、慕野

项目组成员：刘世晖、徐钰清、赵权

三亚方面参加人：林海、吴振晋、曹立伟、叶菲

21. 三亚市迎宾路、榆亚路景观提升工程

院主管总工：张兵

编制单位：风景园林和景观研究分院

所级管理：韩炳越、束晨阳

项目组成员：王忠杰、牛铜钢、赵娜、高倩倩、徐丹丹、马浩然、王坤、舒斌龙、刘睿锐、周瑾、黄明金、鲁丽萍、李强蔷、马令令、陆懿蕾

三亚方面参加人：蓝文全、黎俊、侯迎华、黄自炳、王凤山、孙庆东、李海鹏、杨凯、杨致敬

22. 三亚市海榆西线、育新路、育秀路、凤凰出口路、亚龙湾火车站周边道路景观提升工程

编制单位：风景园林和景观研究分院

所级管理：王忠杰、束晨阳

项目组成员：牛铜钢、高倩倩、徐丹丹、张亚楠、马浩然、舒斌龙、吴雯、周瑾、黄明金、鲁丽萍、郝硕、蒋莹

三亚方面参加人：蓝文全、黎俊、侯迎华、黄自炳、王凤山、孙庆东、李海鹏、杨凯、杨致敬

附录二

中国城市规划设计研究院全程服务
三亚"城市修补、生态修复"试点工作大事记

2015 年 3 月 13 日

住房和城乡建设部（以下简称"住建部"）部长陈政高在北京会见海南省委常委、三亚市委书记张琦一行，就解决好三亚市发展建设中存在的问题进行了会谈。陈部长提出了"城市修补、生态修复"的概念，并要求中国城市规划设计研究院（以下简称"中规院"）尽快组织技术队伍支持三亚开展这项工作。

2015 年 4 月 12 日至 13 日

陈政高部长赴三亚调研城市规划和建设工作情况，与三亚市委市政府主要领导座谈交流"城市修补、生态修复"工作思路和工作重点（图 1）。

图 1　陈政高部长赴三亚调研城市规划和建设工作

2015 年 5 月 14 日

住建部部长陈政高和三亚市委、市政府主要领导在海口就"城市修补、生态修复"举行工作会谈，中规院院长李晓江带领中规院技术工作组参加。会议明确

三亚市作为"城市修补、生态修复"试点城市，由住建部城乡规划司孙安军司长负责具体指导，中规院全力做好技术服务。

2015 年 5 月 15 日

中规院院长李晓江委派总规划师张兵作为三亚"城市修补、生态修复"技术工作的总负责人，率队进行第一次现场踏勘。三亚市常务副市长岳进主持召开三亚"城市修补、生态修复"工作第一次对接会，讨论需要着手编制的规划设计目录。

2015 年 5 月 19 日

中规院召开支持三亚市开展"城市修补、生态修复"规划设计工作协调会，院长李晓江、副院长杨保军、总规划师张兵在会上提出一系列工作要求。其他与会人员如下：院顾问陈锋、副总规划师戴月、官大雨、杨明松、朱子瑜、张菁，科技处处长詹雪红，以及城市更新所、交通分院、水务与工程分院、风景分院、中规院（北京）公司建筑所、中规院照明中心（深圳分院）等各业务所室的负责人和技术骨干。

院长李晓江在会上谈到本次三亚"城市修补、生态修复"规划工作的背景及住建部的部署和要求；副院长杨保军进一步强调本次工作的重要性，要求抓住关键内容，实现重点突破；总规划师张兵统一部署了技术工作组人员构成，并明确四点工作要求：1. 相关各所、专业院、分院要按照领导的要求，高效工作；2. 服务于三亚市政府各局委办的技术支持工作，要注意做好协同，责任要落实到人；3. 技术组建立工作例会制度；4. 建立工作简报制度，及时向部领导汇报工作进展情况。最后，城市更新所作为"城市修补、生态修复"总体规划牵头单位，向大家介绍了规划的初步内容。

次日，总规划师张兵即率领 22 位技术人员赶赴三亚与市政府对接工作事项。

2015 年 5 月 21 日

中规院技术工作组参加三亚市委、市政府"城市修补、生态修复"工作领导小组第一次会议，会议由市长吴岩峻主持，三亚市各相关部门参与。在听取了中规院三亚工作组前期规划设计工作后，市委书记张琦肯定了工作组提出的工作思路、框架和组织方式等，并要求在市委、市政府统一部署下，各部门统筹协调，"对标、对表、对接"，全力推进重点项目的开展。

2015 年 6 月 9 日

中规院技术组在北京召开内部工作会。与会人员有总规划师张兵、科技处处长詹雪红，以及城市更新所、交通分院、水务与工程分院、风景分院、中规院（北京）公司建筑所、照明中心等相关业务所室的负责人和技术骨干。会上汇总了各业务所室的工作情况，梳理并明确了后续工作重点，对下一步工作提出具体要求。

2015 年 6 月 10 日

住建部正式复函同意将三亚市列为"城市修补、生态修复"试点城市。6 月12 日，海南省省委书记罗保铭、省长刘赐贵、常务副省长毛超峰、副省长王路等主要领导也对"城市修补、生态修复"做出重要批示。

2015 年 6 月 30 日至 7 月 1 日

住建部副部长陈大卫一行到达三亚调研，听取了中规院技术组对三亚市"城市修补、生态修复"工作推进情况的汇报。总规划师张兵从规划技术方面向副部长陈大卫及三亚市领导汇报"城市修补、生态修复"工作的总体思路、组织方式、项目安排以及驻场工作情况等。副部长陈大卫对中规院提出的工作思路给予肯定，并指出三亚的"城市修补、生态修复"及"多规合一"等是一体化的工作，城市外在形象要看得见，城市内涵也要提升；中规院专家团队驻场工作，务实高效，希望服务好三亚试点工作，做出不同一般城市的"精品"（图 2）。

图 2　陈大卫副部长赴三亚调研"城市修补、生态修复"工作进展并与省厅领导、中规院工作组成员座谈并合影

2015 年 7 月 2 日

海南省省长刘赐贵、常务副省长毛超峰、副省长王路等来三亚调研城市规划建设和管理工作。中规院院长李晓江、总规划师张兵等陪同调研组实地调研了鹿回头广场、三亚河、红树林会展中心、北部垃圾处理厂、凤凰镇拆违打违现场等地。下午，省长刘赐贵主持召开座谈会，听取三亚市有关工作汇报，了解"城市修补、生态修复"工作推进情况。

2015 年 7 月 16 日

三亚市政协六届十七次常委会议举行，会议明确，2015 年是三亚市全面推进国际化热带滨海旅游精品城市的开局之年，要在"城市修补、生态修复"工作和城市治理中建诤言、献良策，促进社会的和谐发展。

2015 年 10 月 8 日

中规院相关技术人员全程陪同市委书记张琦调研三亚道路景观提升工程，了解迎宾路、凤凰路、榆亚路"三路"景观绿化、交通规划等情况。书记张琦强调，"三路"既是三亚的主干道，也是三亚的门户道路，对道路景观绿化进行修补，是城市发展的客观要求，园林环卫部门要按照"城市修补、生态修复"的要求，进行科学性、高品位的修补和管理。

2015 年 11 月 17 日

中共三亚市委 2015 年度理论研讨会在市委党校会议中心召开。中规院技术组范嗣斌、黄继军分别就"城市修补、生态修复"和海绵城市、综合管廊城市的相关工作进行汇报。会议进一步统一思想，凝聚共识，奋力推进"城市修补、生态修复"工作。

2015 年 11 月 18 日

中规院技术组参加三亚常务副市长岳进主持召开的三亚"城市修补、生态修复"工作推进会。会上，总规划师张兵对现阶段的工作情况进行分析说明，并对推进"城市修补、生态修复"实施项目的落地提出建议。副市长岳进对"城市修补、生态修复"的阶段性工作进行了总结，并对下一步实施阶段的工作提出具体要求。规划局局长黄海雄、住建局局长王铁明、园林局局长蓝文全等相关局委办领导一同参会并发言交流。

2015 年 12 月 11 日

中规院总规划师张兵带领技术组向三亚市委书记张琦汇报"城市修补、生态修复"工作进展情况。会上,中规院专家汇报了 17 个相关规划编制及其施工设计的进展情况。听取汇报后,张琦书记指出,"城市修补、生态修复"是三亚城市发展的新战略和新思维,是助推国际化热带滨海旅游精品城市建设的有效途径之一,要用十八届五中全会提出的"创新、协调、绿色、开放、共享"五大发展理念引领"城市修补、生态修复"工作,各相关部门要紧密与中规院合作,共同顺利推进"城市修补、生态修复"工作。

2015 年 12 月 16 日至 18 日

在三亚市委宣传部组织下,中规院城市更新研究所副所长范嗣斌、规划师谷鲁奇在三亚市吉阳区、天涯区、海棠区、崖州区、育才生态区共五个区,进行关于"三亚落实十八届五中全会精神暨'城市修补、生态修复'工作"巡回宣讲报告会,向全市各区、各部门的公务员介绍和普及三亚"城市修补、生态修复"试点工作的内涵和意义。

2015 年 12 月 20 日

三亚市委书记张琦主持召开市委常委会,传达学习住建部副部长倪虹在全国城市设计现场会暨全国城乡规划改革座谈会上的讲话。他强调,三亚要站在更高的层面上,把"城市修补、生态修复"试点工作作为加强城市设计的总抓手,因地制宜,突出重点,集中精力抓好山海河修复工作和城市修补六大"战役",全力推进国际化旅游精品城市建设。

2016 年 1 月 4 日

三亚市经济工作会议召开,三亚市委书记张琦做出指示,加快推进产业结构调整,提升优化供给,引导扩大需求,深入开展"城市修补、生态修复"试点,推动三亚发展转型升级,努力实现"十三五"良好开局。

2016 年 1 月 5 日

中规院工作组列席三亚市市长吴岩峻主持召开的市长办公会议。总规划师张兵及各技术部门的项目负责人和技术人员,就"城市修补、生态修复"重点项目实施的相关工作，与市规划局等政府部门进行了讨论。吴市长指出，要突出重点，锁定示范性项目，确定 14 个建设类项目作为重点项目，加快实施推进，实现阶段性目标。

总规划师张兵在三亚电视台的专题节目中，就三亚"城市修补、生态修复"工作向干部和市民做宣讲。

2016 年 2 月 17 日

中规院城市照明中心的设计团队陪同三亚市市长吴岩峻，专题调研三亚城市灯光亮化工程，包括三亚市房地产交易市场、三亚湾红树林度假酒店、凤凰路和机场路沿线。吴市长指示，争取 2016 年 5 月份按照规划设计要求，改进城市夜景灯光亮化效果。

2016 年 3 月 18 日

中规院主持编制的《三亚市生态修复城市修补总体规划及相关专题研究》顺利通过专家会评审。会议由三亚常务副市长岳进主持，参加评审的专家包括唐凯、李健飞、孙施文、边兰春、和红星、周红、潘一玲、马玉、亢智勇共 9 位。会上，专家们一致同意通过规划，并就三亚"城市修补、生态修复"工作提出建设性意见。

2016 年 3 月 19 日

中规院主持编制的《三亚市海绵城市建设总体规划》和《三亚市地下综合管廊专项规划》通过专家评审会评审。评审会由市规划局组织召开，来自规划、市政、建筑、景观、财政专业的 10 位国内知名专家组成专家评审组，对两个专项规划进行评审，一致同意通过。这两个专项规划的实施，有助于三亚"城市修补、生态修复"工作的深入开展。

2016 年 3 月 24 日

中规院相关技术人员陪同三亚常务副市长岳进、市政府副秘书长李军及各相关部门负责人实地调研，市领导对部分"城市修补、生态修复"重点实施项目展开现场督查。

2016 年 4 月 1 日

三亚市政府召开规委会，审议通过"城市修补、生态修复"总体规划及专题研究、建筑风貌管理规定研究、户外广告牌匾管理标准研究、解放路南段综合环境建设规划及示范段详细设计、海绵城市建设总体规划、综合管廊建设规划、若干条道路景观提升工程等一系列"城市修补、生态修复"规划设计项目。

2016 年 4 月 1 日

三亚市委、市政府成立了"城市修补、生态修复"现场会工作领导小组，下设法制建设组、制度建设组、标准化建设组、工程项目建设协调组、环境综合整治组等 5 个工作组，确定中规院作为技术总负责单位，全程配合好"'城市修补、生态修复'"现场会"的筹备工作。

2016 年 4 月 7 日

住建部副部长倪虹一行在三亚考察了山体生态修复、拆除违建等"城市修补、生态修复"试点工作开展的情况，并利用晚上休息时间，与中规院工作组进行了座谈交流。孙安军司长、李晓江等专家陪同。副部长倪虹就"城市修补、生态修复"工作进度、经验总结、重点项目推进、现场会召开时间等方面的事宜提出指导意见和要求。副部长倪虹结合调研情况做出指示，要求三亚的试点项目要做成精品项目、样板项目、廉政项目，要总结提炼三亚试点工作，提供可推广、可复制的经验，扎实做到"理论引领、数据支撑、案例证明"（图 3）。

图 3　倪虹副部长在三亚利用调研空隙的休息时间，深夜与中规院工作组座谈

2016 年 4 月 9 日

三亚市委书记张琦主持召开市委常委会扩大会议。会上，中规院总规划师张兵结合前日住建部副部长倪虹的指示，重点分析了"城市修补、生态修复"试点工作面临的问题，提出解决的建议。书记张琦、市长吴岩峻在听取汇报后，就迎接全国"城市修补、生态修复"现场会的筹备工作提出明确要求。书记张琦强调，全市上下一定要统一思想，精心组织，全面实施，补齐短板，确保全国"城市修补、生态修复"现场会取得圆满成功；以加快"城市修补、生态修复"试点工作为契机，探索建设国际化热带滨海旅游精品城市的路径。

2016 年 4 月 10 日

"城市修补、生态修复"试点工作确定的重点项目陆续开工，并全力推进。由中规院全程负责规划设计、施工图设计并现场跟踪服务的三个重点项目相继开工。三亚解放路示范段综合环境建设项目于 2016 年 4 月 10 日开工，三亚生态绿道项目计划于 2016 年 5 月底开工，三亚丰兴隆生态公园项目计划于 2016 年 6 月初开工。

2016 年 5 月 5 日

三亚市召开迎接全国"城市修补、生态修复"现场会誓师大会，在全市范围进行动员部署，举全市之力推动各项工作。

2016 年 5 月 17 日

三亚调整"城市修补、生态修复"工作领导小组，调整后的"城市修补、生态修复"工作领导小组，由省委常委、市委书记张琦任组长，常务副组长由市人大常委会主任黄少文，市委副书记、市长吴岩峻，以及市政协主席容丽萍担任，副组长由市委、市人大、市政府、市政协等市四套班子领导担任，领导小组办公室设在市规划局，负责领导小组日常工作。成立大会战项目建设指挥部，分为市级指挥部和现场指挥部。

2016 年 6 月 13 日

中规院三亚城市"城市修补、生态修复"规划技术组在北京向住建部副部长黄艳汇报三亚"城市修补、生态修复"工作主要情况。一同出席会议的有住建部规划司司长孙安军、副司长俞滨洋、处长汪科，中规院院长杨保军、城市更新研究所所长邓东、副所长范嗣斌、交通分院副院长戴继峰以及风景分院主任工束晨阳、黄继军、赵囘、谷鲁奇等。黄艳副部长在听取汇报的过程中，与技术组进行了交流并做出指示，近期将在三亚调研"城市修补、生态修复"试点项目的实施情况。

2016 年 6 月 22 日

三亚市"城市修补、生态修复"媒体座谈会召开，中央、省、市新闻单位代表参加会议，就三亚"城市修补、生态修复"试点工作及宣传报道进行交流探讨。

2016 年 6 月 23 日至 24 日

住建部副部长黄艳赴三亚调研"城市修补、生态修复"工作，孙安军司长、中规院院长杨保军、中规院总规划师张兵、住建部城市设计处处长汪科等陪同调研。三亚市委书记张琦、市长吴岩峻、常务副市长岳进、市委秘书长鲍剑、副市长邓忠、李劲松及相应项目负责人对各项目进行了介绍。

黄艳副部长一行在高温中对"城市修补、生态修复"试点工作的 10 个重点项目进行了调研，听取项目建设情况汇报。黄副部长对在酷暑中全力投入三亚"城市修补、生态修复"项目实施的干部、群众和驻场规划师的工作给予充分肯定，同时强调"城市修补、生态修复"是陈政高部长首推的城市更新发展模式，三亚作为"城市修补、生态修复"试点城市，应积极探索"城市修补、生态修复"的实施路径和工作方法，总结提炼出更多可推广、可复制的经验（图 4）。

图 4　黄艳副部长在三亚现场调研"城市修补、生态修复"重点项目，左图为抱坡岭山体修复现场，右图为海棠湾步行木栈道施工现场

2016 年 7 月 14 日

住建部规划司组织在北京召开"城市双修与更新专家研讨会"。参加人员包括住建部城乡规划司副司长俞滨洋、城市设计管理处处长汪科，中规院总规划

师张兵、副总规划师朱子瑜和戴月、中国建筑学会副理事长周畅、东南大学建筑学院教授阳建强、中规院风景园林专业院院长李金路、清华大学建筑学院王英以及中规院三亚城市"城市修补、生态修复"规划技术组主要成员范嗣斌、缪杨兵、谷鲁奇、菅泓博、刘圣维等。与会专家对会议议题进行了热烈讨论和交流。

同日，海南省政协主席于迅率领部分省政协委员、省政府有关单位负责人及部分专家学者，在三亚市委书记张琦的陪同下，视察三亚"城市修补、生态修复"试点工作，推动相关工作开展。

2016 年 8 月 5 日

中规院城市更新所副所长范嗣斌参加了"三亚青年大讲堂"活动，并在三亚图书馆报告厅做报告，与三亚青年探讨"城市修补、生态修复"理念，分享自己对"城市修补、生态修复"的认识和理解。来自三亚市各领域的团员青年代表近400 人聆听报告。

2016 年 8 月 10 日

中规院主要项目技术人员陪同三亚市委书记张琦一行调研，先后到东岸湿地公园、月川生态绿道、红树林生态公园、丰兴隆湿地公园、解放路骑楼示范路段工地现场检查。张书记实地了解项目的推进情况，并现场办公，就地解决项目推进过程中存在的难题。

2016 年 8 月 11 日至 12 日

中规院工作组向海南省省长刘赐贵汇报"城市修补、生态修复"工作。刘赐贵省长对试点工作取得的阶段性成果和创造出的好经验、好做法给予肯定，强调三亚要紧紧抓住历史机遇，以"城市修补、生态修复"试点工作为抓手，在全省经济社会发展中充分发挥好示范带动作用。

2016 年 9 月 13 日

"莫兰蒂"台风过后，由于降雨量较大，丰兴隆生态公园内部分坡地由于未覆盖地被植物，出现土壤下滑，少量乔木被风刮倒。中规院驻场技术人员及时协调施工人员补种地被植物，恢复乔木种植。

2016 年 9 月 22 日

由中规院主持编制的《三亚市绿道系统规划》《三亚市红树林保护与生态总体规划》《三亚市夜景照明专项规划》等专项规划,正式通过三亚市城乡规划委员会评审。

2016 年 9 月 25 日

2016 年中国城市规划年会在沈阳市召开。由中规院承办的自由论坛"'城市修补、生态修复'纵横谈"主要针对有关"城市修补、生态修复"的议题展开研讨。总规划师张兵主持了会议,并做主旨报告,详细介绍了三亚"城市修补、生态修复"试点工作的经验,并就全程服务中的规划师的价值理念和理论认识做了简要说明。唐凯、石楠、吴建平、孙施文、潘一玲、严文复、邹兵、李和平等专家参与讨论,参会的其他城市代表也积极发言,现场气氛热烈,大家认识到"城市修补、生态修复"是推动我国城市转型发展的重要措施。

2016 年 10 月 13 日

中规院总规划师张兵和风景院、建筑所、交通院、水院、照明中心、西部分院、信息中心等部门相关技术人员共 19 人,冒着大雨前往三亚"城市修补、生态修复"几大重点项目现场了解最新实施情况,包括丰兴隆生态公园、月川生态绿道、东岸湿地公园、抱坡岭山体生态修复工程、海棠湾滨海步行道等。中规院的驻场技术人员详细分析了实施项目工程存在的不足。

当晚,三亚市委市政府召开"城市修补、生态修复"重点项目建设座谈会。会上,中规院总规划师张兵转达了住建部副部长黄艳对三亚"城市修补、生态修复"试点工作的要求:一是要保证进度;二是更要提升质量。总规划师张兵并就中规院各个专业驻场工作中发现的一些问题和改进建议,与三亚市委书记张琦、常务副市长岳进、副市长邓忠等市领导和各相关部门领导进行了交流。书记张琦听取了整改建议后对中规院专业、细致的工作给予了充分的肯定,进一步要求全市各部门、各单位落实责任,尽最大的努力,打好"城市修补、生态修复"这一仗,确保项目质量得到再次提升,迎接全国"城市修补、生态修复"工作现场会。

2016 年 10 月 15 日

中规院城市更新研究所规划师谷鲁奇在红树林酒店报告厅,为三亚航空旅游职业学院、三亚学院即将参加三亚"城市修补、生态修复"现场工作会的大学生志愿者，介绍了三亚"城市修补、生态修复"工作的相关内容，提供公益专业性指导服务。

2016 年 10 月 21 日

台风"沙莉嘉"过后，丰兴隆生态公园及月川绿道施工现场部分乔木被风刮倒，中规院驻场技术人员及时对施工进程中的各个角落进行检查，协调各标段施工负责人及时处理现场问题。

2016 年 10 月 25 日

中规院城市更新研究所规划师谷鲁奇在三亚给即将进入各政府部门工作的军队转业干部进行"城市修补、生态修复"授课培训，给干部们介绍三亚试点工作的实践和经验，以及将来的工作方向。

2016 年 10 月 29 日

中规院城市更新研究所副所长范嗣斌代表三亚"城市修补、生态修复"项目组参与"第 13 届中国城市规划学科发展论坛"，并在"城市修补怎么做"自由论坛上做主旨发言，详细介绍了三亚"城市修补、生态修复"工作的实践和经验，并同与会专家进行了热烈讨论。

2016 年 10 月 31 日

受住建部委派，中规院总规划师张兵参加了上海市人民政府与联合国人居署、厄瓜多尔基多市政府共同组织的题为"共建城市，共享发展"的高级别研讨会，这是 2016 年"世界城市日"活动之一。总规划师张兵做了"'城市修补、生态修复'的全国行动 —— 人居三《新城市议程》的中国实践"（"City Betterment & Ecological Restoration"（CBER）Action in China：New Response to New Urban Agenda）的演讲，指出我国在三亚开展的"城市修补、生态修复"工作，不仅反映了中国城市规划师解决城市病、推进城市转型发展的积极努力，而且体现了我国政府为实现联合国可持续发展目标所付出的巨大努力。三亚"城市修补、生态修复"的实践经验，在联合国人居署官员和参会人员中引起共鸣。联合国人居署副秘书长 Kumaresh Misra 指出，中国的这些经验值得与更多国家交流。

2016 年 7 月至 11 月

中规院"城市修补、生态修复"工作组配合住建部城乡规划司，做好现场会的有关筹备工作，整理提供三亚试点工作的各种背景材料，并在城乡规划司的领导下，开展初步经验的总结和提炼。

2016 年 9 月至 11 月

"城市修补、生态修复"工作"大会战"确定的重点项目陆续竣工，并进行最后的收尾工作。由中规院全程负责规划设计、施工图设计并现场跟踪服务的三个重点项目相继竣工。三亚解放路示范段综合环境建设项目于 2016 年 9 月 25 日竣工，三亚丰兴隆生态公园项目于 2016 年 10 月 31 日竣工，三亚生态绿道项目于 2016 年 11 月 30 日竣工。

期间，中规院技术组各所室的驻场技术服务情况如下：

——风景分院

9 月至 11 月，风景分院在三亚驻场服务共计 144 人·日，驻场工作包括：

指导施工队伍落实施工图设计内容，对施工方提出问题予以回复，在材料选择、施工工艺上严格把关，并与汉诺威设计师对接水系施工问题；参与苗木选择，施工个阶段定期组织巡查，及时提出整改意见；参与游客中心内部布展方案；参与市委、市政府领导的现场巡查共 12 次，并担任项目方案及建设情况的汇报解说，配合相关媒体的宣传推广工作。

9 月是丰兴隆生态公园施工的关键阶段，主体完成 80% 后，对施工过程中的问题及时总结，并整改落实，保障实施效果。10 月，督导现场关于屋顶绿化、广场排水、休闲座凳及绿化种植等的细化和整改。11 月，配合住建局完善项目展示，准备现场会相关事宜。绿道项目组的主要工作是后期施工服务，结合短周期施工情况，提供及时跟踪的细化设计。

——建筑设计所

解放路（示范段）综合环境建设项目施工进入收尾阶段，建筑设计所在施工配合的同时，整理现场收集的图像和文字材料。驻场的领导和技术骨干参加每周举行的现场例会，与解放路（示范段）的甲方、设计、施工、监理协商工程实施和改进情况。10 月中旬，针对解放路示范段的施工质量问题与各方一起商讨，逐一给出解决方案。10 月 17 日至 22 日，建筑设计所驻场领导和技术骨干，对解放路示范段项目进行现场跟踪并提出整改措施，与中规院照明中心（深圳分院）就部分骑楼柱未落地而影响现场灯光效果的问题研究解决措施。

——照明中心

8月10日至12日，中规院照明中心（深圳分院）设计人员现场处理解放路灯具选型、定型、安装问题及丰兴隆公园照明电源走向问题。10月9日至14日，与其他所室一起针对三亚"城市修补、生态修复"项目进行巡查并提出整改意见。10月15日至16日，补充丰兴隆公园游客服务中心照明施工图。

2016年12月10日

住房和城乡建设部在三亚市召开全国"城市修补、生态修复"工作现场会。各省、自治区、直辖市住房城乡建设和规划主管部门主要负责同志，新疆生产建设兵团建设局主要负责同志以及受邀的部分城市政府负责同志共约150人参加了会议和考察活动。住房和城乡建设部党组书记、部长陈政高出席会议并讲话，海南省委书记罗保铭在会上致辞，分享了三亚推进"城市修补、生态修复"试点工作的经验。

会场集中展示了全国各地在存量更新规划方面近些年所做的代表性工作，包括旧城旧厂房更新改造、城市综合环境整治、城市市政基础设施改善、生态环境修复治理、历史街区更新规划等各个方面。此外，现场会还组织参会人员现场考察了三亚"城市修补、生态修复"的多项示范工程项目。

三亚"城市修补、生态修复"现场会（图5）的召开标志着三亚市"城市修补、生态修复"第一阶段工作基本完成。"城市修补、生态修复"工作取得了阶段性的成绩。

图5　全国生态修复城市修补工作现场会，三亚

2017 年 3 月 6 日

住房和城乡建设部印发《关于加强生态修复城市修补工作的指导意见（建规〔2017〕59 号）》，作为贯彻落实《中共中央国务院关于加快推进生态文明建设的意见》和《中共中央国务院关于进一步加强城市规划建设管理工作的若干意见》、全面推进"城市修补、生态修复"的指导性文件。

2017 年 3 月 14 日

住房和城乡建设部印发《三亚市生态修复城市修补工作经验》，从"领导亲自带动、坚持统筹协调、扎实推进工作、完善保障设施"四个主要方面总结三亚"城市修补、生态修复"工作的实践经验。

2017 年 3 月 22 日

住房和城乡建设部印发《关于将福州等 19 个城市列为生态修复城市修补试点城市的通知（建规〔2017〕76 号）》，公布第二批 19 个试点城市分别为福州市、厦门市、泉州市、张家口市、开封市、洛阳市、西安市、延安市、南京市、宁波市、哈尔滨市、景德镇市、荆门市、呼伦贝尔市、乌兰浩特市、桂林市、安顺市、西宁市、银川市，并附文进一步明确试点城市推进"城市修补、生态修复"工作的相关要求，对在全国开展"城市修补、生态修复"工作，推动城市转型发展作出全面部署。

2017 年 7 月 12 日

住房和城乡建设部印发《关于将保定等 38 个城市列为第三批生态修复城市修补试点城市的通知（建规〔2017〕147 号）》，公布第三批 38 个试点城市分别为保定市、秦皇岛市、包头市、阿尔山市、鞍山市、抚远市、徐州市、苏州市、南通市、扬州市、镇江市、淮北市、黄山市、三明市、济南市、淄博市、济宁市、威海市、郑州市、焦作市、漯河市、长垣县、潜江市、长沙市、湘潭市、常德市、惠州市、柳州市、海口市、遵义市、昆明市、保山市、玉溪市、大理市、宝鸡市、格尔木市、中卫市、乌鲁木齐市。至此，全国试点城市共计 58 个（表 1），"城市修补、生态修复"工作在我国全面开展，成为现阶段推进城市环境品质改善和转型发展的一项重要举措。

全国"城市修补、生态修复"试点城市名单一览表　　　　表 1

省（自治区、直辖市）	第一批	第二批	第三批
海南	三亚		海口
福建		福州	三明
		厦门	
		泉州	
河北		张家口	保定
			秦皇岛
河南		开封	郑州
		洛阳	焦作
			漯河
			长垣县
陕西		西安	宝鸡
		延安	
江苏		南京	徐州
			苏州
			南通
			扬州
			镇江
浙江		宁波	
黑龙江		哈尔滨	抚远
江西		景德镇	
湖北		荆门	潜江
内蒙古		呼伦贝尔	包头
		乌兰浩特	阿尔山
广西		桂林	柳州
贵州		安顺	遵义
青海		西宁	格尔木
宁夏		银川	中卫
辽宁			鞍山
安徽			淮北
			黄山
山东			济南
			淄博
			济宁
			威海
湖南			长沙
			湘潭
			常德
广东			惠州
云南			昆明
			保山
			玉溪
			大理
新疆			乌鲁木齐

住房和城乡建设部在通知中明确了六方面试点工作任务：一是践行绿色发展新理念新方法；二是探索推动"城市修补、生态修复"的组织模式；三是先行先试"城市修补、生态修复"的适宜技术；四是探索"城市修补、生态修复"的资金筹措和使用方式；五是建立推动"城市修补、生态修复"的长效机制；六是研究形成"城市修补、生态修复"成效的评价标准。

2017 年 9 月 13 日
住房和城乡建设部在徐州市召开全国生态修复城市修补经验交流会。

附录三 本书编写人员名单

整书框架结构、章节观点内容把握　张兵

前言　张兵

第一章　价值篇　张兵

第二章　规划篇

第一节　张兵、白杨、范嗣斌、菅泓博

第二节　菅泓博、范嗣斌、谷鲁奇、缪杨兵、张佳、冯凯、李晗、杨新宇、翟宁

第三节　白杨、刘圣维、丁戎

第三章　实践篇

第一节　城市修补实践

解放路（南段），示范段综合环境项目　　赵暄、谷鲁奇

三亚市老城区综合交通整治　李晗

三亚市海棠湾滨海绿化景观及步行道规划实践　胡耀文、徐钰清、白杨

月川村棚改项目　胡耀文、郭嘉盛

第二节　生态修复实践

抱坡岭山体生态修复　　姜欣辰、刘元

月川生态绿道及两河景观规划实践　白杨、丁戎、刘圣维

丰兴隆生态公园设计实践　白杨、马浩然、刘圣维

红树林生态保护修复与生物多样性构建　白杨、刘华、刘圣维

第四章　治理篇　范嗣斌、姜欣辰

第五章　总结篇　张兵

英文翻译　张兵、姜欣辰、黄硕

统稿　张兵、白杨、菅泓博、缪杨兵、谷鲁奇

第二版编写　张兵、王忠杰、白杨、范嗣斌、齐莎莎、谷鲁奇

后记

在住房和城乡建设部的领导下，从 2015 年初至 2016 年底大约一年半时间内，我院作为技术支持单位，举全院之力，全面配合三亚"城市修补、生态修复"的试点工作。院领导班子全体成员高度重视此项工作，总工室、经营管理处（原科技处）、综合办等职能部门积极统筹协调，院总工团队多次研讨技术方案，从各方面保障了工作的顺利开展。

根据试点工作的需要，我院投入城市更新研究所（原规划设计所）、风景园林和景观研究分院、建筑设计所、城镇水务与工程研究分院、照明中心、城市交通研究分院等 6 个分院所室，前后共 60 余位技术骨干参加到这项工作中来，从规划到工程设计，从扩初设计到施工图设计，最后再到施工现场的跟踪指导，通过多专业协作，克服各种困难，为三亚"城市修补、生态修复"试点取得阶段性成果付出了我们应尽的努力，驻三亚现场工作超过 3500 人·日。

在工作过程中，中规院项目组不断领会和思考三亚开展"城市修补、生态修复"的深刻含义，并直接得到陈大卫副部长、倪虹副部长、黄艳副部长对这项工作的一系列重要指导意见，使我们的工作思路不断拓宽和加深。从 2015 年 11 月起，项目组在做好现场服务工作的同时，开展了一系列有意义的研讨。我们现将这些研讨内容整理成册出版，敬请读者不吝赐教，以有利于我们行业将"城市修补、生态修复"的理论与实践推向深入。

付印之际，我们首先要感谢陈政高部长、陈大卫副部长、倪虹副部长、黄艳副部长以及城乡规划司孙安军司长、俞滨洋副司长、汪科处长等部门领导对我们工作的关心和指导！

感谢海南省刘赐贵省长、王路副省长以及海南省住建厅丁式江厅长、刘钊军总规划师、吴刚处长等同志的关心和支持！

感谢三亚市委张琦书记，市政府吴岩峻市长、岳进常务副市长、邓忠副市长、李劲松副市长等，市人大、政协主要领导，以及三亚市规划局、住建局、园林局、水务局、林业局、海洋局、交通局、综合执法局、各区委区政府等相关部门和机构！感谢各部门领导和配合同志全程给予我院的充分信任和无私帮助，正是大家的鼎力支持和上下齐心、全民动员，才取得了今天的阶段性成果。

还要特别感谢中国城市规划协会、中国城市规划学会对我们的支持！唐凯、吴建平、李健飞、石楠、潘一玲、孙施文、严文复、和红星、邹兵、李和平等专家对我们的研究思考给予了很多启发和帮助。中国城市规划学会在沈阳年会、学会学术工作委员会在同济大学"第13届中国城市规划学科发展论坛"上，都围绕"城市修补生态修复"主题开展了专题讨论，很好地推动了"城市修补、生态修复"在学术界的研究。

在编写过程中，张兵总规划师拟定全书提纲，对框架结构和各章节内容观点做整体把握，并负责前言和第一章"价值篇"的撰写。

第二章"规划篇"的第一节的撰写人有张兵、白杨、范嗣斌、菅泓博，第二节的撰写人有菅泓博、范嗣斌、谷鲁奇、缪杨兵、张佳、冯凯、李晗、杨新宇、翟宁，第三节白杨、刘圣维、丁戎。

第三章"实践篇"的第一节"城市修补实践"中，有关解放路（南段）示范段综合环境项目的部分由赵暄、谷鲁奇撰写，有关三亚市老城区综合交通整治的部分由李晗撰写，有关三亚市海棠湾滨海绿化景观及步行道规划实践的部分由胡耀文、徐钰清、白杨撰写，有关月川村棚改项目的部分由胡耀文、郭嘉盛撰写。第二节"生态修复实践"中，有关抱坡岭山体生态修复的部分由姜欣辰、刘元撰写，有关月川生态绿道及两河景观规划实践的部分由白杨、丁戎、刘圣维撰写，有关丰兴隆生态公园设计实践的部分由白杨、马浩然、刘圣维撰写，有关红树林生态保护修复与生物多样性构建的部分由白杨、刘华、刘圣维撰写。

第四章"治理篇"由范嗣斌、姜欣辰撰写。

第五章"总结篇"由张兵撰写。这是第二版新增加的一章。本书第一版出版于2016年12月"三亚全国生态修复城市修补工作现场会"召开之前。出版以来得到了同行的关注，多次重印。两年来，全国更多城市开展了生态修复、城市修补实践，也给了我们诸多启发，这里尝试理论性总结，供大家批评指正。

英文翻译由张兵、姜欣辰、黄硕负责。张兵、白杨、菅泓博、缪杨兵、谷鲁奇对全书做了统稿工作。在第二版补充修改中，参加工作的有张兵、王忠杰、白杨、范嗣斌、齐莎莎、谷鲁奇。

最后，感谢中国建筑工业出版社的大力支持！感谢王莉慧副总编辑、李东副编审、陈海娇编辑的辛勤劳动！

《催化与转型："城市修补、生态修复"的理论与实践》编委会

2016 年 10 月 28 日第一版

2018 年 9 月 28 日第二版补记